初等関数と微分・積分

Elementary functions and calculus

本質理解 アナログ回路塾 第1巻

別府 伸耕 著

CQ出版社

はじめに

●「本質理解 アナログ回路塾」シリーズの概要

電気回路は，現代社会においてなくてはならない存在です．

スマートフォンなどの通信機に代表される「高周波アナログ回路」，パソコンに代表される「高速ディジタル回路」，電気自動車に代表される「パワー制御回路」，発電所や送電系統に代表される「電力回路」など，その技術は多岐に渡ります．

しかし，これらのさまざまな回路の動作は，「抵抗R」，「インダクタL」，「キャパシタC」の3素子を組み合わせた「LCR回路」によって説明できます．ダイオードやトランジスタなどの半導体素子を含む回路であっても，その本質はLCR回路に帰着します．

そこで本シリーズでは，L，C，Rといった素子の基本動作から始めて，LCR回路を徹底的に理解することを目指します．

●自由自在なフィルタ回路設計を目指す

さて，LCR回路の中で最も実用的であり，また最も設計が難しいのは「フィルタ回路」です．フィルタ回路とは，特定の周波数をもつ信号だけを通過させる回路です．

「本質理解 アナログ回路塾」シリーズでは，フィルタ回路を自由自在に設計できるようになることを最終目標として定めました．**図1**に，フィルタ回路設計に必要となる理論の全体図を示します．本シリーズでは，この図に示す内容を一気通貫して解説していきます．基本的には，この図

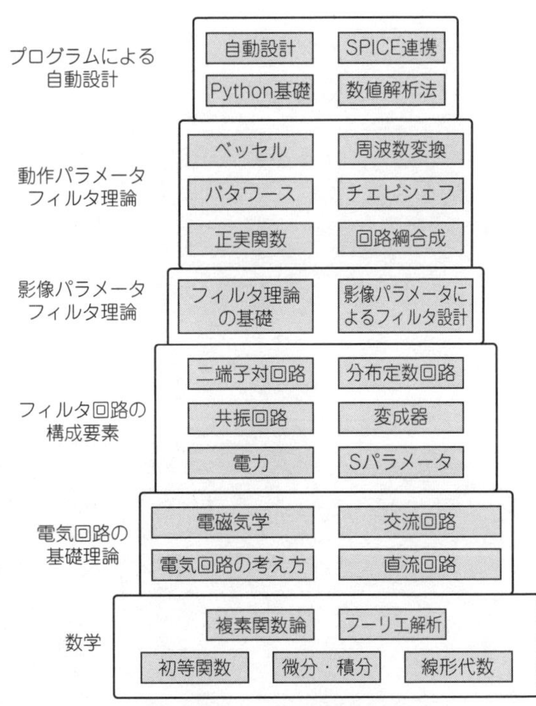

図1 「本質理解 アナログ回路塾」シリーズ全体でカバーする範囲

を下から上にたどっていく流れとなります．

フィルタ理論を含む電気電子工学の理論は，とても汎用性に富むものです．最先端の電気電子産業に対してはもちろんのこと，機械や情報といった他分野にも応用することができます．そのため，この分野の内容を「単なる暗記」や「うわべだけの知識」で済ませてしまうのは，非常にもったいないことです．多少なりとも自分の人生における時間を割くならば，「なぜこの問題を考えるのか」，「なぜこの定理が成り立つのか」などといった本質的な疑問にこそ向き合うべきです．そのほうが，物事を学ぶモチベーションが向上し，なによりも「頭を使っていて楽しい」という感覚を味わうことができます．

●5カ条の基本方針

本シリーズを執筆するにあたり，以下の5項目を基本方針として定めました．

1. 電気工学にとどまらず，さまざまな工学分野に通用する下地を養える本にする．
2. 「一見わかりやすい本」ではなく，「じっくり読めば深くわかる本」にする．
3. 公式や設計ノウハウに終始せず，「考え方の本質」を示す本にする．
4. 定性的な説明で終わらず，定量的な議論を数式によって丁寧に行う本にする．
5. 無駄なたとえ話は，できる限り避けるようにする．

筆者自身の浅学非才のため，上記の方針が達成できていない箇所もあるかと思います．これに関しては，読者の皆さまの率直なご批判をお待ちしております．

●本書で扱う内容

本書では，第1章で「電気回路の考え方」，第2章で「直流回路」，第3章で「初等関数」，第4章で「微分」，第5章で「積分」，第6章で「オイラーの公式」を扱います．

いずれも，これから電気工学を学ぶ上で欠かせない基礎となるものです．ぜひとも本書を読破していただき，より高度な理論や複雑な回路設計に進む土台を固めていただければ幸いです．

最後に，ややこしい原稿を根気強く編集していただいた担当の内門 和良氏，本書の元となった連載企画を推進してくださった寺前 裕司氏に深謝いたします．また，原稿執筆を支えてくれた家族にもこの場をお借りして感謝します．

2019年3月　別府 伸耕

目次

第1章 電気回路の考え方

電気回路が動作するということは，電流が流れていることと同義です．では，その電流とは何でしょうか．

電気回路の解説に入る前に「電流」と「電圧」について，おおまかなイメージをつかんでおきましょう．

1.1 電子回路を扱うのに重要な電流や電圧の概念

1.1.1 電気回路について考える前に知っておくべきこと

本章では，電気回路の最も基礎的な内容について確認します．ここでいう“基礎”とは，内容が簡単であるという意味ではありません．これから電気回路について深く考えていく上で，「あらかじめ理解しておくべきこと」を指して“基礎”と呼んでいます．

電気回路の動作を調べること(回路解析)や，望みどおりに動作する電気回路を作ること(回路設計)を達成するためには，回路中の電圧や電流といった量を正確に把握する必要があります．すなわち，これらの量を「数値的に扱う」ことが必要となります．考えている対象を数値的に扱うという「自然科学の作法」は，科学のさまざまな分野で共通するものです．その作法が実際に大きな成果を挙げていることは，昨今の科学技術の発展を見れば明らかでしょう．そして，さまざまな量を数値的に扱って処理するために，過去の研究者やエンジニア達が培ってきた最も便利な道具が「数学」なのです．このことから，数学は間違いなく「電気回路の基礎」であると言えます．

また，電気回路の動作の本質は「電気的」および「磁気的」な物理現象です．この電気と磁気の振る舞いについて詳しく考える物理学の分野は「電磁気学」と呼ばれています．よって，電磁気学もやはり「電気回路の基礎」ということになります．

以上のことから，電気回路を学びたいなら最初に「数学」を学んで十分な足固めをすべきです．また，「電磁気学」についてもある程度の知識を持っておいたほうがよいでしょう．とはいえ，いきなり数学や電磁気学の教科書を手にしても「なぜこんなことを勉強しなければならないのか？」，「一見すると難しそうな数学や物理が，電気回路のどこに役立つのか？」といった疑問に終始とらわれてしまう可能性があります．これではせっかく学んでいても楽しくありませんし，知識のネットワークが構築されにくいので学習効果も落ちてしまうでしょう．そこで，本章では本格的な電気回路理論の解説に入る前段階として，簡単な準備運動をすることにします．

1.1.2　まずは数学なし，電磁気学なしで話を進める

本章では，数学や電磁気学に基づいた詳細な議論は抜きにして，電気回路の初歩的な内容について説明してみようと思います．数学を使わないので，どうしても曖昧な表現になってしまいます．また，電磁気学の用語が少しだけ出てきますが，その厳密な定義には踏み込みません．そのため，わかったようでわからない，ぼんやりとした状態になる可能性があります．もちろんできるかぎり明快に解説するように努めますが，日本語と絵だけで説明することには限界があります．

読み終えた後に，「この内容についてもっと深く考えてみたい」，「より広い範囲の応用についても理解したい」と思うかもしれません．そのきっかけは純粋な知的好奇心による場合もあれば，仕事で必要に迫られている場合もあると思います．いずれにしても，そのときこそが数学や物理学について本格的に学び始める良いタイミングです．「回路設計をする」こと以外にも，「信号処理をする」，「統計解析をする」といった何らかのゴールを目指して数学や物理を学び始めれば学習の効率は向上し，また学習中に大きな充実感を味わうことができるでしょう．

新しいことを学ぶ際に「学ぶモチベーション」や「到達したいゴール」が明確だと，その後の見通しが良くなります．本書は，読み進めるにつれて「次はこれを理解したい」というモチベーションが自然と湧くような構成にしてあります．後の章ではやや難解な数学や回路理論を扱いますが，なぜそれを考えなければいけないのかという理由や，その内容を理解すれば到達できるゴールを明示するように心がけています．ぜひ最後まで読破していただき，「回路理論」にとどまらず，動的な線形システムを包括的に扱うための理論体系を自分のものにしていただければ幸いです．

1.1.3　3種類の「電流」について順番に解説する

本章の流れを**図1**に示します．「**電流**」(electric current)に注目して，電気回路を読み解くための基本的な考え方を解説します．

電流というものを電荷の挙動に基づいて分類すると「ドリフト電流」，「変位電流」，「拡散電流」の3つに分けることができます．これらの電流がどのような現象なのかを説明しながら，後の解説につながる基礎事項を確認したり，新たに生じる疑問を整理したりしていきます．

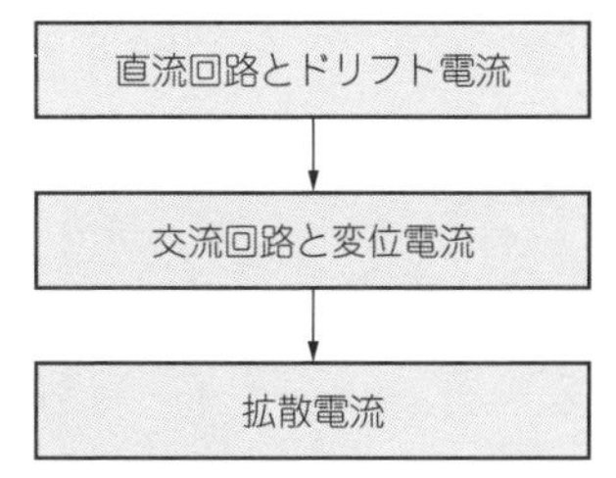

図1 3種類の電流に注目しながら，電気回路の初歩的な内容について解説する

1.2 直流回路とドリフト電流

1.2.1 電流を把握できれば回路の動作がわかる

図2のような「電池」，「スイッチ」および「電球」から構成される簡単な回路を考えます．スイッチをONにすると，電流が流れて電球が光ります．これは，小学校の理科の授業などでほとんどの人が経験したことのある実験だと思います．

「回路が動作している」ということは，「電流が流れている」ことに他なりません．回路を解析したり設計したりする人にとって興味があるのは，当然ながら「動作している状態の回路」すなわち「電流が流れている状態の回路」です．電流が流れていない状態の回路は，興味の対象ではありません．

図3のようにトランジスタを利用した少し複雑な回路であっても，同じことが言えます．回路の各部に流れる電流を正確に把握すれば，その回路の動作を完全に理解できます．いわゆる「回路を読む」，「回路を解析する」といった作業は，回路の各部に流れる電流を求める作業に帰着するのです．

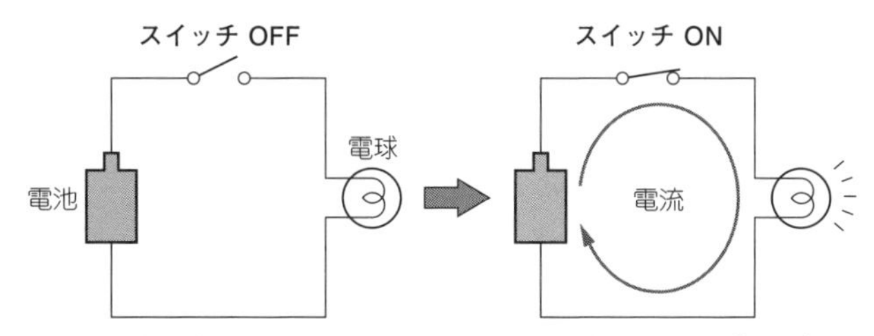

図2 回路の動作を理解することは，その回路に流れる「電流」を正確に把握することに尽きる

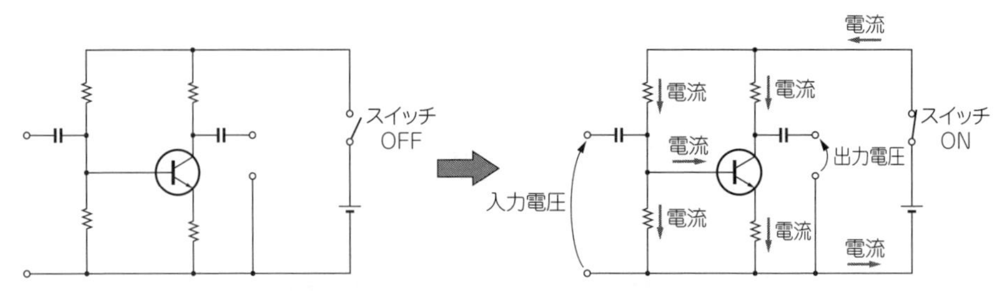

図3 トランジスタを使った複雑な回路でも，各部に流れる電流の様子を把握すれば動作を理解できる

1.2.2 電流とは何なのか

電気回路の動作を理解するためには，「電流に注目すること」が重要であると強調してきました．では，そもそも電流とは何なのでしょうか．ここでは，電流というものの実体について考えてみましょう．

世の中にはさまざまな種類の物質がありますが，電流がよく流れる物質のことを「**導体**」(conductor)といいます．一方で，電流が流れにくい物質のことを「**絶縁体**」(insulator)といいます．銅や銀，金などの金属は導体であり，ガラスやゴム，セラミックス(陶磁器)などは絶縁体です．

あらゆる物体は，たくさんの「**電荷**」(electric charge)を持っています．具体的には，物体を構成している「**原子**」(atom)に含まれる「**陽子**」(proton)や「**電子**」(electron)などが該当します．固体における電気伝導を担うのは電子ですが，ここではその詳細に踏み込みません．

「電荷」に着目して導体と絶縁体の違いを考えると，導体とは「自由に動ける電荷を多く含む物質」であり，絶縁体とは「自由に動く電荷をほとんど含まない物質」だと言えます．絶縁体にも電荷は含まれているのですが，それらの電荷は物体内にガッチリと固定されていて動けません．

ここで「動ける電荷」のことを「水」として扱い，その入れ物である「物体」のことを「ホース」としてイメージすることにします．すると**図4**のように，導体は「水が入っているホース」としてイメージできます．また，絶縁体には自由に動ける電荷がほとんど含まれず，また電荷が外部から流入することもないので，絶縁体は「水が入っていない，フタ付きのホース」としてイメージできます．

さて，**図5**のように「水が入ったホース」の一端を持ち上げた状態をイメージします．ホース内の水は，高い場所から低い場所へ移動していきます．すると，ホースの中には「水流」が生じます．ただしホース内の水がすべて外に出てしまうと，その時点でホース内の水流はなくなってしまいます．

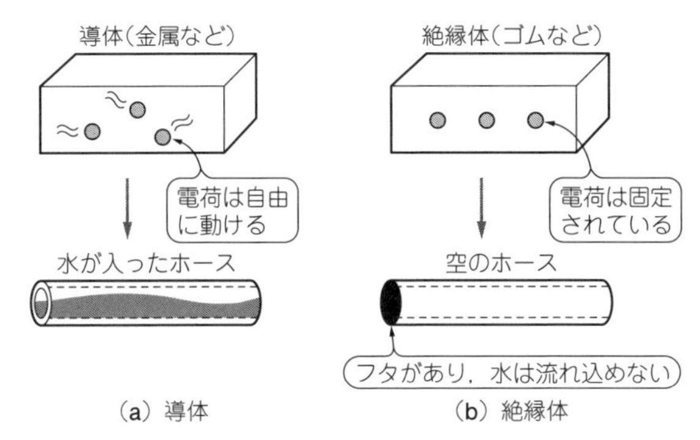

図4 導体中には自由に動ける電荷が存在するが，絶縁体の中にある電荷は簡単に動くことができない

これ以降，自由に動ける電荷を水としてイメージしてみる

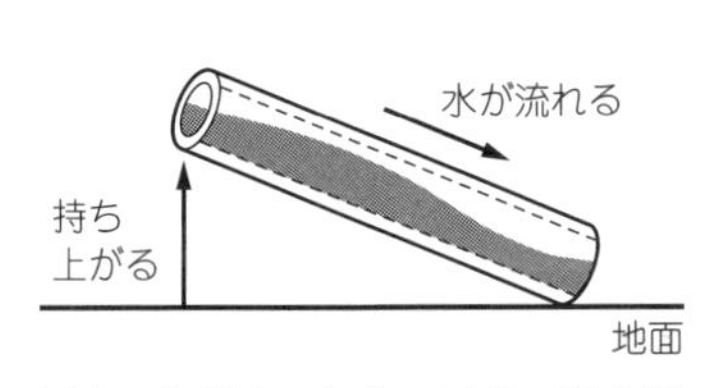

図5 水が入ったホースの一端を持ち上げると，ホースの内部には「水流」が生じる

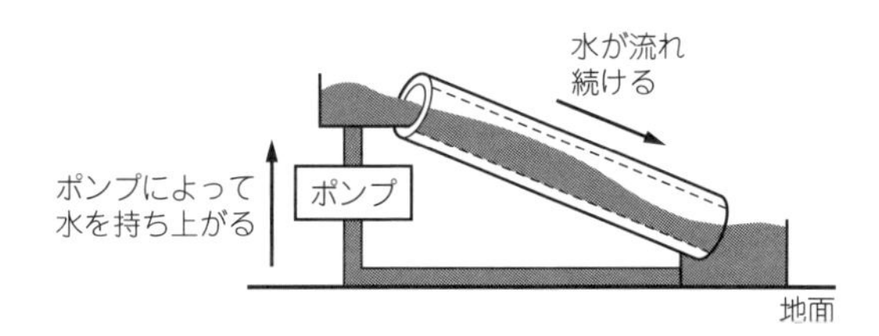

図6 ホースから出てきた水を「ポンプ」でくみ上げれば，水を流し続けることができる

そこで，ホースの内部に継続して水流が生じるように**図6**のような「ポンプ」を取り付けます．ホースから流れ出した水をポンプでくみ上げて，ホースの上端へ戻します．このように水が循環する「ループ」を作ると，水がずっと流れ続けることになります．

1.2.3 電位と電圧

ここで，上記の「水とポンプ」の例と同じことを電気の世界に置き換えて考えてみます．先ほど確認したとおり，水が入ったホースは電気の世界における「導体」に相当するのでした．導体の内部には自由に動ける電荷が含まれているので，導体の一端の「高さ」を高くすれば，電荷は“高い場所”から“低い場所”に向かって移動していくと考えられます．この，電気の世界における「高さ」に相当するもののことを「**電位**」(electric potential)といいます．

高さを考えるためにはその「基準」が必要となります．一般的に山の高さを表すためには，海水面を「高さの基準」とした標高を使います．これと同じように，電気の世界における高さの基準，すなわち「電位の基準」を定めたほうが各点の“高さ”(電位の大きさ)を考えやすくなります．基本的に，電位の基準は自由に決めることができます．電気回路の中で電位の基準として定められた点のことを「**グラウンド**」(ground)と呼びます．グラウ

COLUMN 1

電位の基準

電位は相対的なものなので，電気回路の中で電位の基準とするポイントは設計者が自由に定めることができます．基準点の電位(GND)よりも大きい電位は「正の電位」もしくは「プラスの電位」として表現されます．逆に，基準点の電位よりも電位が小さい場所については「負の電位」もしくは「マイナスの電位」として表現されます．よって，GNDよりも電位が小さい点の電圧は「マイナスの電圧」として表現されることになります．

電気回路の簡単な実験では，乾電池などのバッテリ類がよく使われます．これらのバッテリには“1.5V”や“9V”といった「プラスの電圧」しか書かれていません．そのため，「マイナスの電位」というものに違和感があるかもしれません．しかし，これは単に回路中の各点の電位がGNDに対して大きいか小さいかを考えているだけなのです．GNDの決め方によっては，「回路中のすべての点がマイナスの電位」という状態になることもありえます(普通はそのようなGND電位の定め方を採用しませんが…)．

通常は，バッテリや電源装置の「マイナス極の電位」をGNDとして定めます．そうすれば，回路中の大部分の電圧がプラスになってわかりやすくなります．また，「地球の表面の電位」を電位の基準として採用することもあります．これがいわゆる「**アース**」(earth)で，家庭用電源のコンセントにもアース端子が備え付けられているものがあります．本物のアース電位(地表の電位)と，回路設計者が決めた電気機器中のGNDの電位は一致しないこともあり得ます．この場合，コンセントのアース端子と電気機器のGND端子をケーブルで接続すると，そのケーブル(アース線)に電流が流れます．感電防止のためにわざとアース線に電流が流れるようにする場合もあれば，アース線を通して不要なノイズが流れ込んで不具合が発生する場合もあります．

電気回路を扱う上で重要なことは，その回路の電位の基準がどこなのかを確認し，その基準となる電位が周囲とどのような関係になっているのかをきちんと把握しておくことです．複数の機器を接続する場合は，各回路のGNDやアースとの電位関係をよく理解しておくことで，相互接続した場合に生じる不具合を未然に防ぐことができます．

ンドは“GND”と表記されることもあります.

一般的に高さを考える場合,「基準点との“差”」や「2地点間の“差”」という具合に高さの「差」が意味を持ちます. 電気の世界における高さの差, すなわち「電位差」のことを「**電圧**」(voltage)と言います. 電気回路において単に「電圧」と言った場合は, 電位の基準であるグラウンドに対する電位差を表します. また「ある部品に印加される電圧」といった場合は, その部品の上端と下端の電位差を意味します.

1.2.4 ドリフト電流

水が入ったホースの例からもわかるように, 電荷は電位が高いところから低いところへ「落ちていく」ように移動します. このようにして生じる電流のことを「**ドリフト電流**」(drift current)といいます. **図7**より, グラウンドに対する電圧が大きいほど電荷が勢いよく流れていくことが理解できます.

「水とポンプ」の例では, 水流を継続させるために「ポンプ」を使っていました. 電気の世界においてポンプの役割を果たすものは「**電圧源**」(voltage source)と呼ばれます. 電圧源は単に「**電源**」(source)とも呼ばれます. 電圧源を物体に接続すると, その物体の一端の

COLUMN 2

「電流が流れる」という表現はおかしい? おかしくない?

「電流が流れる」という言い方は, いわゆる二重表現であると思われることがあるようです.「頭痛が痛い」,「机上の上」,「悪送球が悪かった」などと同じように“おかしな日本語”ではないかと指摘されることが稀(まれ)にあります.

しかし, 少なくとも筆者が過去に所属していた2つの会社では, プロのエンジニアたちが「電流が流れる」と毎日のように言っていました. もちろん, 大多数の人間が使っているから正しい言葉だとはいえませんが, 私も含めて現場のエンジニアたちは特に違和感をもたずに「電流が流れる」と言っています. そのため, 本書では特に問題ないものとして「電流が流れる」という表現を使うことにします.

なお, 英語では“The current flows.”という言い回しがあり, これは電流(current)が流れる(flow)という表現になっています. これを日本語に直訳したものが「電流が流れる」であると考えられます. 電気回路理論の基本的な部分は, 最初は海外から日本に輸入されたものです. その経緯を考慮すると,「電流が流れる」という言い方が日本に定着したことも納得できるのではないでしょうか.

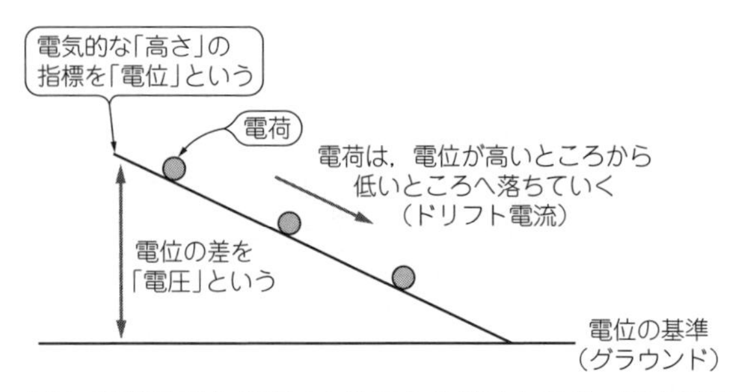

図7 電荷は電位が高いところから低いところへ落ちていく．これを「ドリフト電流」という

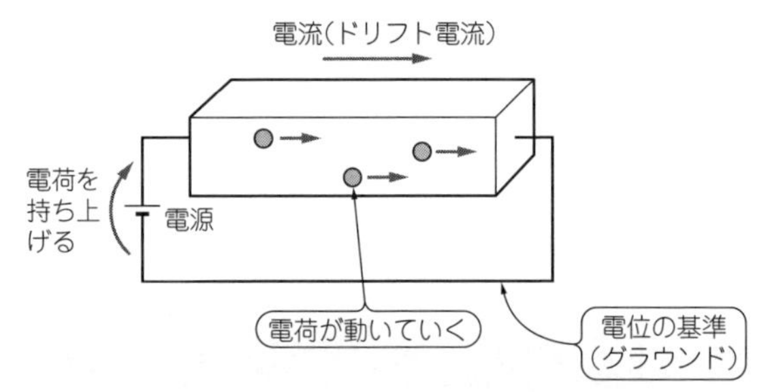

図8 電源と導体を接続することで，電流が流れ続ける「回路」を作れる

電位を持ち上げます．また，電圧源には自身のマイナス極側からプラス極側へ向かって，ポンプのように電荷を持ち上げるはたらきもあります．この持ち上げる高さのことを，その電圧源の「**出力電圧**」(output voltage)といいます．

物体に電圧源を接続すると，**図8**に示すように電流が1周して戻ってくる「路(みち)」ができます．このような路のことを「**電気回路**」(electric circuit)もしくは単に「**回路**」(circuit)といいます．なお，この図に書かれている電圧源は常に一定の電圧を出力し続けるもので，「**定電圧源**」(constant voltage source)とも呼ばれます．

ここまでの話から，電圧源とは単なる「電荷を高いところへ持ち上げるポンプ」であり，そこから電荷が湧き出てくるような「タンク」ではないと理解できます．このことは，乾電池や電源装置についても同様に考えることができます．「電池が切れた」という表現があるため，乾電池は「電荷を生み出すもの」もしくは「電荷を蓄えたタンク」であると誤解されることがあるようです．しかし，乾電池は「電荷を蓄えたタンク」ではなく「回路中の電荷を動かすためのポンプ」にすぎません．ポンプとしての役割が弱まった状態を指して「電池が切れた」と言っているのです．電荷そのものは，導体中に大量に含まれていま

COLUMN 3

本格的に「電流」について理解するには

今回は，ドリフト電流のことを「何らかの“電荷”が物体の中にあり，それが動くことで電流が生じる」というイメージで解説しました．これは「電磁気学」の枠組みで世界を捉えることに相当します．

もう一歩踏み込んで電流について考えるには，“電流を担う電荷の正体”，すなわち「電子」について理解する必要があります．L，C，Rといった部品を構成する「導体」であっても，ダイオードやトランジスタを構成する「半導体」であっても，電子が電流を担っているのは同じです．よって，「その物体の中で“電子”がどのような状態にあるのか」ということがわかれば，その物体の電気的な特性を明確に把握できます．

銅などの導体やシリコンなどの半導体はいずれも「固体」です．固体中の電子の挙動について考える学問は，「固体物理学」あるいは「固体物性」と呼ばれています．本書では残念ながら固体物理学の内容まで解説できませんが，固体物理学を理解すればトランジスタなどの半導体素子の動作原理を説明できるようになります．**図A**に，固体物理学に辿り着くまでの流れを示します．

「力学」や「電磁気学」の基本的な内容については，本書やその続巻でも扱います．また，物体内には電子が大量に存在するので，これを一括して扱うために「統計力学」が必要となります．熱力学を学んでおくと，統計力学の理解が深まります．さらに，電子は「粒子」と「波動」の両方の性質を持つので，それをうまく扱うために「量子力学」の枠組みが必要となります．量子力学では解析力学の言葉が多用されるので，先に解析力学に触れておくとスムーズです．

なお，これらの物理学を学ぶ際には，「微積分」，「線形代数」，「複素関数論」，「フーリエ解析」，「統計学」といった数学を活用することになります．

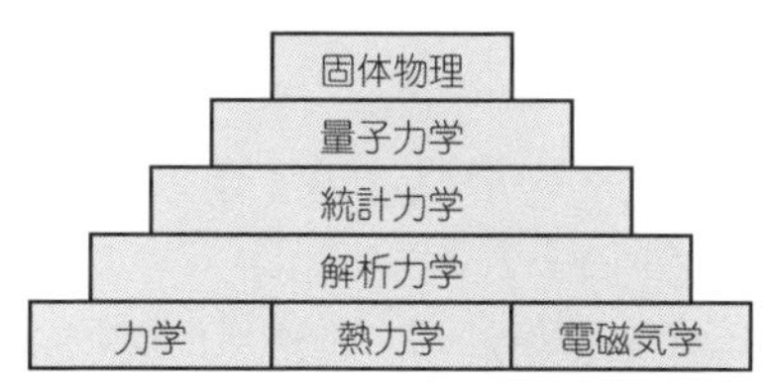

図A 導線や半導体中を移動する「電子」の動きを理解するための学問

この図の下から上へ向かって学んでいくのが，基本的な流れ

す．それをかき回すための動力源が「電源」ということになります．

なお，リチウム・イオン電池やニッケル水素電池などの二次電池は「充電」できますが，これは化学反応によって，電池の「電位差を生じさせる能力」を回復する作業であると理解できます．

1.3　交流回路と変位電流

1.3.1　直流回路に対して交流回路を考える

前節で「ドリフト電流」を考えた電気回路は，時間経過に関わらず常に一定の電流が流れ続けるものでした．このように，常に一定かつ一方向に流れる電流のことを「**直流**」(**direct current**)といいます．なお，電流の大きさが一定でなくとも一方向に流れ続けるならば直流とする場合もあります(広義の直流)．直流は“direct current”を略して“DC”とも表記されます．

直流が流れている回路のことを「**直流回路**」(**DC circuit**)と呼びます．また，前回登場した，常に一定の電圧を出力し続ける電圧源のことを「**直流電圧源**」(**DC voltage source**)といいます．直流電圧源は，前に示した定電圧源と基本的に同じものです．

直流に対し，時間経過に伴って周期的に向きと大きさが変化する電流を「**交流**」(**alternative current**)といいます．“alternative”という英単語は「交互に」,「交代に」という意味があります．英語の略である“AC”という言葉もよく使われます．

交流が流れている回路のことを「**交流回路**」(**AC circuit**)といいます．また，周期的に出力電圧の大きさおよび方向が変化する電圧源のことを「**交流電圧源**」(**AC voltage source**)といいます．直流電圧源および交流電圧源の記号と，その出力波形を**図9**に示します．

交流電圧源が出力する波形として代表的なものは，**図9**に描かれている「正弦波」(sin波)です．正弦波は電気回路理論において非常に重要な役割を果たす波形です．本書で「交流」といった場合は，正弦波の波形をイメージしてください．

1.3.2　交流が流れる様子

電気回路に交流が流れる様子をイメージしてみます．先ほど紹介した「交流電圧源」は，時間経過に伴い印加する電圧の向きと大きさが変化するのでした．この交流電圧源を導体に接続すると，導体に印加される電圧の向きは時々刻々と変わります．よって「交流」という名前のとおり，導体に流れる電流の向きも順方向と逆方向を交互に繰り返します．これを「水が入ったホース」でイメージすると，**図10**のようになります．

交流電圧源は「順方向」と「逆方向」の電圧を交互に出力します．すなわち，電位の基準(GND)に対して「プラスの電圧」と「マイナスの電圧」を交互に出力します．これは，

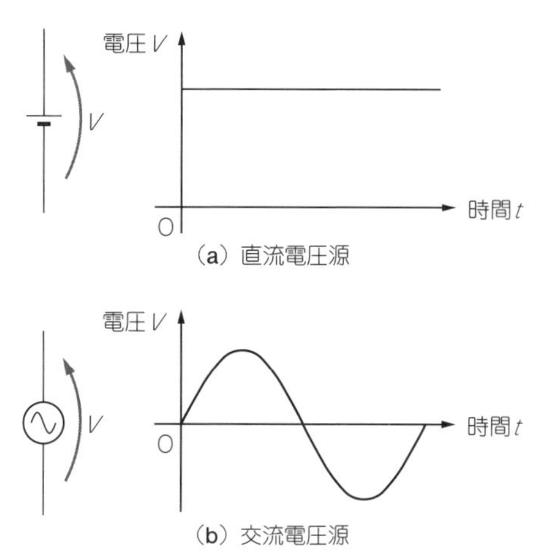

図9　「直流電圧源」と「交流電圧源」

一般的に交流といった場合は，正弦波（sin波）をイメージすることが多い

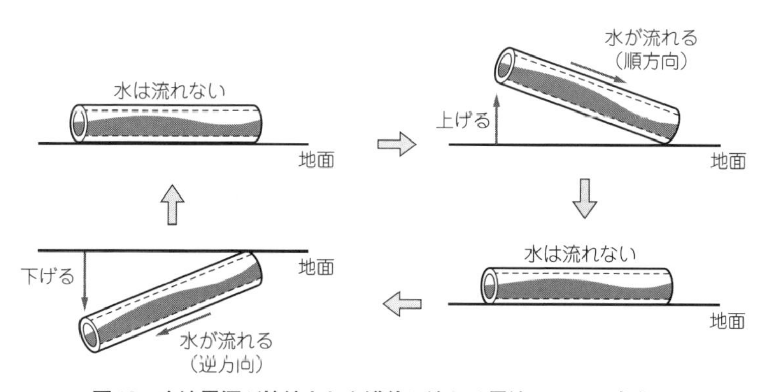

図10　交流電源が接続された導体に流れる電流について考える

これは，ホースの一端を上げたり下げたりしたときの水の流れとしてイメージできる

図10のようにホースの一端が地面(GND)より上に持ち上げられている状態と，地面より下に下がっている状態が交互に繰り返されることに相当します．また，「地面より上の状態」と「地面より下の状態」との間には，必ず「ホースの両端が地面と同じ高さになる状態」が存在します．このとき，ホースには水が流れません．以上のことから，ホース内部の水の流れは順方向，停止，逆方向，停止…というサイクルを繰り返すことになります．

COLUMN 4

実際の交流電圧源

「交流電圧源」はGNDに対して正の電圧および負の電圧を交互に出力するものですが，これは電気回路理論を考えるための一種の「記号」です．物理的な実体とは別に，理想化されたシンボルであると考えるべきです．とはいえ，交流電圧源として動作するような回路が実際に存在するのか，もし存在するならどうやって作るのかといったことは興味深いテーマです．

交流電圧源に相当するものを実際に作る簡単な方法は，「交流発電機」を用いるものです．実際に，身近な家庭用電源(商用電源)から得られる交流電圧は，発電所で交流発電機によって作り出されています．

交流発電機以外には，スイッチング電源の一種である「インバータ回路」を用いて直流を交流に変換する方法があります．ACをDCに「変換」(convert)する回路は「コンバータ」(converter)と呼ばれており，DCをACに「逆変換」(invert)する回路は「インバータ」(inverter)と呼ばれています(ディジタル回路にも「インバータ」と呼ばれるものがありますが，これは上記のインバータ電源回路とはまったく異なる別物です)．

本書ではこれらの回路の詳細について踏み込みませんが，「交流電圧源」とはこういった回路の機能を理想化したものだと考えることができます．「理想的な電源」とはどういった意味なのかについては，次章で詳しく解説します．

この1サイクルあたりの速さのことを交流の「**周波数**」(**frequency**)といいます．具体的には，このサイクルが1秒間に繰り返される「回数」のことを周波数と呼んでいます．周波数の単位は“Hz”(ヘルツ)です．

日本の一般家庭には，振幅が約141Vの交流電圧が供給されています(“実効値”で言うと100Vです)．この交流電圧の周波数は，基本的に東日本では50Hz，西日本では60Hzとなっています．すなわち，「プラス電圧→0V→マイナス電圧→0V」というサイクルが，東日本では1秒間に50回，西日本では60回繰り返されています．一般的な電気製品はどちらの周波数でも問題なく動作するように設計されていますが，動作がシビアな精密機器などは確認が必要です．

1.3.3 交流電圧源と交流回路理論

乾電池やバッテリなどの「直流電圧源」を電源として動作する回路は世の中に多くあり

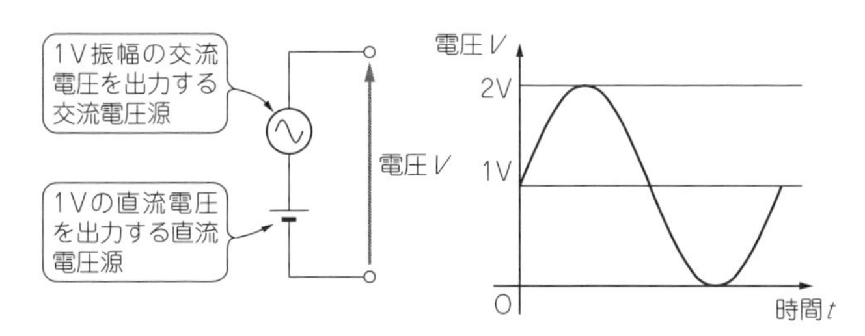

図11　直流電圧源と交流電圧源を組み合わせる

ます．そういった回路と交流電圧源はまったく関係がないものなのでしょうか．もちろん，そんなことはありません．直流の電源で動作する回路においても，交流電圧源は重要なはたらきを担っています．

図11のように，交流電圧源と直流電圧源を組み合わせた回路を考えます．この回路の出力電圧 Vは1Vを中心とした振幅1Vの正弦波となり，常に0V以上となります．すなわち，「マイナスの電圧」は存在しません．よって，正の電圧のみを供給する乾電池を使った回路でも，このような波形が存在し得ることになります．

交流電圧源は，「回路中の電圧が周期的に変化する様子」を表現するための便利な道具です．**図11**の例のように交流電圧源で正弦波の部分を表現し，そこに直流電圧源を追加して"下駄を履かせる"(このことを"オフセットをかける"もしくは"バイアスをかける"などと言う)という手法は回路理論で多用されます．

最もシンプルな交流波形は，0Vを中心とした正弦波です．これはまさに，交流電圧源が出力する波形そのものです．この波形を回路に印加した場合の挙動について詳しく考える理論は，「**交流回路理論**」(AC circuit theory)と呼ばれます．実際の電気回路ではさまざまな波形を扱うことになりますが，「交流回路理論」はあらゆる波形を扱うための基礎となります．交流電圧源は交流回路理論において必要不可欠なものです．

1.3.4 交流とキャパシタ

ここまでは，電流を流す「導体」だけを対象にして交流回路を考えてきました．次は，**図12**のように導体と導体の間に「絶縁体」を挟んだものを考えます．これは，いわゆる「キャパシタ」(コンデンサとも呼ばれる)の構造に相当します．これまでと同様にホースの例で考えると，この構造は水が入ったホースの途中にフタを追加して水が流れ込めない空間を作ったものとしてイメージできます．

このホースの途中には「フタ」があるので，ホースの一端を持ち上げるとフタのところに水が溜まります．よって，これは「水を溜めるもの」として機能します．ただし，継続して水流が生じることはありません．

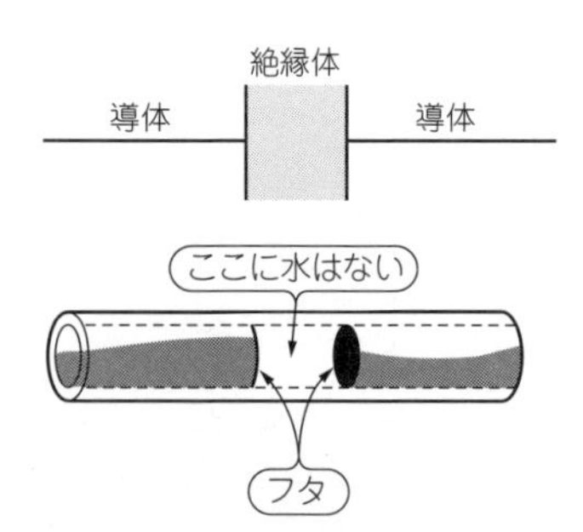

図12　導体と導体の間に絶縁体をはさんだ物を考える
これは，「キャパシタ」のイメージに相当する

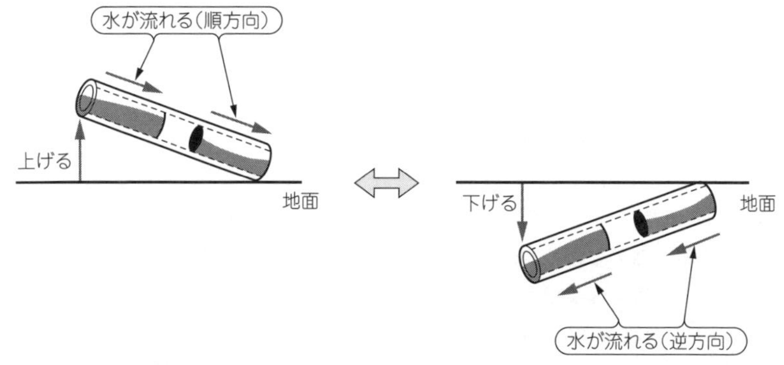

図13　「途中にフタが付いているホース」の一端を持ち上げたり下げたりする
ホースの両端部分には，水が流れ続ける

一方で，このホースの一端を上げたり下げたりすると，**図13**のように順方向の水流および逆方向の水流がスムーズに継続することがわかります．もちろん上げたり下げたりするスピードが遅いと途中で水流は止まってしまいますが，十分に速くホースの一端を上げ下げすれば，まるでそこに「フタ」がないかのように水が行ったり来たりします．

これを電気の世界に置き換えると，「キャパシタに直流を印加すると最初は電荷が溜まっていくが，溜まりきった後は電流が流れなくなる」ということになります．また交流に関しては，「キャパシタに交流電圧を印加すると，交流の周波数が十分に大きければスムーズに電流が流れる」ということなります．キャパシタは導体と導体の間に「動く電荷が存在しない部分」を持つ構造なので，直流にとってみればただの「切れた導線」です．しかし，交流にとってキャパシタはまるで「つながっている導線」のように見えるのです．

「2つの導体の間に絶縁体がある」というキャパシタの構造は交流を通過させる(ように

見える）わけですが，このようにして2つの離れた導体間に交流が流れることを「**容量結合**」（capacitive coupling）もしくは「**静電結合**」（electrostatic coupling）といいます．静電結合は無線給電などの技術的な基礎となるものです．一方で，通信機器などでは予期せぬ静電結合によって不要なノイズが伝播して不具合が生じることもあります．いずれにしても，物理現象の本質をよく理解しておくことが応用上は重要となります．

1.3.5　キャパシタの周りの「磁場」を考える

これまで「電流」といった場合，前に考えた「ドリフト電流」のように電荷が電位の高い所から低い所へ向かって動く現象をイメージしていました．しかしいま考えているキャパシタには導体と導体の間に「絶縁体」が存在し，この部分には動ける電荷が含まれません．よって，そこにドリフト電流は流れません．それにもかかわらず，先ほど考えたように交流電流はまるで「キャパシタを貫通するように」流れます．この現象は，何らかの「キャパシタ全体を一貫して流れるもの」を考えればすっきりと理解できそうです．

ここで，やや唐突ですが「磁場」についても考えてみましょう．小学校の理科の実験などで，ケーブルを鉄心にぐるぐると巻いたものに電流を流して「電磁石」を作ったことがあると思います．この実験からわかるとおり，「電流」を流すとその周囲に「磁場」ができることが知られています．電磁気学の理論によると，まっすぐな1本の導線に流れる電流の周りにも，それを囲むような形の磁場が生じます．

キャパシタに交流を流した場合，導線部分の周囲には磁場ができます．これは，上述のとおり導線を流れるドリフト電流が磁場を作るからです．これに加えて，**図14**に示すとおり交流が流れているキャパシタの絶縁体部分の周囲にも磁場が発生することが知られています．

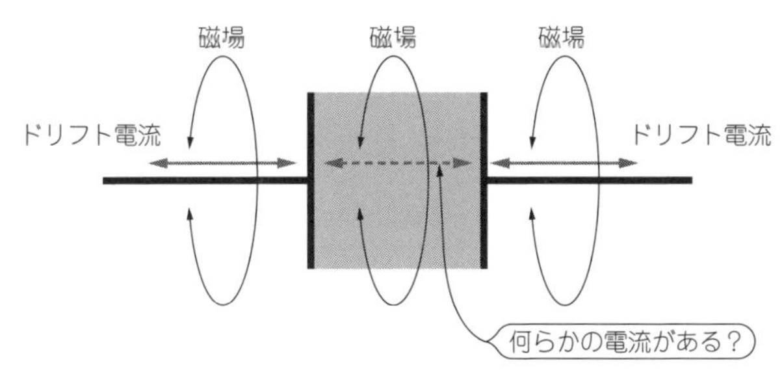

図14　キャパシタに流れる電流の周りには「磁場」ができる
絶縁体部分の周囲にも「磁場」が生じることが知られている

1.3.6 変位電流

交流が流れるキャパシタの周囲には，途切れることなく連続した磁場が生じています．それにもかかわらずキャパシタの絶縁体部分に「電流がない」というのは，先ほどの「電流があれば磁場ができる」という考え方と矛盾しています．そこで，交流が流れているキャパシタの絶縁体部分にも何らかの「新しい種類の電流」が流れていると考えようということになりました．絶縁体の部分に印加される電圧が「時間的に変化する」とき，そこには「**変位電流**」(displacement current)という新しい種類の電流が生じていると考えるのです(**図15**)．

ドリフト電流とは異なり，変位電流には電荷の移動が伴いません．しかし，その周りには磁場が生じるので「電流と等価なもの」として扱います．キャパシタの導体部分に一定のドリフト電流が流れ続けている場合，キャパシタの絶縁体部分に流れる変位電流の大きさは導体部分のドリフト電流の大きさと等しくなります．これにより，「1本の導線に一定の電流が流れ続けている場合，導線のどこでも電流の大きさは同じ」という原則がキャパシタ全体でも成立することになります．

*

変位電流の本来の定義は「電場の時間変化を電流と等価なものとみなし，それを変位電流と呼ぶ」というものです．“電場”とは電荷が受ける“力”の向きや大きさを表現するためのもので，これは「電位の傾き」と等価なものであると考えられます(電位の傾きに沿って電荷は動くため)．キャパシタの絶縁体部分に印加される電圧が時間変化すると，その部分の「電位の傾き」すなわち「電場」も時間的に変化します．このことから，先ほどはキャパシタの絶縁体部分には変位電流が流れるという説明をしました．変位電流の「大きさ」を数値的に(定量的に)議論したい場合は，数式の力を借りることになります．

1.3.7 高周波交流回路

より速く変化する交流電圧を回路に印加したときの様子について考えてみます．

交流電圧の変化の速さは「周波数」によって表現するのでした．周波数が大きい交流(電圧の変化が高速である交流)を扱う回路は，特に「**高周波交流回路**」(high frequency AC

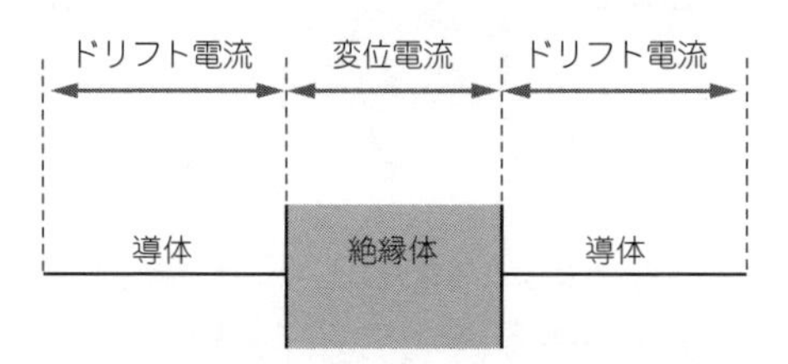

図15 「キャパシタ」に流れる電流の様子

circuit)と呼ばれます．略して「**高周波回路**」(high frequency circuit)ということもあります．

高周波回路に対して，変化が遅い交流信号を扱う回路のことを「**低周波回路**」(low frequency circuit)といいます．

一般的に，数MHz以下の信号を扱うオーディオ回路などは低周波回路に分類されます．また，数百MHz以上の信号を扱う回路は高周波回路に分類されます．

周波数が大きい電気信号は，ラジオ(radio)や無線機，携帯電話といった通信機器が扱う「**電磁波**」(electromagnetic wave)と密接な関係があります．このことから，高周波回路のことを「ラジオ程度の周波数を扱う回路」という意味合いで「**RF回路**」(radio frequency circuit)と呼ぶことがあります．

1.3.8 高周波回路の各点における電位分布

ホースの一端をゆっくり上下させると，ホース全体が「同時に」上がったり下がったりします．このとき，ホース全体には同じ電流が流れます．

これに対して，速くホースを揺さぶったときは**図16**のようにホース全体が波打って「場所によってホースの傾きが異なる」状態になります．ホースやなわとびを波打たせて遊んだ経験がある方は多いと思います．その様子を思い浮かべてください．ホースが「波の形」に変形しているときは，場所によって水流の向きや勢いが異なります．

この現象を電気の世界で考えます．高周波信号が印加された導体には複雑な電位分布が生じて，場所ごとに「電位の傾き」が異なる状態となります．電流は電位の傾きが大きいほどたくさん流れるので，場所によって電流の向きや大きさが異なることになります．

一般的に直流回路や低周波回路の動作を調べるときは，「回路中の各素子に印加される電圧や電流を調べる」というアプローチをとります．しかし，高周波回路では各部の電圧分布や電流分布が一様ではなくなるので，安定して測定することが難しくなり，低周波回路のようなアプローチが通用しなくなります．そこで高周波回路の動作を解析するときは，注目する箇所を通過していく「エネルギの流れ」を調べるというアプローチが採用さ

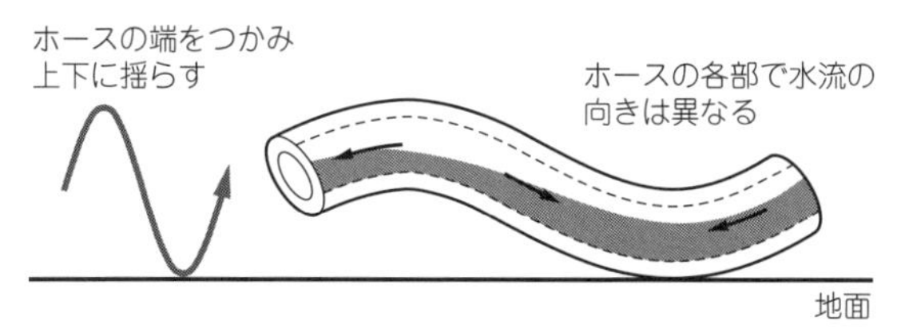

図16 水が入ったホースの一端を高速で上下させる
この状態では，ホースの各部で水流の向きや勢いが異なる

COLUMN 5

インピーダンスとSパラメータ

直流回路や低周波回路では回路の特性を表現するために「インピーダンス」というものが使われます．「インピーダンス」は，電圧と電流の値がわかれば計算できます．

一方で，高周波回路の場合は上述のとおり電圧や電流が場所ごとに異なるので，回路全体を一様に表現する道具としての「インピーダンス」を考えることが難しくなります．よって高周波回路の特性は，「その回路に電気エネルギを印加した場合に，どれだけのエネルギが反射して戻ってくるか」という具合にエネルギ(電力)を中心にして考えられます．回路に対するエネルギの入射および反射を扱う方法としては，「Sパラメータ」による表現がよく用いられています．

実は「インピーダンス」と「Sパラメータ」は表裏一体です．実際の回路設計の現場では，より便利な表現方法をその都度選んで使い分けることになります．フィルタ回路の理論ではインピーダンスとSパラメータの両方を活用することになります．

れます．

1.3.9　離れた場所へ伝わる高周波信号

今度は，図17のように「水が入っていない空のホース」の一端をつかんで高速で揺らすことを考えます．この場合も，先ほどと同様にホース全体が変形して「波の形」が伝わっていきます．いま考えているのは空のホースなので，水流は存在しません．それでも「ホースの変形」という現象によって「動き」が伝わっていくことになります．

上記の内容を電気の世界でイメージします．空のホースというのは「絶縁体」に相当し

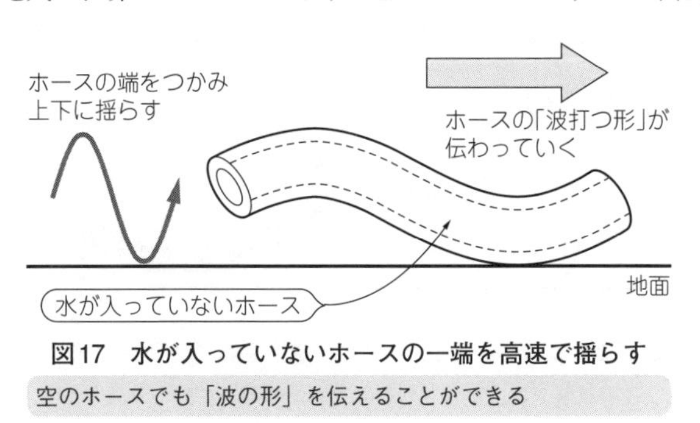

図17　水が入っていないホースの一端を高速で揺らす

空のホースでも「波の形」を伝えることができる

ますから，**図17**は絶縁体に対して高周波信号を印加した状態に相当すると理解できます．ホースの各点の高さは「絶縁体各部の電位」に相当し，それが時々刻々と変化して「波の形」を伝えていきます．絶縁体各部の電位(の傾き)は「時間的に変化」していますから，「変位電流」が生じていることになります．

ここで，絶縁体として「空気」を考えます．空気という絶縁体に対して，何らかの導体(電源装置の端子など)から高周波信号を印加したとします．すると，空気中の電位は**図17**のように波打ち，「波の形」が前方へ伝わっていきます．この「波」が別の導体に触れると，その導体にも「電位が波打つ形」が伝わります．このとき，その導体内に生じた電位分布に基づいてドリフト電流が生じます．これは，空気という絶縁体を介して「遠く離れた2つの導体間に交流信号が流れた」ことになります．

以上の内容は，**図18**のようにイメージできます．導体および絶縁体(空気)は接触しているので，これらはつながっている1本のホースと見なせます．ただし導体に相当する部分には水が存在し，絶縁体に相当する部分には水がありません．ここで図中の「導体①」に高周波信号を印加すると，導体①→空気→導体②の順に「波の形」が伝わっていきます．ホースの各部には高低差が生じているので，その場所に水があれば水流が生じます．「導体①」および「導体②」に相当するホースの中には水があるので，結果として水流が生じることになります．これが「離れた2つの導体の間に高周波信号が伝わる」ことの本質的なイメージです．

図18は，絶縁体の層が非常に厚いキャパシタに高周波信号を印加した状態とも見ることができます．キャパシタの導体部分に流れるのは「時々刻々と変化するドリフト電流」であり，またキャパシタの絶縁体部分に存在するのは「変位電流」すなわち「時々刻々と変化する電場」です．

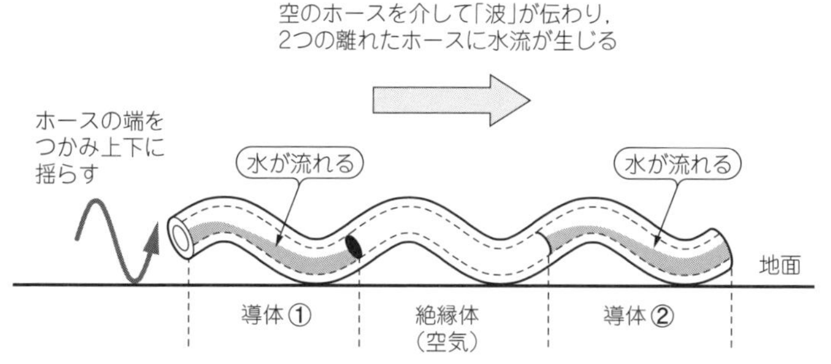

図18　途中にフタがあるホースを素早く揺らすと，ホース全体に「波の形」が伝わる

水がある場所では，ホースの形に従って水流が生じる

ここでは詳細に踏み込みませんが，電磁気学の理論によると「時間的に変化する磁場の周りには，時的間に変化する電場が生じる」ということがわかっています．すると，「時間変化する磁場」と「時間変化する電場」は連鎖的に互いを生み出し合いながら，空間中を前へ前へと進んでいくことになります．この現象は「電磁波」と呼ばれています．電磁波は略して「電波」とも呼ばれます．この電波を利用して遠く離れた2地点間で情報のやりとりをしようというのが，無線通信の基本的な発想です

1.4　もう1種類の電流…拡散電流

1.4.1　電荷の「分布」を考える

ここまで考えてきた電流は，ドリフト電流および変位電流のいずれにしても，何らかの「電源」によって物体の電位が揺さぶられることで生じるものでした．これに対して，電源がなくとも生じる電流があります．

図19のように，ホースの1カ所だけに集中して電荷が溜まっている様子を考えます．この状態から時間が経過していくと，水はホースの中に「拡散」(diffuse)していく様子がイメージできると思います．これと同様に，物体の一部に集中して電荷が存在する場合も，時間経過に伴って電荷は拡散していきます．このようにして生じる電荷の動きを「**拡散電流**」(**diffusion current**)といいます．

一般的に，金属などの導体中の電荷が1カ所に偏在することはありません．そのため，導体中の拡散電流に注目することはあまりありません．これに対して，シリコンやゲルマニウムといった半導体の中では電荷の分布が偏ることがあります．特に，ダイオードやトランジスタといった半導体デバイスの挙動を理解するためには，拡散電流について考えることが必要不可欠となります．

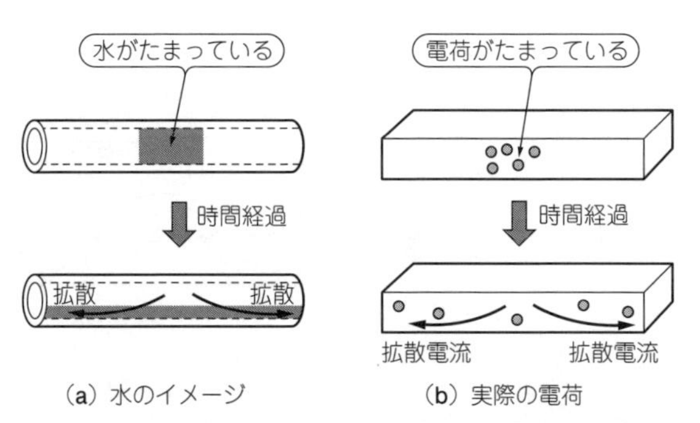

図19　1カ所に電荷が集中している場合，電荷はその分布が一様になるように動く．これを「拡散電流」という

1.5　電流と電子回路の分類

1.5.1　電流の分類

本章で紹介した「電流」の種類をまとめると，**図20**のようになります．

電流には実際に電荷の動きが伴うものと，そうでないものがあります．実際に電荷が動く電流のことを「**伝導電流**」(conductive current)といいます．伝導電流には，外部から印加された電圧によって生じる「ドリフト電流」と，電荷分布の偏りから生じる「拡散電流」がありました．

一方で，電荷の動きが伴わない電流のことを「変位電流」というのでした．変位電流は，絶縁体に対して印加される電圧が時間的に変化する場合などに生じます．キャパシタに交流が流れる現象や，空気中を電磁波が伝播する現象などは，この変位電流が重要な役割を果たしています．

1.5.2　扱う周波数による電気回路の分類

本章では，信号の「時間変化の速さ」すなわち信号の「周波数」に応じて，それを扱う電気回路を分類しました．それを**図21**にまとめます．

回路に印加する電圧が時間的に変化せず，常に一定の電流が流れる回路を「直流回路」というのでした．直流回路には時間的な変化がないので，常に「静的な状態」を扱うことになります．そのため，直流回路の理論で登場する計算は比較的簡単であり，足し算・引き算・掛け算・割り算といった四則演算だけで対応できます．

これに対して，回路中の電圧や電流が時間的に変化するものを「交流回路」と呼ぶのでした．交流回路における各部の電圧や電流の時間変化，すなわち「波形」を表現するため

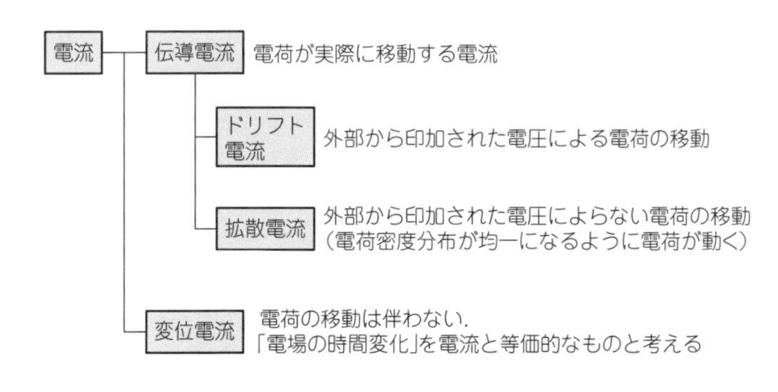

図20　電荷の動きに基づいた電流の分類

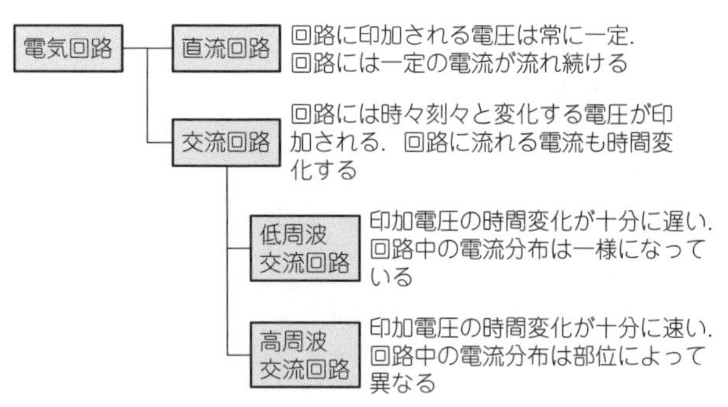

図21 扱う周波数に注目した場合の，電気回路の分類

直流回路は「周波数が0の信号を扱う回路」だと考えられる

には，数学における「関数」の知識が必要となります．また，複雑に変化する波形を扱いやすくするための道具として「微分」や「積分」が必要となります．

▶微積分の基礎ができていれば交流回路は難しくない

このような事情により，直流回路理論と交流回路理論の間には「数学」(特に微積分)という壁があります．直流回路は単純でわかりやすいものですが，交流回路の挙動はやや複雑で計算も大変です．しかし，微積分の知識があれば「インピーダンス」という考え方を導入して，交流回路の計算をまるで直流回路かのように済ませることができます．インピーダンスは非常に便利かつ重要な考え方で，これを理解することが回路理論全体を理解するための第一歩となります．

▶フィルタ設計の考え方は高周波回路の設計に近く，身に付けておくと後々役に立つ

また，交流回路は扱う周波数によって「低周波回路」と「高周波回路」に分けられるのでした．低周波回路はオーディオ帯などの比較的低い周波数を扱うもので，高周波回路は一般的に無線機や携帯電話のための回路を指します．本「本質理解 アナログ回路塾」シリーズの最終目的であるフィルタ回路は，設計によって低周波および高周波の両方に対応できますが，設計の考え方そのものは高周波回路設計の考え方に近いものがあります．

最近は，もともと低周波回路として扱われていたOPアンプなどの回路が性能改善によって高周波で動作できるようになってきました．さらにアナログ回路にとどまらず，CPUやFPGAといった高速動作するディジタル回路にも高周波回路のノウハウが不可欠となっています．これらの部品自体を設計する(すなわちICを設計する)場合にも，またこれらの部品を使用する基板を設計する場合にも，高周波回路の考え方を理解しておくと大いに役立ちます．

第2章 直流回路

2.1 直流回路理論の位置付け

2.1.1 電気回路の基礎

本章では，すべての回路理論の基礎となる「**直流回路理論**」(DC circuit theory)について解説します．直流とは，時間的に変化しない電流のことを指します．電気回路に対して一定の電圧を印加し続けたときに，その回路の各部にどのような電圧や電流が生じるのかを理解することが，直流回路理論の目的です．

電気回路理論における基本素子は「抵抗」，「キャパシタ」，「インダクタ」の3つです．このうち，キャパシタとインダクタは電圧や電流の「時間的な変化」がなければ機能しません．その理由は，電圧や電流が時間的に変化しない直流回路にとって，キャパシタはただの「途中で切れた導線」であり，インダクタはただの「導線」に見えるからです．よって，直流回路理論で扱うのは「抵抗」だけで構成された回路となります．このことから，直流回路理論で扱う回路のことを「抵抗回路」と呼ぶことがあります．

*

電流の大きさと向きの両方が常に一定であるものを「狭義の直流」，電流の向きは一定でもその大きさが時間的に変化するものを「広義の直流」と呼ぶことがあります．本書で「直流」といった場合は，前者の「狭義の直流」を指すものとします．

2.1.2 直流回路の計算では微分や積分を使わない

電気回路に関する理論を「電圧や電流の時間変化の有無」で分類すると，**図1**のようになります．

直流回路における電流や電圧は常に一定であり，時間的な変化がありません．そのため，電流や電圧を求める計算は，単純な足し算，引き算，掛け算，割り算といった四則演算だけで済みます．複雑な回路網を解析する場合は連立方程式を解くことになりますが，それでも中学校レベルの計算で事足ります．

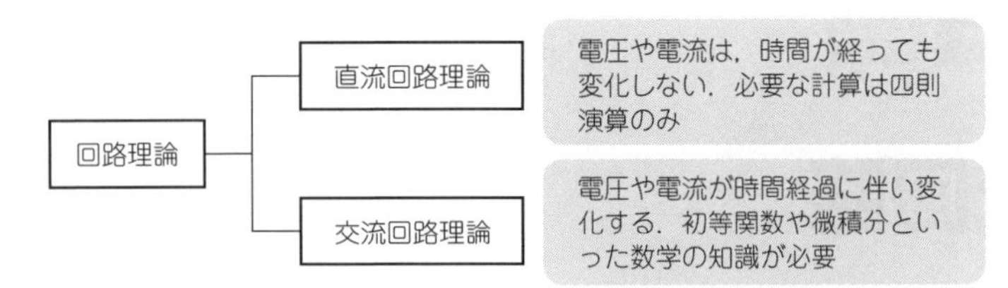

図1　回路理論の内容を，電圧や電流の「時間変化」の有無で分類した

直流回路理論では電圧や電流が「時間的に変化しない状態」を扱う

これに対して，「交流回路理論」では時間的に変化する電圧や電流を扱います．時々刻々と変化する電圧や電流の波形を表現するために，数学における「関数」(初等関数)の知識が必要となります．また，変化する電圧や電流の挙動を分析するために「微分」や「積分」といった数学も必要になります．そもそも微分や積分は「変化するもの」をわかりやすく扱うために生み出された道具なので，時間変化する波形を扱う交流回路理論において，微積分を活用するのは当然のことです．

本章で電気回路における基本的な定理を解説した後は，初等関数や微積分の内容を扱い，後に続く交流回路理論に進むための数学的な準備を十分に整えることにします．

2.1.3　直流回路理論はすべての基礎になる

直流回路理論は物事の「変化」を扱わないので，数学的にはやさしい内容となります．表面的な計算だけなら，小学校・中学校で習う程度の内容さえわかっていれば問題なくこなせるでしょう．しかし，本章で解説する内容には，電気回路理論全体を通して重要となる考え方がたくさん含まれています．

図2に示すとおり，直流回路理論には「オームの法則」や「キルヒホッフの法則」，「重

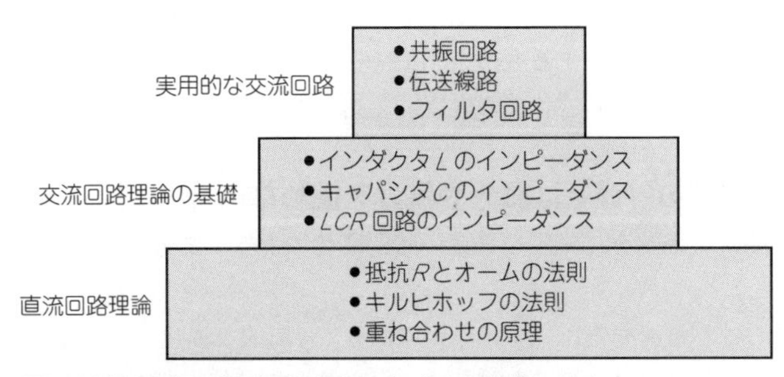

図2　直流回路理論で扱う内容はすべての基礎になる

「保存則」や「重ね合わせの原理」といった考え方は，電気回路以外の分野にも通用する

ね合わせの原理」といった重要事項が含まれます．これらの内容は，後に扱う交流回路理論や実用的な回路においても成り立つ基本原理です．このような意味で，直流回路理論の内容は「電気回路理論の基礎」であると言えます．さらに面白いことに，回路理論における基本的な考え方は電気以外の分野でも広く通用します．これは，電気の理論が「エネルギ保存則」や「線形性」といった普遍的な考え方に基づいて構築されていることによります．

直流回路理論の範囲には，高度な数学や難しい計算はほとんど出てきません．しかし「頭の使い方」という意味では，ある程度の思考力が求められます．電気回路に対してどのようなアプローチで考察を進めていくのかという「考え方」に注目しながら，読み進めていただければと思います．

2.1.4 本章の流れ

直流回路理論解説の流れを**図3**に示します．

最初に「抵抗」の働きについて考え，抵抗値と電流および電圧を結び付ける「オームの法則」を紹介します．続いて，複数の部品をつなぎ合わせて作られた回路の「形」をわかりやすく扱うために，「グラフ理論」の基本的な内容を解説します．その後，あらゆる回路の挙動を調べるために必要不可欠である「キルヒホッフの法則」について説明します．オームの法則とキルヒホッフの法則が揃えば，どのような形の回路でも電圧および電流の分布を求めることができるようになります．その一例として，直列回路や並列回路，ブリッジ回路における電圧や電流の状態を計算で求めてみます．

また回路理論では，理想化された電源として「電圧源」および「電流源」というものが使われます．これらの扱い方をよく理解しておくことは，本「本質理解 アナログ回路塾」シリーズで解説するフィルタ回路設計にとどまらず，トランジスタなどの半導体素子を

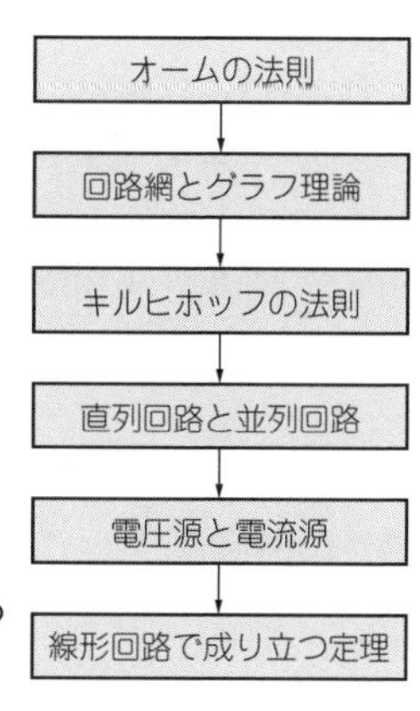

図3 電気回路理論全体で成り立つ基本的な考え方を解説する

使った回路を設計するうえでも役立ちます．後半では，これらの理想化された電源についても解説します．

最後に，電気回路理論全体を通して重要となる「電気回路の線形性」について解説し，線形な電気回路で成り立つ「テブナンの定理」や「ノートンの定理」などの定理を紹介していきます．

2.2 オームの法則

2.2.1 電気抵抗

前章では「水とホース」の例え話を使って電流や電圧の考え方について説明しました．ここでも，もう少しだけ水とホースによる説明を続けます．

図4のように「障害物が入っているホース」を考えます．このホースに水を流すと，障害物によって水流が妨げられます．実際に世の中で使われているホースにはこのような障害物は入っていませんが，水とホースの間に働く「摩擦力」は，水流を妨げる働きを示します．よって，この**図4**はホースの中で実際に起こっている現象をやや誇張したものと見なせます．

電気の世界でも，**図4**と同様のことが起こります．いくら電流を流しやすい「導体」であっても，その物質内には電流を妨げる障害物が含まれています．ここで，その物質が「どれだけ電流を流しにくいか」を表すための指標として「**電気抵抗**」(electrical resistance)を導入します．電気抵抗は単に「**抵抗**」(resistance)とも呼ばれます．

*

基本的に，あらゆる物体は「電流を妨げる要因」を持っています．この主な原因は，物体を構成している原子の熱振動(格子振動)です．電気回路理論ではその原因に深く踏み込まず，とにかく「電流が流れやすいか否か」という表面的な現象だけに注目して，電気抵抗の大小を考えます．これに対して，「なぜこの物質の電気抵抗は大きい(小さい)のか？」という疑問について深く考える学問分野としては，物性物理学や固体物理学があります．

*

物体を構成する原子の熱振動は，その振動が激しくなるほど「物体の温度が上がる」こ

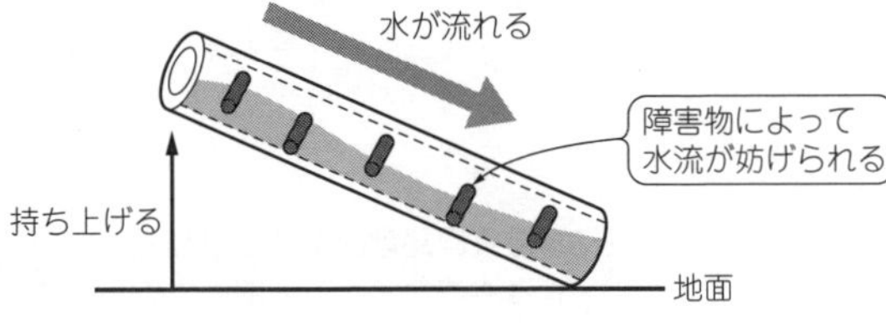

図4 水の流れを妨げる「障害物」が付いているホースを考える

障害物によって水の流れは妨げられる

とにつながります．物体に電流が流れると，移動していく電荷のエネルギによって物体の熱振動が大きくなります．電流が大きいほど熱振動は大きくなるので，それに伴って物体の温度も大きく上昇します．このように電流によって生じる熱のことを**「ジュール熱」(Joule heating)**といいます．電気ストーブやIH(Induction Heating)調理器などの発熱原理は，すべてジュール熱です．電気ストーブは電熱線に電流を流して発熱させており，IHクッキング・ヒータは鍋やフライパンの底に電流を流して発熱させています．

2.2.2 電圧，電流，抵抗の単位

ここまでの話で，回路理論における重要パラメータである「電圧」，「電流」，「抵抗」の3つが揃いました．これらの物理量の単位は，次のとおりです．

- 電圧の単位は「ボルト」(Volt)で，“V”と表記する
- 電流の単位は「アンペア」(Ampere)で，“A”と表記する
- 抵抗の単位は「オーム」(Ohm)で，“Ω”(ギリシア文字の“オメガ”の大文字)と表記する

また，電圧の値を表す文字は一般的に“V”が用いられます．単位を表す“V”と同じ文字で紛らわしいですが，「物理量」である電圧を表す場合は斜体の“V”を使い，「単位」のボルトを表す場合は立体の“V”を使うことで区別します．電圧に関する物理量と単位を続けて書くと，“V(V)”という具合になります．最初のうちは斜体と立体の書き分けが煩雑に感じられるかもしれませんが，物理量と単位を明確に区別するために必要ですので，早めに慣れておくことをお勧めします．

なお，電流を表す文字は“I”が用いられ，単位と一緒に書くと“I(A)”となります．抵抗については“R”が用いられるので“R(Ω)”という具合になります．

2.2.3 電流と電圧の関係

物体に印加する電圧の大きさと，そこに流れる電流の大きさの関係について考えてみましょう．**図5**のように，「障害物」の量が同じである2つのホースを考えます．障害物の量が同じなので，単純にホースの一端を持ち上げる高さが高いほど多くの水が流れます．こ

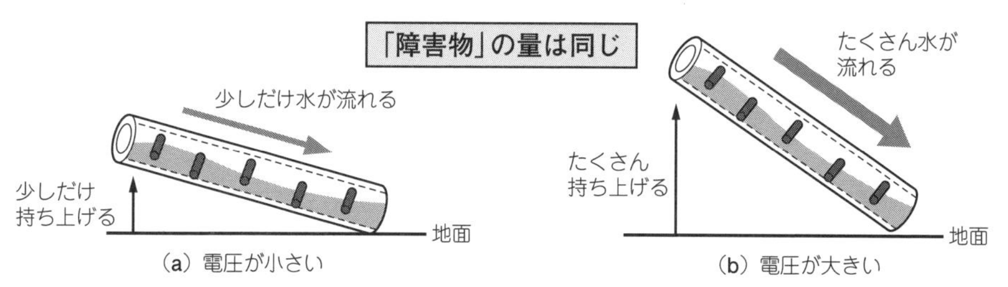

図5 ホース内の障害物の量が同じなら，ホースの一端を高く持ち上げたほうが多く水が流れる

れを電気の世界にあてはめると,「抵抗が同じなら，物体に印加する電圧が大きいほど，たくさん電流が流れる」ということになります.

ここで，「電圧が大きいほど，たくさん電流が流れる」ということを数式で表してみましょう．ここでは単純に,「電流の大きさは電圧の大きさに“比例”する」と仮定します．すなわち，aを定数として“$I=aV$”という関係式が成立することを仮定してしまいます．このことを「比例」を表す記号“∝”を使って表現すると，次式のようになります.

$$I \propto V$$

実のところ，これは「非常にシンプルな仮定」です．電圧が大きいほどたくさんの電流が流れることを表したいならば,「電流は電圧の2次関数で表され，“$I=aV^2$”の関係を満たす」とか,「電流は電圧の3次関数になっていて，“$I=aV^3$”で表される」という仮定をしても間違いではありません．それでも，今回は「わかりやすいから」という理由で，最も単純な「比例」の関係を仮定しているのです．上式は，このような大胆な仮定に基づく式であることを強調しておきます.

2.2.4　電流と抵抗の関係

次は，**図6**のように2つのホースの一端を持ち上げて，高さを等しくした状態について考えます．これらのホースに含まれる「障害物」の量は異なります．よって，当然ながら障害物が多いホースでは水が流れにくくなります.

以上の内容を電気の世界にあてはめて考えると,「物体に印加する電圧が同じなら，抵抗が大きいほど電流は小さくなる」となります．この関係を単純な数式で表すと,「電流は抵抗に“反比例”する」と表現できます．すなわち，次式のように書くことができます.

$$I \propto \frac{1}{R}$$

もちろん，“$I \propto 1/R^2$”という具合に電流が抵抗の2乗に反比例する場合や，“$I \propto 1/R^3$”という具合に電流が抵抗の3乗に反比例する可能性もあり得ます．上式は最もシンプルな状

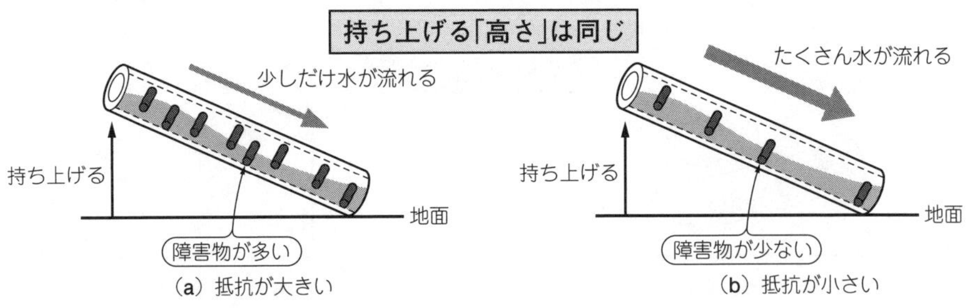

図6　ホースの一端を持ち上げる高さが同じなら，障害物が少ないほどたくさん水が流れる

態を仮定したものであり,「こんな単純な式で表現できたら嬉しい」という一種の希望であると言えます.

2.2.5 オームの法則

ここまでの考察では,「電流は電圧に比例する」ことを表す“$I \propto V$”という式と,「電流は抵抗に反比例する」ことを表す“$I \propto 1/R$”という式を仮定しました.これら2式を合わせると次式が得られます.

$$I \propto \frac{V}{R}$$

上式は「非常にわかりやすい状態」を選んで勝手に作り出したものですが,なんと,上式の関係が実際に成り立つことが実験的に証明されているのです.これを証明したのは,ドイツの物理学者であるゲオルグ・ジモン・オーム(Georg Simon Ohm, 1789-1854)という人です.彼の名前をとって,この関係式は「**オームの法則**」(**Ohm's law**)と呼ばれています.

上式が表しているのは,比例や反比例といった「関係性」の話に過ぎません.電流や電圧を具体的な計算によって求めるためには,比例の記号“∝”ではなくイコール“=”の記号を使って表現された式が必要です.そこで,電圧Vの単位であるボルト“V”や電流Iの単位であるアンペア“A”を適当に定めて,「1Vの電圧を印加したときに1Aの電流が流れる物体の抵抗を1Ωとしよう」と決めてしまいます.すなわち,“1Ω”という抵抗の大きさを計算が簡単になるように都合良く決めてしまうのです.これにより,次の非常にわかりやすい関係式が得られます.通常「オームの法則」と言った場合は次式を指します.

$$V = RI$$

“1V”という電圧の大きさや“1A”という電流の大きさが,そもそもどうやって決められているのかという話は,ここでは省略します.いま重要なのは,「電圧と電流が比例すること」と「その比例定数を“抵抗”としたこと」の2点です.

オームの法則を考えるときは,抵抗Rに印加されている電圧Vと,そこに流れる電流Iの「正の向き」を意識する必要があります.電圧および電流の正の向きは,通常は**図7**のように定めます.これは,「電流は電位が高いところから低いところへ向かって流れる」ということを考えれば納得できるかと思います.

抵抗に限らず,一般的な電子部品における電圧および電流の正の向きは,**図7**のように設定します.もし**図7**とは逆向きに電流が流れている場合は「マイナスの電流」が流れているものとして扱い,**図7**と逆向きの電圧が生じている場合は「マイナスの電圧」が生じているものとして扱います.プラスやマイナスという符号は,単なる「向き」を表すものであることに注意してください.

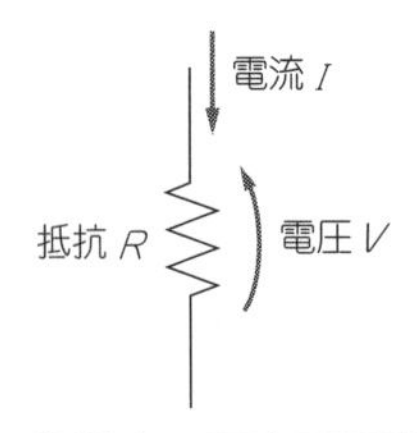

図7 「抵抗」の回路用図記号と，電流および電圧の正の向き

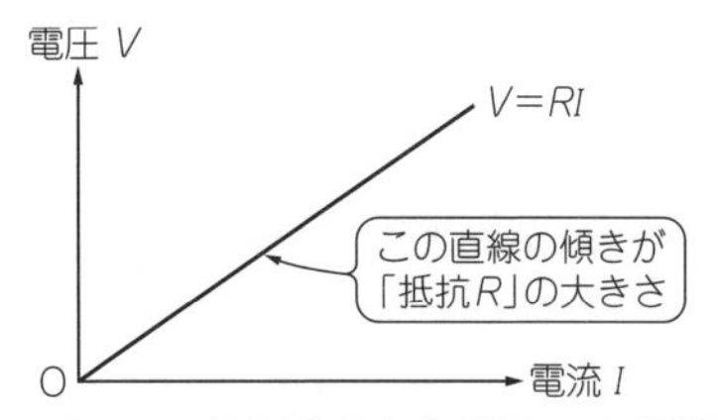

図8 オームの法則を表したグラフは「線形」になっている

＊

先ほど，オームの法則は「実験的に証明された」と説明しました．オームの法則が発見された当時は，物体がたくさんの「原子」から構成されていることや，「電子」が電流を担っているという事実を誰も知りませんでした．今は電流とは電荷の動きであるとわかっているので，電荷が物体の中を動く様子を数式で表現することによって，オームの法則を理論的に導くことができます．後の「積分と微分方程式」の章では，簡単な物理モデルを作ってオームの法則を導出してみます．

2.2.6 コンダクタンス

抵抗Rの逆数を「**コンダクタンス**」(conductance)といい，“G”という記号で表します．

$$G=\frac{1}{R}$$

抵抗Rが小さいほどコンダクタンスGは大きくなるので，コンダクタンスは「電流の流れやすさ」を表す指標であると考えられます．コンダクタンスを使ってオームの法則を表すと，次のようになります．

$$I=GV$$

コンダクタンスは，後で解説する「並列回路」の計算で威力を発揮します．なお，コンダクタンスの単位はジーメンス(Siemens)で，“S”という文字が用いられます．

2.2.7 オームの法則と線形性

横軸を電流I，縦軸を電圧Vとしてオームの法則$V=RI$のグラフを描くと，**図8**のような「比例のグラフ」が得られます．また，このグラフの「傾き」は抵抗Rの大きさに相当します．

このグラフは，1本の「直線」になっています．このように，電流の大きさと電圧の大きさの関係が1本の「直線」で表される素子のことを「**線形な**」(linear)素子といいます．また，線形な素子だけで構成された回路のことを「**線形回路**」(linear circuit)といいます．

抵抗だけで構成された回路は，もちろん線形回路です．さらに，本書で扱うインダクタL，キャパシタC，抵抗Rで構成された回路(LCR回路)も線形回路です．

2.2.8 線形システム

抵抗Rに電流(I_1+I_2)が流れている場合を考えます．このとき抵抗の両端に生じる電圧は，オームの法則$V=RI$より次のように求められます．

$$R(I_1+I_2)=RI_1+RI_2$$

簡単な式ですが，上式は「抵抗Rに電流(I_1+I_2)を流したときに生じる電圧は，電流I_1およびI_2をそれぞれ単独で抵抗Rに流した場合の和である」ことを表しています．

また，抵抗Rに対して電流I_1のa倍(aは定数)である“aI_1”が流れたとき，抵抗の両端に生じる電圧はオームの法則より次のように求められます．

$$R\cdot(aI_1)=a\cdot RI_1$$

上式は，「抵抗Rに電流“aI_1”を流したときに生じる電圧は，電流I_1を流した場合に生じる電圧のa倍である」ということを表しています．

抵抗という部品に限らず，一般的に上の2式を満たすようなものは「**線形性**」(linearity)があると表現されます．「線形性」の考え方は，電気回路理論にとどまらず物理学や工学のさまざまな分野において非常に重要な考え方です．

複数のものが互いに影響し合い，全体として1つの機能を生むものを「**系**」もしくは「**システム**」(system)といいます．電気回路は，その中に含まれる部品が相互に影響しあって最終的な電圧や電流を決定するので，1つの「系」であると言えます．

また，線形性をもつシステムのことを「**線形系**」もしくは「**線形システム**」(linear

COLUMN 6

オームの法則を最初に発見した人

オームの法則が発見されたのは1827年のことでした．これは今から200年ほど前のことです．実は，「物体に流れる電流はそこに印加される電圧に比例する」という事実を最初に発見したのは，イギリスのキャヴェンディッシュ(Henry Cavendish, 1731-1810)という科学者だったと言われています．しかしキャヴェンディッシュはこの事実を論文として発表せず，結果としてオームの論文が先に公開されたので，“$V=RI$”という関係式には「オームの法則」という名前が付きました．いずれにしても，このオームの法則を契機として，現在に続く「電気回路理論」の幕が開けたことになります．

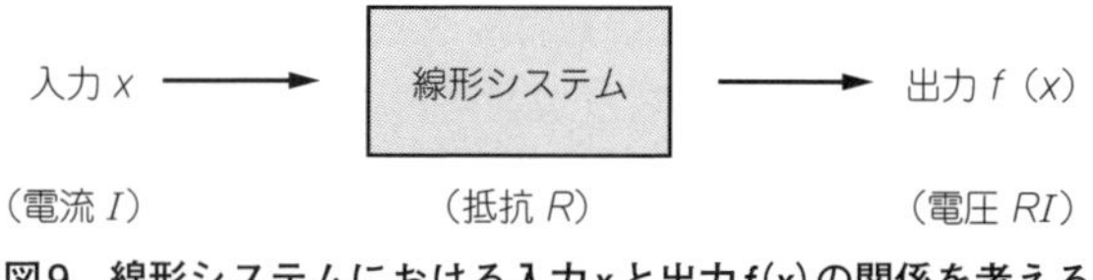

図9 線形システムにおける入力xと出力$f(x)$の関係を考える

かっこ内は電気回路における例

system)といいます．線形回路は，線形システムの一種です．また1本の抵抗と1つの電源から構成される回路は，最小規模の「線形システム」ということになります．

さて，**図9**を参照しつつ「線形システム」を次のように定義します．これは，今まで確認してきた抵抗Rが満たす性質を抽象化したものだと考えられます．特に，最後の式は一般的な「線形システムを表す式」として重要なものです．

- 線形システムに対して入力“x”を与えたときの出力を“$f(x)$”と書くことにする
- 2つの値の和“x_1+x_2”が入力されたときの出力値“$f(x_1+x_2)$”は，x_1およびx_2を独立して入力した場合の出力値の和である“$f(x_1)+f(x_2)$”と等しい
- 値x_1を定数a倍した“ax_1”を入力した場合の出力値“$f(ax_1)$”は，x_1を入力した場合の出力値$f(x_1)$のa倍，すなわち“$af(x_1)$”となる
- 以上の2点を合わせると，線形システムにおいては次式が成り立つ．ただしaとbは定数とする

$$f(ax_1+bx_2)=af(x_1)+bf(x_2)$$

＊

「線形性」というのは，特に難しいことを言っているわけではありません．電気回路について考える場合は，単に「電圧や電流に関して，足し算が成り立つことが保証されている」という程度の理解で十分です．この「足し算が成り立つ」というのは当たり前のことだと思うかもしれませんが，世の中は「非線形」なものであふれています(たとえば人間とか)．線形性が成り立つ系は「とても素直で扱いやすい」もので，理論を考える立場から見ると非常に都合が良いのです．

インダクタL，キャパシタC，抵抗Rの3素子(LCR)だけで構成される電気回路は線形です．フィルタ回路をはじめとする複雑な回路を扱うための理論が高度に発達したのは，LCR回路が線形性を満たすからだと言っても過言ではありません．また，トランジスタなどの半導体素子を含む回路は一般的に非線形です．それでも，トランジスタ回路の設計には線形回路の理論が大いに役に立ちます．線形システムに対する理解なくして，非線形システムを扱うことは不可能です．

COLUMN 7

現実の抵抗は非線形

電気回路理論において，抵抗は「線形素子」として扱われます．その本質は，「抵抗にどんな大きな電流が流れても，その抵抗値は常に一定である」という考え方にあります．このような抵抗は，現実に存在する抵抗という部品の特性を理想化したものだと言えます．

実際のところ，現実に存在する抵抗という部品は，温度によって抵抗値が変化します．温度が高いほど抵抗値が増加するものもあれば，温度が高いほど低抵抗になるものもあります．また，その変化の程度も抵抗の種類によってさまざまです．いずれにしても，「温度変化に対して抵抗値がまったく変化しない抵抗」というものは現実には存在しません．

ここでは例として，温度が高いほど抵抗値が大きくなる抵抗について考えてみます．抵抗に電流が流れるとジュール熱が発生します．すると，そのジュール熱によって抵抗値が増加します．すなわち「抵抗に電流が多く流れるほど，抵抗値が大きくなる」ことになります．このような抵抗における電圧-電流特性のグラフを描くと，**図A**のようになります．このグラフの形は明らかに「非線形」であるとわかります．

なお，抵抗値が温度によってどれだけ変化するかを表す数値を「**温度係数**」(**temperature coefficient**)といいます．温度係数が小さい抵抗は，温度的に安定した「良い抵抗」ということになります．例えば，カーボン抵抗よりも金属皮膜抵抗の温度係数のほうが小さいので，温度変化に対してシビアな性能要求がある場合は金属皮膜抵抗を使うべきでしょう．なお，温度変化によって回路流の電圧や電流が変化してしまうことを「**温度ドリフト**」(**temperature drift**)といいます．

とはいえ，簡単なアンプやディジタル回路の設計では，抵抗に流れる電流が何Aも変化することは多くありません．ほとんどの場合は抵抗を「線形な素子」として扱って設計をしても，特に問題はありません．もし抵抗による波形の歪みや温度ドリフトが気になるようならば，「現実の抵抗は回路理論の抵抗とはちょっと違う」ということを思い出してみるとよいかもしれません．

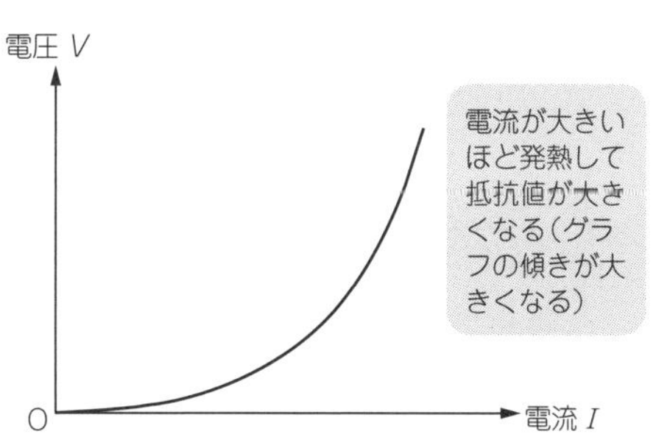

図A 温度上昇に伴い，値が増加する抵抗

この抵抗は「非線形」な素子である

2.3 回路網とグラフ理論

2.3.1 たくさんの部品をつなぎ合わせた「回路網」について考える

特に多くの素子が複雑に接続されて構成された電気回路のことを「**回路網**」(network)と呼ぶことがあります.「回路」と「回路網」を区別する明確な基準はありませんが，多段に接続されたフィルタ回路のように電圧や電流の分布を一目で見抜けないようなものは，その複雑さを強調して「回路網」と呼ぶことが多いようです.

複雑な回路網の挙動を解析するための第一歩は，その回路網の「形状」すなわち「接続関係」を正しく把握することです．複雑な接続関係を整理して考えたいときに便利な道具として，数学における「**グラフ理論**」(graph theory)があります．グラフ理論は，回路シミュレータが自動的に回路図を読み込む処理にも応用されています．本節では，グラフ理論の初歩的な内容について解説します.

2.3.2 回路網の「形」を議論するための用語

図10に示すような回路を考えます．図中の黒点は，複数の素子が接続される点を示しています．これを「**節点**」(node)といいます．また，2つの節点を結ぶ経路のことを「**枝**」(branch)といいます．枝は，電子回路における1つ1つの素子に対応します．枝に流れる電流を「枝電流」，枝に印加されている電圧を「枝電圧」などと呼びます.

一般的な電気回路図では，**図11**に示すように2つの素子だけを接続している節点に黒丸を書きません．また，枝分かれのない経路に沿って接続された素子(いわゆる直列)は，まとめて1つの枝と見なします．これは，直列に接続された素子の「合成抵抗」を考えるこ

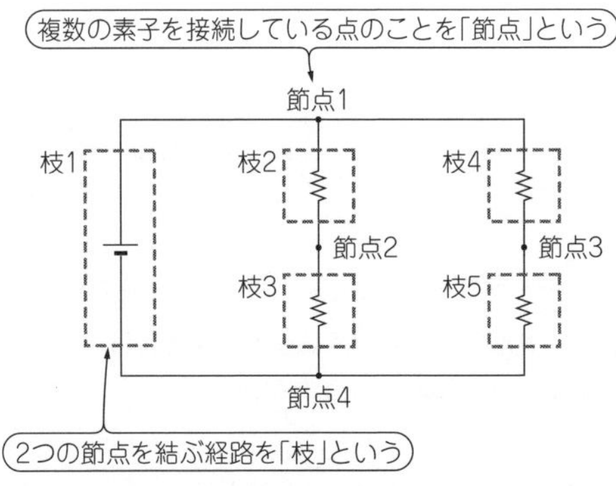

図10 回路中の「節点」と「枝」．これらの用語は回路の形状について議論するときに使われる

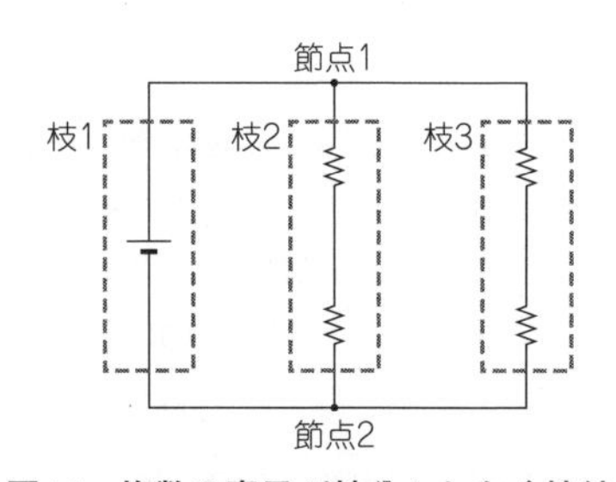

図11 複数の素子が枝分かれなく接続されている経路は，1つの枝と見なす．その途中にある節点は，通常は節点として明示しない

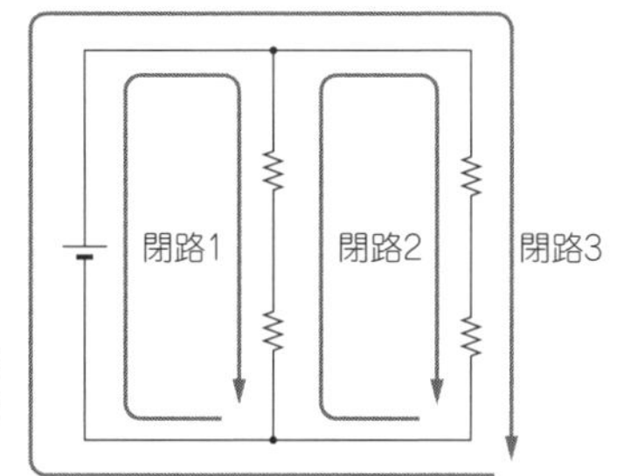

図12 1つの節点を出発してもとの節点に戻る経路を「閉路」という．途中の節点および枝は一度だけ通るものとする

とで，1つの大きな素子が存在すると見なせるからです．

1つの節点を出発して，いくつか節点および枝を一度だけ通ってもとの節点に戻る経路のことを「**閉路**」(loop)といいます．**図12**の回路には，閉路が全部で3つあります．閉路のことを「**メッシュ(網目)**」(mesh)と呼ぶこともあります．

2.3.3 接続状態の性質をまとめたのがグラフ理論

2つの節点を結ぶ素子がどのようなものであったとしても，一度「枝」として抽象化してしまえば同じものとして扱えます．電気回路のように「節点と枝の集まり」として表せるもののことを「**グラフ**」(graph)といいます．グラフは，回路の「形」だけに注目して考えたい場合に便利なものです．グラフについて扱う数学の分野を「**グラフ理論**」(graph theory)といいます．ここで言うグラフは，座標を使って描く「関数のグラフ」とは別の物です．

一般的な電気回路では，2つの節点をどのように選んだとしても，その2つの節点は何本かの枝によって必ずつながっています．このような性質を持つグラフのことを，「**連結グラフ**」(connected graph)といいます．

2.3.4 トポロジという言葉について

2つの回路のグラフが同じならば，その2つの回路は「同じ構造」を持っていると考えられます．このような場合，「**トポロジ**」(topology)という言葉を使って「2つの回路は同じトポロジである」と表現することがあります．もともと「トポロジ」という言葉は，数学における「位相幾何学」という分野を指します．これは，図形をより抽象的に扱うための体系です．電気回路やコンピュータ・ネットワークの分野では慣例的に，その構造を表す「グラフ」とほぼ同義の言葉として「トポロジ」という言葉を使っています．

例として，**図13**に示す2つの回路を考えます．これらの回路に使われている素子の種類は異なりますが，接続の「形」すなわちグラフは同じものです．このことから，これらの回路は「同じトポロジである」と言うことができます．

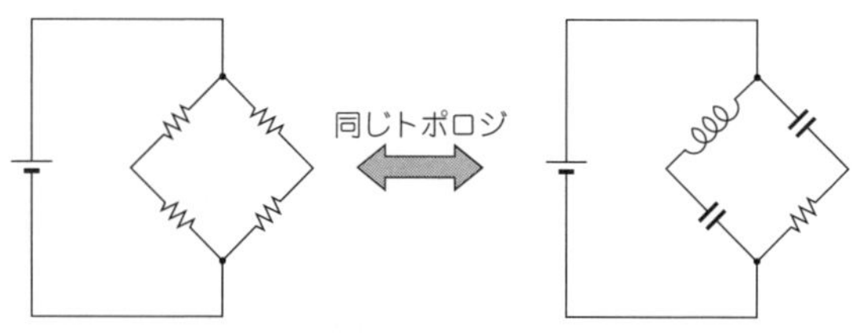

図13　回路の配線形状が同じなら，使っている部品が異なっていても「同じトポロジ」だと考える

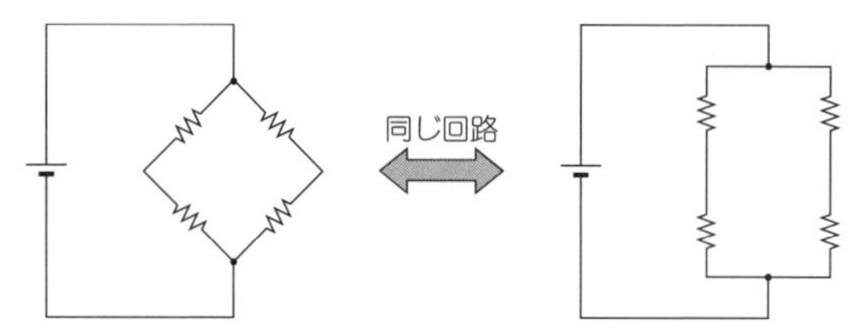

図14　素子の種類(および値)と接続関係が同じならば，同じ回路だと見なせる

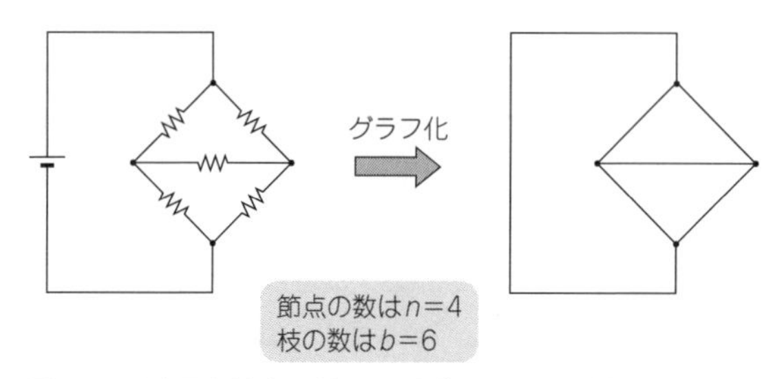

図15　回路図を節点と枝によるグラフに書き換える

この回路の節点の数は$n=4$，枝の数は$b=6$である

当然のことですが，回路図の書き方を変えたとしても配線形状と素子が同じならば「同じ回路」です．例えば，**図14**に示す2つの回路は「同じ回路」として扱えます．電気回路を扱う場合，トポロジを保ちつつ回路図を書き換えることによって，その回路の動作を理解しやすくなることが多々あります．

2.3.5　グラフ理論における「木」

ここから先は，回路中に存在する「独立した閉路の数」を求める方法について考えます．独立した閉路の数を確認することは，後でキルヒホッフの法則と合わせて「閉路方程式」を作るときに重要となります．まずは，グラフ理論における「木」というものの考え方か

COLUMN 8

「同じトポロジ」とは

ここまでの解説では，2つの回路の「グラフが同じ」であるとき，その2つの回路は「同じトポロジである」と言うのだと説明しました．すなわち，回路に使われている素子の種類やその値は問わず，素子どうしの接続関係さえ一致していれば「同じトポロジ」ということになります．

ただし，この「トポロジ」という言葉には開発現場や教科書によって微妙にニュアンスが異なる，いわゆる方言が存在します．例えば，素子の種類が同じで値だけを変えた場合(1 kΩの抵抗を2kΩの抵抗に変えた場合など)は「同じトポロジ」と言いますが，素子の種類を変えた場合は「違うトポロジ」と言うことがあります．

図Bの2つの回路は，グラフとしては同じものなので，「同じトポロジである」と言いたいところです．しかし「ローパス・フィルタのトポロジ」，「ハイパス・フィルタのトポロジ」と言う具合に区別されて呼ばれることがあります．

「トポロジ」という言葉が出てきた場合は，前後の文脈と照らし合わせてその意味を推測したり，それを言った人にきちんと確認したりするべきでしょう．

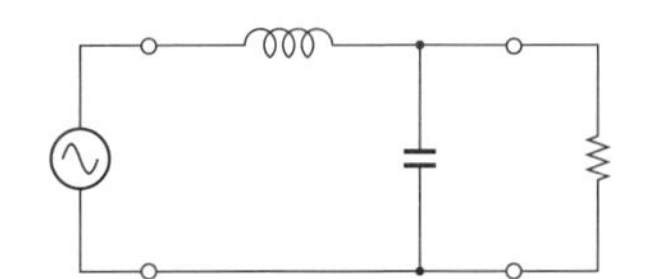

(a)「ローパス・フィルタ」のトポロジ

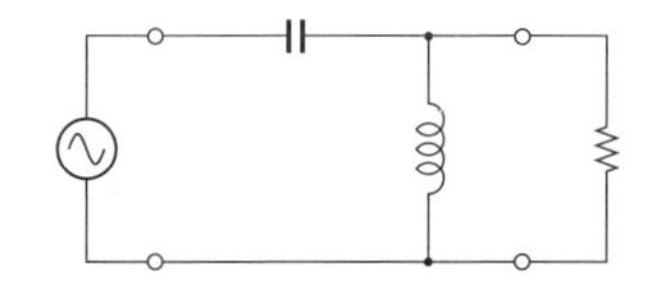

(b)「ハイパス・フィルタ」のトポロジ

図B　この2つの回路はグラフとして見れば同じものだが，回路設計の現場では異なるトポロジとして区別することがある

ら説明します．

例として，**図15**の回路について考えます．まず，節点の数をnとすると，$n=4$です．また，枝の数をbとすると$b=6$です．

ここで，回路中の節点をすべて接続することを考えます．ただし，すべての節点を接続するために使う枝の数は最小限にとどめるものとします．このような「すべての節点を結ぶ，最小限の枝の集合」のことを「**木**」(tree)といいます．**図16**に，今回考えている回路における木をいくつか示します．すべての枝を接続する方法は何通りもあるので，木としては複数のパターンが考えられます．なお，1つの木の中で，任意の2つの節点を結ぶ経路

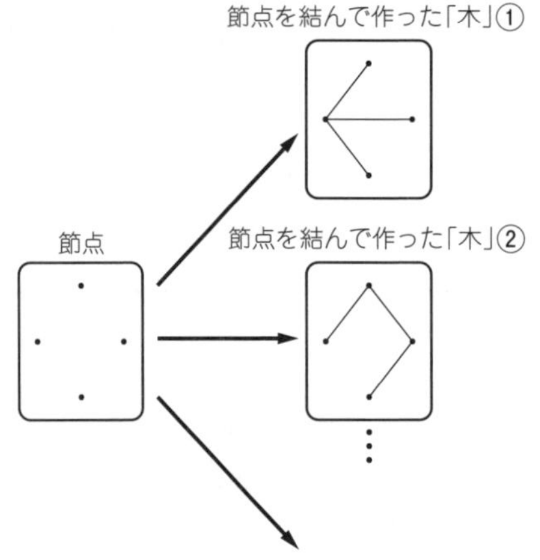

図16　最小限の枝によってすべての節点を接続したものを「木」という．木は何種類も考えられる

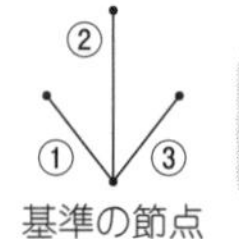

図17　「木」を構成する枝の本数は，節点の数をnとして"$n-1$"で表すことができる

は1つに限られます．そうでないと，「最小限の枝で構成した」ことになりません．よって，木には閉路が含まれないことになります．

「木」を構成する枝の数は，節点の数nに対応して一意に定まります．**図17**のように1つの節点を「基準点」としてすべての節点へ枝を伸ばすことを考えると，すべての節点を接続するために必要な枝の数は"$n-1$"本です．これが木を構成する枝の本数となります．

あるいは，すべての節点間に枝を生やすことをイメージして「n個の節点の"間"は$(n-1)$個だ」と考えても，同じ結論が得られます．

2.3.6　補木とリンク

続いて，**図18**のようにもともと考えていた回路の枝を使って1つの「木」を作ることを

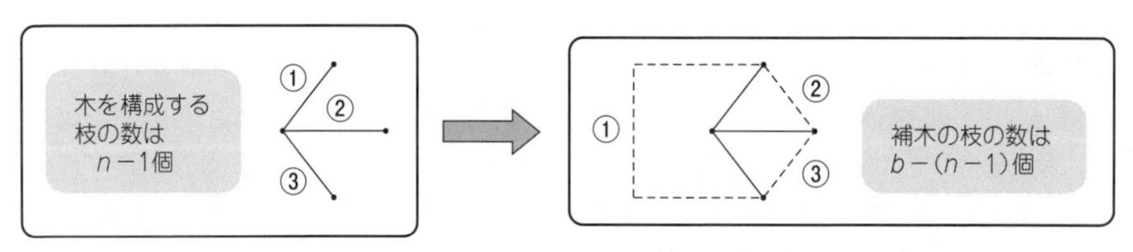

(a) 回路の枝を使って，1つの「木」を作る

(b) もとの回路の枝のうち，いま考えた「木」に含まれない枝の集合を「補木」という

図18　ある回路における「木」と，それに対応する「補木」

節点の数をn，元の回路における枝の数をbとすると，補木の枝(リンク)の数は"$b-(n-1)$"で表される

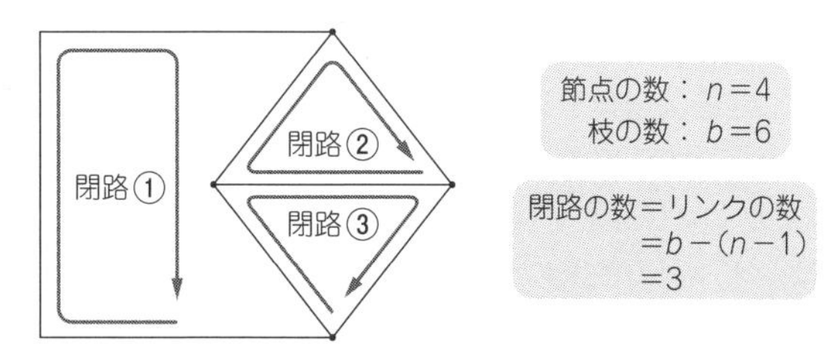

図19　回路網における「閉路」の数は，それをグラフとして見た場合の「リンク」の数と等しい

考えます．すると，回路を構成している枝のうち，その「木」に含まれなかった「余った枝」が残ります．この「余った枝の集合」のことを「**補木**」(co-tree)といいます．また，補木を構成する「余った枝」のことを「**補木の枝**」(co-tree branch)もしくは「**リンク**」(link)といいます．**図18**において点線で示されているのがリンクです．このリンクの数を“l”とすると，この値はもともとの回路における枝の数“b”から，「木」を構成する枝の数“$n-1$”を引き算して求められます．すなわち，リンクの数lは次式で表されます．

$$l=b-(n-1)$$

2.3.7　回路中に存在する閉路の数

本題の，回路中に存在する独立した閉路の数について考えましょう．先に説明したとおり，「木」には1つも閉路が含まれません．この木に対して，1つの「リンク」を追加すると必ず1つの閉路ができます．これは**図18**からも明らかです．このことから，「独立した閉路の数＝リンクの数」という関係式が成り立ちます．すなわち，回路網における独立した閉路の数は“$b-(n-1)$”となります(**図19**)．「補木の枝」のことを“link”(結び付けるもの)と呼ぶのは，このような事情によります．

2.4　キルヒホッフの法則

2.4.1　回路全体を見渡して考える

2.2節で解説したオームの法則は，抵抗という「1つの部品」に注目して局所的な電圧と電流の関係を記述したものでした．実際の電気回路におけるケーブルや基板の配線パターンなどは多かれ少なかれ抵抗を持ちますから，電気回路は「抵抗の塊」であると言えます．その各部における電圧と電流の関係を求めることができるので，オームの法則は回路設計においてなくてはならない道具です．

しかしながら，オームの法則が対応できるのは1つの部位だけに直目した「局所的」な話です．たくさんの部品を接続した複雑な回路網に関して，その「全体の挙動」を説明することはできません．回路網全体を見渡してそこに成り立つ関係式を記述するのが，本節で紹介する「キルヒホッフの法則」です．キルヒホッフの法則は，物理学者であるグスタフ・ロベルト・キルヒホッフ(Gustav Robert Kirchhoff, 1824-1887)によって1849年に発表されました．これは，オームの法則の発表から23年後のことです．

キルヒホッフの法則には，「電流則」と「電圧則」の2つがあります．それぞれについて，順を追って説明します．

2.4.2　キルヒホッフの電流則

次の法則を「**キルヒホッフの電流則**」(Kirchhoff's current law，略してKCL)といいます．

「回路網の1つの節点に流れ込む電流の合計は0である」

キルヒホッフの電流則を表現すると，**図20**のようになります．

直感的には，「1つの節点に電流が流れ込む」という状況は考えにくいかもしれません．そこで，**図20**における電流I_2およびI_3の向きを反転させて，**図21**の状態を考えます．

図21で表される向きに電流I_2およびI_3が流れているとします．キルヒホッフの電流則では，節点に流れ込む向きを「正の向き」と考えます．**図21**における電流I_2およびI_3は節点から出ていく方向であることから，マイナスの符号が付きます．よって，**図21**のように電流の方向を定めた場合にキルヒホッフの法則を適用すると次式が得られます．

$$I_1+(-I_2)+(-I_3)=0$$

この式を変形すると，次のようになります．

$$I_1=I_2+I_3$$

この式は，節点に流れ込む“I_1”の大きさと，節点から出ていく電流の和“I_2+I_3”が一致することを示しています．これは，感覚的には「当たり前」のことですが，これがどのような回路でも成り立つことを保証するのが「キルヒホッフの電流則」なのです．

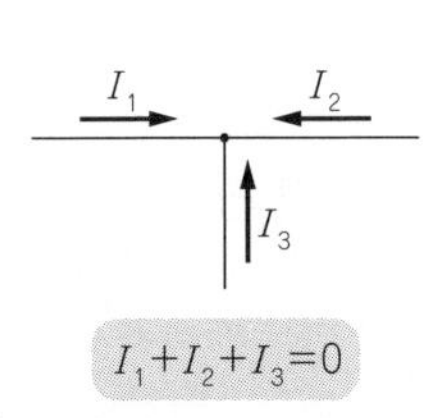

図20　キルヒホッフの電流則(KCL)．1つの節点に流れ込む電流の総和は0

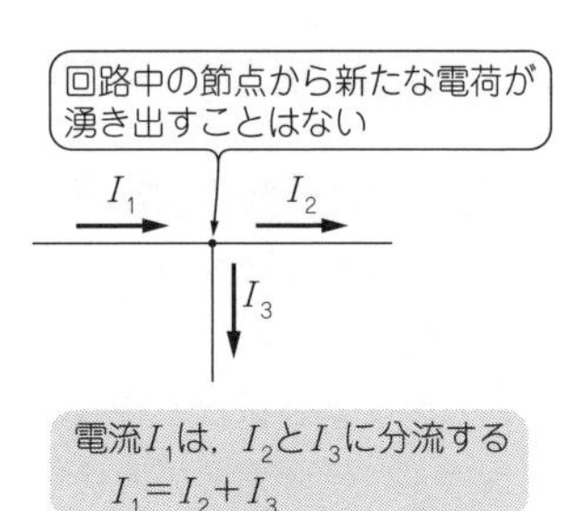

図21　キルヒホッフの電流則は「電流I_2とI_3の和は電流I_1である」ということを保証する

(a) 突然，電流が減少する？

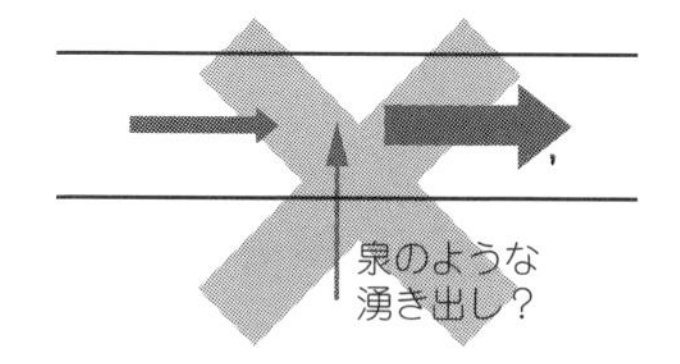

(b) 突然，電流が増加する？

図22　キルヒホッフの電流則は「電流量は保存する」ことを主張している

2.4.3　キルヒホッフの電流則は「電荷保存則」を表す

キルヒホッフの電流則が表す内容を，物理的な視点で考えてみます．

もしキルヒホッフの電流則が成り立たないならば，ある節点に「流入する電流」と「流出する電流」の量が異なることになります．この場合，例えば分岐がない一本道の導線の途中で，急に電流が減るようなことが起こり得ます．これは導線の途中で「水漏れ」のような現象が生じているとイメージできますが，実際にはそんな現象は起こりません(**図22**)．また，分岐のない一本道の導線の途中で急に電流が増加するというような，まるで導線中の1カ所において電流が「泉のように湧き出す」ことも起こり得ません．

キルヒホッフの電流則は，「1本の導線を流れている途中で，電流がいきなり増えたり減ったりすることはない」ということを主張しています．電気回路が満たすこの性質は，「**電流保存則**」(current conservation law)と呼ばれます．あるいは，電流を担う電荷の数が突然増えたり減ったりしないという意味で，「**電荷保存則**」(charge conservation law)と呼ばれることもあります．

2.4.4　キルヒホッフの電流則と「節点解析」

キルヒホッフの電流則は，回路中の「節点」における電流の関係を説明するものでした．回路中に複数の節点がある場合，その1つ1つの節点においてキルヒホッフの電流則に基づく関係式(方程式)を作ることができます．回路に含まれる節点の数を“n”とすると，その中の1つの節点だけは電位の基準(GND)として固定するので，独立して電位を定めることができるのは残りの“$n-1$”個の節点となります．この“$n-1$”個の節点に流れ込む電流はそれぞれ0となるので，そのことを表す関係式(方程式)をすべてまとめることで“$n-1$”個の式から成る「連立方程式」を作れます．その連立方程式を解けば，回路中のすべての電流の分布がわかります．各部に流れる電流がわかれば，オームの法則を用いて各素子に印加されている電圧を求められます．このようにして，節点における電流に注目して回路中の電流および電圧分布を求める方法を「**節点解析**」(nodal analysis)といいます．また，有名な回路シミュレータであるSPICE(Simulation Program with Integrated Circuit

Emphasis)では，節点解析をもとにした「**修正節点解析**」(modified nodal analysis，略してMNA)という方式が採用されています．

2.4.5　キルヒホッフの電圧則

次の法則を「**キルヒホッフの電圧則**」(Kirchhoff's voltage law，略してKVL)といいます．

「1つの閉路に沿って各素子の電圧を見た場合，それらの総和は0である」

キルヒホッフの電圧則を考えるときは，**図23**のように各素子における電圧の向きを1つの方向に統一して考えます．

各素子の両端における電圧(電位差)というのは，「その素子の前後における電位の変化量」を意味するのでした．**図23**のように回路中のある1点を「電位の基準」として定め，この基準点を出発してすべての素子における「電位の変化」を経験してまた同じ点に戻って来ることを考えます．このとき，電位の変化をすべて足し合わせるとトータルで0になるというのが「キルヒホッフの電圧則」の主張です．すなわち，キルヒホッフの電圧則は次のように言い換えることができます．

「1つの節点をスタート地点として閉路を1周したとき，トータルの電位変化は0である」

さて，電流および抵抗における電圧と電流の「正の向き」は，一般的に**図24**のように定められます．これは，電流の向きに沿って電源を通過すると電位が上がり，電流の向きに沿って抵抗を通過すると電位が下がることによります(ただし，ここで考える電源の出力電圧は正の値だとします)．

図24において「電流の向き」を揃えると，電源と抵抗における電圧の正の向きは必ず逆になります．そのため，キルヒホッフの電圧則を考えるために「一方向に沿って電圧の総和をとる」という操作をするときは，電源か抵抗のどちらかの電圧が必ず「負の値」となります．

ここで，**図23**を**図25**のように書き換えることを考えます．**図25**における電源および抵抗の電圧の向きは，先ほど**図24**で示した「通常の向き」にしてあります．このことから，

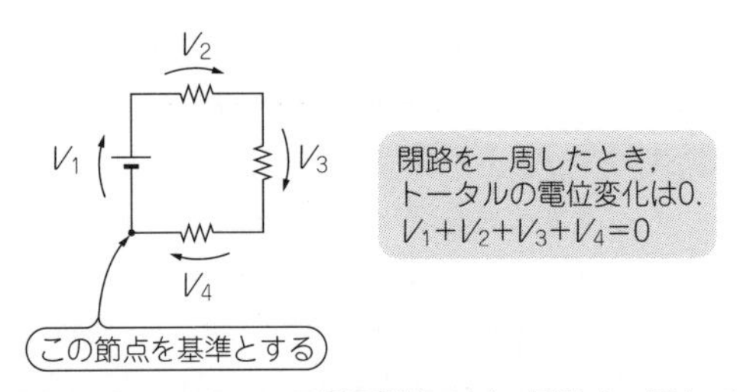

図23　キルヒホッフの電圧則(KVL)．閉路を1周して戻ってきたときの電位の変化はトータルで0

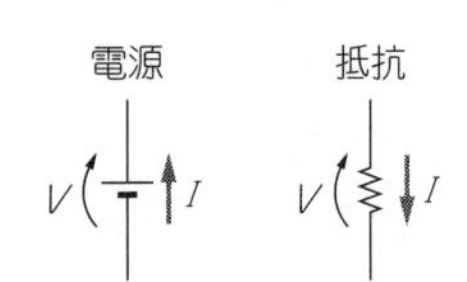

図24　電源および抵抗における電圧と電流の「正の向き」の定め方

電源を通過すると電位が上がり，抵抗を通過すると電位が下がる

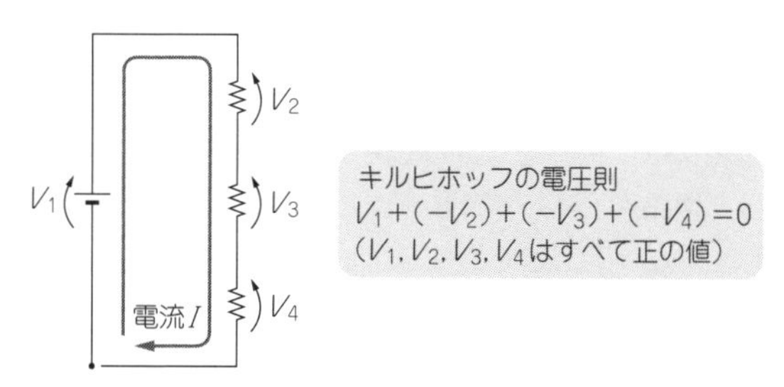

図25　電流の向きに沿って電圧の総和を考えると，抵抗の電圧は電流に対して逆向きなので，マイナスの符号を付けることになる

図25における電圧V_1，V_2，V_3，V_4はすべて正の値となります．

図25において電流Iの向きを「閉路の正の向き」としてキルヒホッフの電圧則を適用すると，次式が得られます．

$$V_1+(-V_2)+(-V_3)+(-V_4)=0$$

図25において，電源の電圧V_1と電流Iは「同じ向き」です．よって，上式では電圧V_1の符号はプラスとなります．これに対して，抵抗の電圧V_2，V_3，V_4は電流Iと「逆向き」なのでマイナスの符号が付きます．さらに上式を変形すると，次式が得られます．

$$V_1=V_2+V_3+V_4$$

上式は，「電源が出力する電圧V_1」と「抵抗全体に印加される電圧$V_2+V_3+V_4$」が等しいことを表す「つり合いの式」となっています．キルヒホッフの電圧則は，このような「つり合い」がどのような回路でも成り立つことを保証するものだと言えます．

2.4.6 キルヒホッフの電圧則と「エネルギ保存則」

キルヒホッフの電圧則を，物理的な視点で解釈してみましょう．

「電位」とは，電気の世界における「高さ」に相当するものでした．そして，高い位置に

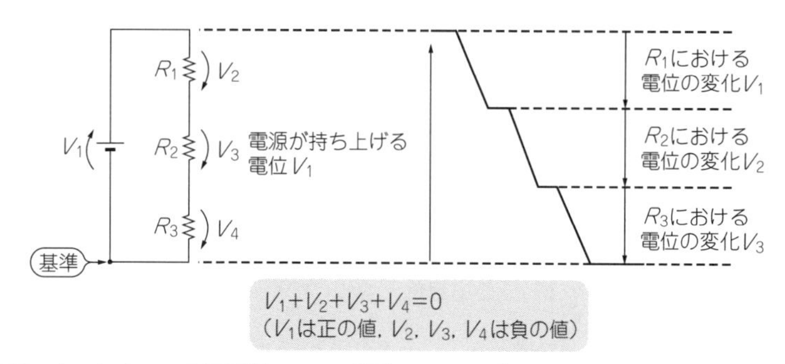

図26　キルヒホッフの電圧則は1つの閉路における「エネルギ保存則」を表している

あるものは「位置エネルギ」を持ちます．電源はこの位置エネルギを生むものであり，抵抗はそのエネルギを消費するものだと考えられます．

キルヒホッフの電圧則は，閉路を1周して戻ってきたときの電位変化は0であると主張しています．これは，閉路を1周して同じ地点に戻ってきたときに「基準とする地点の位置エネルギは変化していない」ことを意味しています．このことから，キルヒホッフの電圧則はいわゆる「**エネルギ保存則**」(law of the conservation of energy)を表していると解釈できます．これは，図26のようにイメージできます．

2.4.7 キルヒホッフの電圧則と「閉路解析」

キルヒホッフの電圧則は，1つの「閉路」における電圧の変化について説明するものでした．回路網の中に複数の閉路がある場合，1つ1つの閉路においてキルヒホッフの電圧則に基づく方程式を作ることができます．回路網の中に存在する独立した閉路の数は，前にグラフ理論のところで確認したとおり“$b-(n-1)$”個です．ただし，bは回路網における枝の数，nは節点の数です．この“$b-(n-1)$”個の閉路の1つ1つに対して電圧に関する方程式を作ってまとめると，「連立方程式」ができます．この連立方程式を解けば，回路中のすべての電圧分布を求めることができます．また，各素子における電圧がわかれば，オームの法則によって各素子に流れる電流を求められます．このように，閉路における方程式に基づいて回路全体の電圧および電流分布を求める手法のことを「**閉路解析**」(loop analysis)といいます．

2.5 直流回路と並列回路

2.5.1 すべては「直列回路」と「並列回路」の組み合わせ

ここまでの内容で「オームの法則」と「キルヒホッフの法則」が揃いました．これで，さまざまな回路を解析する準備が整ったことになります．本節では，この2つの法則を利用して回路網各部の電圧および電流を求める方法について解説します．

回路網の中ではさまざまな素子がさまざまな形状で接続されていますが，その接続形態はこれから紹介する「直列回路」あるいは「並列回路」のどちらかに帰着させて考えることができます．直列回路や並列回路において成り立つ電圧および電流の関係を理解しておくと，実際の回路動作を把握するときに見通しが良くなったり，計算を素早く進められたりします．

直列回路と並列回路を組み合わせた応用例として「ブリッジ回路」についても解説します．

2.5.2　直列回路

図27のように，2つの抵抗を「**直列**」(series)に接続した回路を考えます．この回路における電源電圧Vおよび抵抗R_1，R_2の値は既知であるとします．ここで，回路に流れる電流Iと各抵抗に印加される電圧V_1およびV_2を求めることを考えます．

まずは，「キルヒホッフの電流則」を使います．この回路には枝分かれがないので，回路全体を流れる電流はどこでも同じ値となります．この電流をIとおきます．

続いて，「キルヒホッフの電圧則」を使います．**図27**における電流Iの向きに沿って各素子の電圧を加え合わせると，トータルの電位変化は0となります．このことから，次式が得られます．

$$V+(-V_1)+(-V_2)=0$$

上式において電圧V_1およびV_2にマイナス符号が付いているのは，これらの電圧が電流Iと逆向きに設定されているからです．さらに，上式を「電源電圧Vと抵抗に印加される電圧V_1+V_2のつり合いの式」として書き直すと次のようになります．この書き方のほうが直感的にわかりやすいかもしれません．

$$V=V_1+V_2$$

ここで各抵抗において「オームの法則」を適用します．抵抗R_1およびR_2には共に電流Iが流れているので，次式が成り立ちます．

$$V_1=R_1I$$
$$V_2=R_2I$$

上式と，先ほどキルヒホッフの電圧則から得られた関係式“$V=V_1+V_2$”を合わせると次式を得ます．

$$V=R_1I+R_2I$$

上式より，直列回路全体に流れる電流Iが求まります．

$$I=\frac{V}{R_1+R_2}$$

また，上式を電圧V_1およびV_2の式に代入すると，次式が得られます．これで未知数がすべて求まりました．

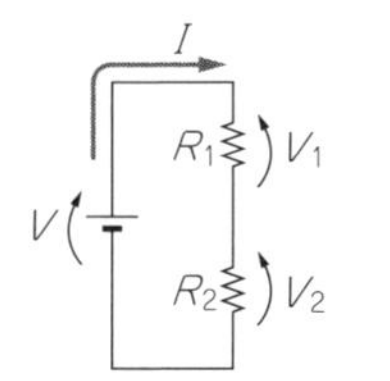

図27　2つの抵抗による直列回路

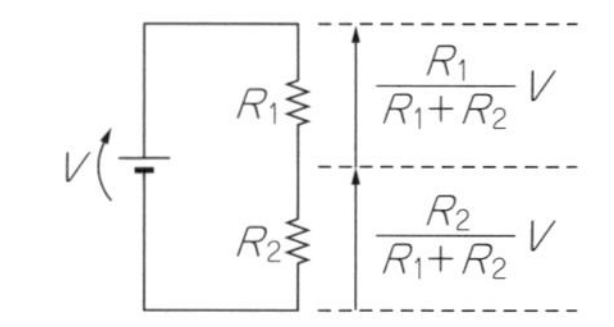

図28　直列回路は，印加された電圧を抵抗値の比で「分圧」する

$$V_1 = R_1 I = \frac{R_1}{R_1 + R_2} V$$

$$V_2 = R_2 I = \frac{R_2}{R_1 + R_2} V$$

抵抗を直列接続した回路は印加された電圧Vを抵抗値の比$R_1 : R_2$で「**分圧**」(voltage division)していることがわかります(**図28**).このことから,直列回路のことを「**分圧回路**」もしくは「**分圧器**」(voltage divider)と呼ぶことがあります.

2.5.3 直列回路の合成抵抗

先ほどの結果より,抵抗R_1およびR_2の直列回路に流れる電流Iと,そこに印加する電圧Vとの間には次式が成り立ちます.

$$V = (R_1 + R_2) I$$

上式より,電源から見た直列回路全体の抵抗値をR_{total}とした場合,その値は次式で表されます.

$$R_{total} = R_1 + R_2$$

上式で表される抵抗値R_{total}は,2つの抵抗を直列接続したときの「**合成抵抗**」(combined resistance)といいます.なお抵抗を3つ以上直列接続した場合についても,同様の考え方により合成抵抗R_{total}はすべての抵抗値の足し算として表されます(**図29**).

$$R_{total} = R_1 + R_2 + \cdots + R_n$$

2.5.4 並列回路

直列回路に続いて,次は**図30**のように2つの抵抗を「**並列**」(parallel)に接続した回路について考えます.電源電圧Vおよび抵抗R_1,R_2の値が既知であるとして,電流I,I_1,I_2を求める方法について考えます.

まずは,「キルヒホッフの電流則」を使います.おおもとの電流Iが電流I_1および電流I_2

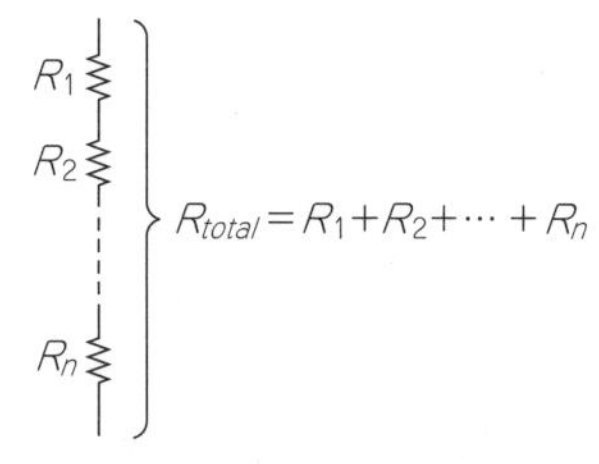

図29 抵抗を直列接続した場合の「合成抵抗」は,すべての抵抗の和となる

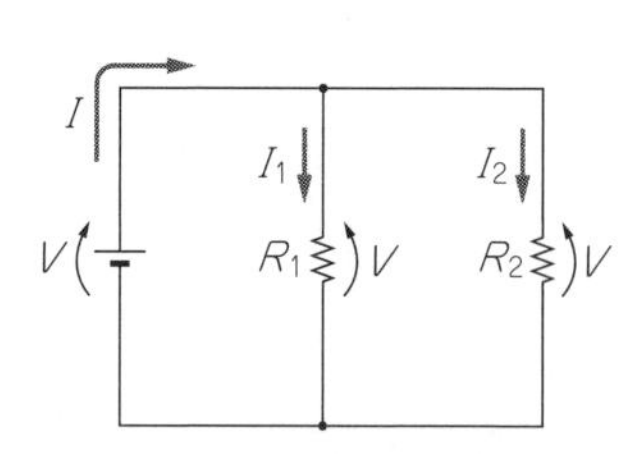

図30 2つの抵抗による並列回路

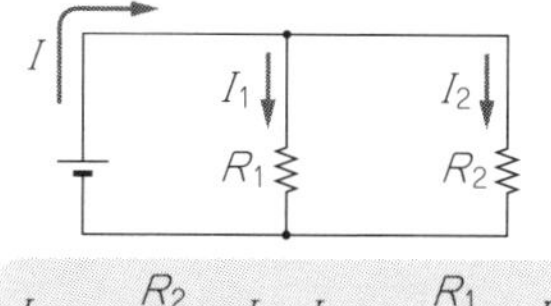

図31 並列回路はおおもとの電流を抵抗値の逆比で「分流」する

$$I_1=\frac{R_2}{R_1+R_2}I \quad I_2=\frac{R_1}{R_1+R_2}I$$

に分かれることから，次式が成り立ちます．

$$I=I_1+I_2$$

続いて，「キルヒホッフの電圧則」を使います．いま考えている回路には独立した閉路が2つあります(節点が2個，枝が3個なので，3−(2−1)=2個の独立した閉路がある)．ここでは1つめの閉路として電源を出発して抵抗R_1を通って戻ってくる経路を考え，2つめの閉路は電源を出発して抵抗R_2を通って戻ってくる経路とします．いずれにしても，**図30**に示すとおり2つの抵抗には電源電圧Vがそのまま印加されています．

さらに，抵抗R_1およびR_2について「オームの法則」を適用すると次式が得られます．

$$V=R_1I$$
$$V=R_2I$$

以上のことから，電源を流れる電流Iについて次式が成り立ちます．

$$I=I_1+I_2=\frac{V}{R_1}+\frac{V}{R_2}=\frac{R_1+R_2}{R_1R_2}V$$

上式を変形すると，次式が得られます．

$$V=\frac{R_1R_2}{R_1+R_2}I$$

上式を利用すると，電流I_1およびI_2は次のように表現できます．これで，すべての未知数が求まりました．

$$I_1=\frac{V}{R_1}=\frac{R_2}{R_1+R_2}I$$
$$I_2=\frac{V}{R_2}=\frac{R_1}{R_1+R_2}I$$

上式より，並列回路はおおもとの電流Iを抵抗値の逆比“$R_2:R_1$”で「**分流**」(current division)させることがわかりました(**図31**)．このような性質から，並列回路のことを「**分流回路**」もしくは「**分流器**」(current divider)と呼ぶこともあります．

2.5.5 並列回路の合成抵抗

並列回路における電源電圧Vと電源に流れる電流Iとの関係式は次のとおりでした．

$$V=\frac{R_1R_2}{R_1+R_2}I$$

上式より，電源から見た並列回路全体の抵抗値R_{total}は次式で表されます．

$$R_{total}=\frac{R_1R_2}{R_1+R_2}=\frac{1}{\frac{1}{R_1}+\frac{1}{R_2}}$$

上式が，抵抗を並列接続した場合の「合成抵抗」ということになります．また，同様の考え方により3つ以上の抵抗を並列接続した場合の合成抵抗は次のように求められます．

$$R_{total}=\frac{1}{\frac{1}{R_1}+\frac{1}{R_2}+\cdots+\frac{1}{R_n}}$$

ここで，抵抗の逆数である「コンダクタンス」を思い出します．抵抗R_1およびR_2のコンダクタンスをG_1およびG_2とすると，これらの間には次式が成り立つのでした．

$$G_1=\frac{1}{R_1}$$

$$G_2=\frac{1}{R_2}$$

上式を用いると，2個の抵抗を並列接続した回路の「合成コンダクタンス“G_{total}”」を次のように表現できます．

$$G_{total}=\frac{1}{R_{total}}=\frac{1}{R_1}+\frac{1}{R_2}=G_1+G_2$$

上式のように，抵抗を並列接続した場合の合成コンダクタンスは個々のコンダクタンスの単純な和として表せます．同様に考えると，たくさんの抵抗を並列接続した場合の合成コンダクタンスG_{total}は次式で表されます．

$$G_{total}=G_1+G_2+\cdots+G_n$$

図32に示すとおり，並列回路の計算と「コンダクタンス」は相性が良く，抵抗値を使って計算するよりも数式が簡単になるメリットがあります．一方で，直列回路の場合は「抵抗」をそのまま使った方が簡単な式になります．抵抗とコンダクタンスの変換は単に逆数

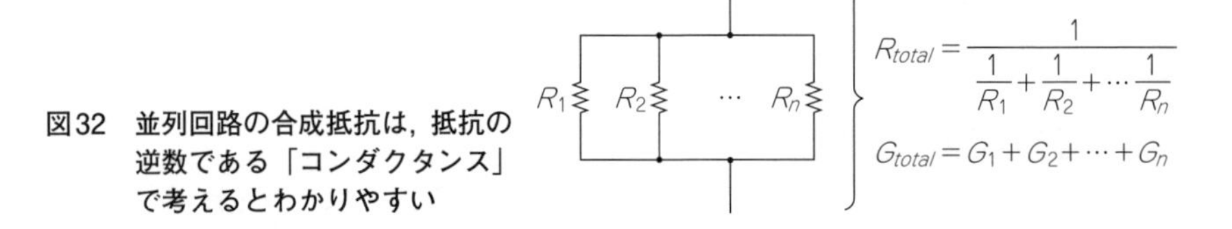

図32　並列回路の合成抵抗は，抵抗の逆数である「コンダクタンス」で考えるとわかりやすい

をとるだけなので，扱う回路の形状に合わせて両者を適宜使い分けることをお勧めします．

2.5.6 ブリッジ回路

ここまで「直列回路」と「並列回路」の両方における電圧および電流の分布や，その合成抵抗について考えてきました．基本的に，電気回路のあらゆる接続形態はこの2種類の回路の組み合わせによって表現できます．ここではその応用例として，直列回路と並列回路を1つずつ組み合わせたブリッジ回路について紹介します．

図33(a)のように，抵抗を2つ直列接続した枝を，2つ並列に接続した回路を考えます．**図33**(b)は，見栄えが良いように書き換えたものです．いずれにしても回路の動作は同じです．このような形状の回路のことを，「**ブリッジ回路**」(bridge circuit)といいます．ブリッジ回路に使われる素子は何でもよいのですが，**図33**のような抵抗4本で構成されたブリッジ回路は「**ホイートストン・ブリッジ**」(Wheatstone bridge)と呼ばれます．

2.5.7 ブリッジ回路の各点における電圧および電流を求める

ブリッジ回路は，**図34**のようにブリッジの上下の節点を「入力端子」，左右の節点を「出力端子」と見なして使用されます．ここでは，入力電圧Vに対して，図中の出力電圧“V_{out}”がどのような値になるのかを計算によって求めてみます．

ブリッジ回路は単なる「直列枝が2つ並列接続された回路」です．ここまで確認してきたとおり，直列回路では「分圧」がなされ，並列回路では「分流」がなされます．このこ

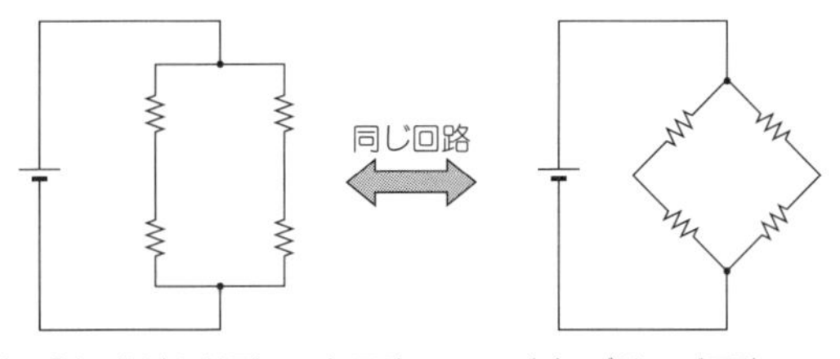

図33　素子の直列接続による枝を並列にしたものを「ブリッジ回路」と呼ぶ

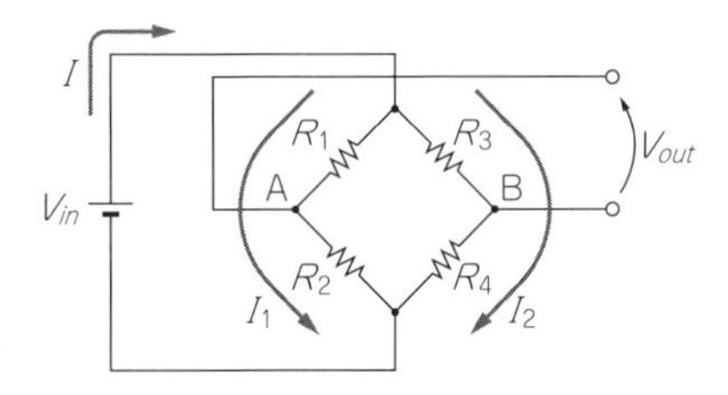

図34　ブリッジの出力電圧を求める

とを意識すれば，ブリッジ回路を簡単に解析することができます．

まずは，「キルヒホッフの電流則」を使います．電源が出力するおおもとの電流Iは，**図34**における点Aを流れる電流I_1および，点Bを流れる電流I_2に分流します．よって，次式が成り立ちます．

$$I = I_1 + I_2$$

続いて，「キルヒホッフの電圧則」および「オームの法則」を使います．抵抗R_1とR_2からなる枝には電圧Vが印加されており，ここに流れる電流はI_1としていましたから，次式が成り立ちます．

$$V = R_1 I_1 + R_2 I_1$$

同様に，抵抗R_3とR_4からなる枝についても次式が成り立ちます．

$$V = R_3 I_2 + R_4 I_2$$

以上の2式より，電流I_1およびI_2の値が求まります．

$$I_1 = \frac{V}{R_1 + R_2}$$

$$I_2 = \frac{V}{R_3 + R_4}$$

以上のことから，**図34**中のA点の電圧V_AおよびB点の電圧V_Bが求まります．

$$V_A = R_2 I_1 = \frac{R_2}{R_1 + R_2} V$$

$$V_B = R_4 I_2 = \frac{R_4}{R_3 + R_4} V$$

ブリッジ回路の出力電圧“V_{out}”は，「B点の電位を基準としたA点の電位」ですから，次式で表されます．

$$V_{out} = V_A - V_B = \frac{R_2 R_3 - R_1 R_4}{(R_1 + R_2)(R_3 + R_4)} V$$

ブリッジ回路の出力電圧V_{out}が0Vになるとき，そのブリッジ回路は「平衡状態にある」といいます．また，ブリッジ回路が平衡状態になるための抵抗R_1，R_2，R_3，R_4に関する条件を「**平衡条件**」(balance condition)といいます．平衡条件はブリッジ回路の特性を表す重要な要素です．今回考えているブリッジ回路の平衡条件は，上式の分子が0になる条件であることから次のように表現できます．

$$R_2 R_3 = R_1 R_4$$

なお，ブリッジの出力電圧とは関係ありませんが，ブリッジに流れる全電流Iは次式で表されます．これで未知数がすべて求まりました．

$$I = I_1 + I_2 = \frac{R_1 + R_2 + R_3 + R_4}{(R_1 + R_2)(R_3 + R_4)} V$$

2.5.8　ブリッジ回路の応用例①

ブリッジ回路の応用例として，**図35**のような「抵抗値の精密測定器」が考えられます．抵抗R_1の値は未知であり，何とかしてこの抵抗値を求めたいという状況をイメージしてください．このとき，抵抗値が既知である抵抗R_2，R_3，R_4を使って**図35**のようなブリッジ回路を組みます．ブリッジの出力に微弱な電流を検出するための「検流計」を接続すると，ブリッジの平衡条件が満たされない場合は検流計に電流が流れ，検流計の針が大きくふれます．これに対して平衡条件が満たされている場合は，検流計の針はまったく動きません．検流計の針が動かなかった場合の抵抗値R_2，R_3，R_4の値がわかれば，先ほど求めたブリッジの平衡条件の式より，未知の抵抗R_1の値を求めることができます．

$$R_1 = \frac{R_3}{R_4} R_2$$

なお，**図35**において抵抗R_2は可変抵抗として書いていますが，一般的に使用されているのはツマミを回すタイプの「ボリューム」ではありません．すでに値がわかっている精密抵抗をいくつも用意しておき，ブリッジ回路に取り付けたり外したりして平衡条件を探るようなイメージとなります．このような手法は，実際に抵抗値の精密測定を行う際に利用されています．

2.5.9　ブリッジ回路の応用例②

ブリッジ回路の応用例をもうひとつ紹介します．**図36**に示すのは，「微弱なセンサ出力を検出する回路」です．

図36でブリッジ回路の中に組み込まれているセンサは，何らかの影響(たとえば温度変化)を受けて抵抗値が変化するタイプの素子だとします．センサの通常時の抵抗値を“R”，

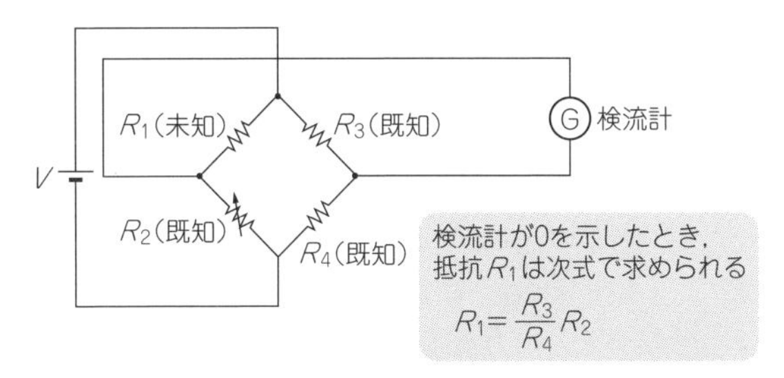

図35　ブリッジ回路を利用した抵抗値R_1の精密測定装置

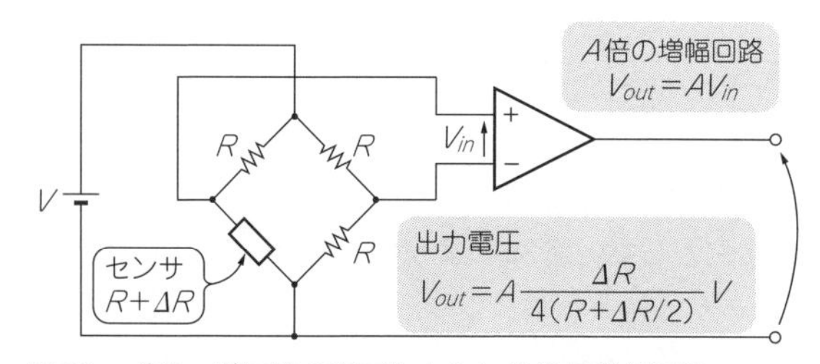

図36 ブリッジ回路を利用したセンサ信号増幅回路

そこからの抵抗値の変化量を“ΔR”とします．一般的にセンサの抵抗値の変化量ΔRはとても小さいので，実際の製品ではその変化を増幅しないと使いものになりません．

そこで用いられるのが，**図36**のような増幅回路(アンプ)を含む回路です．ブリッジ回路を構成する抵抗は，センサの通常状態における抵抗値Rと等しいものとします．また，ブリッジの出力電圧を増幅する増幅回路は，入力された電圧を単純に「A倍」するような回路だと考えてください．本書では詳しく扱いませんが，このような増幅回路は「OPアンプ」(オペアンプ)を使うと簡単に設計できます．なお，“A”はこの増幅回路の「増幅率」あるいは「ゲイン」(Gain)と呼ばれます．

図36では増幅回路の記号としてOPアンプと同じものを使っていますが，OPアンプをそのまま使うとゲインが大きすぎて出力値が電源電圧か0Vにはりつきます．ゲインが「10倍」などの適当な値になるように，OPアンプにフィード・バックをかけるのが一般的な使い方です．

それでは，この回路の出力電圧V_{out}を計算してみましょう．まず，増幅回路に入力される電圧V_{in}は，先ほど導出した「ブリッジ回路の出力電圧」の式において$R_1=R_3=R_4=R$および$R_2=R+\Delta R$を代入したものとなります．

$$V_{in}=\frac{R_2R_3-R_1R_4}{(R_1+R_2)(R_3+R_4)}V=\frac{(R+\Delta R)R-R\times R}{(R+R+\Delta R)2R}V=\frac{\Delta R}{4R+2\Delta R}V$$

いま考えている回路の出力電圧V_{out}は，上式の電圧V_{in}を増幅回路によってA倍したものですから次のようになります．

$$V_{out}=A\frac{\Delta R}{4R+2\Delta R}V$$

上式を利用してセンサの抵抗変化ΔRに対する出力電圧V_{out}のグラフを描くと，**図37**のようになります．ただし，簡単のため$V=1$V，$A=1$，$R=1$kΩとしています．

図37より，ΔRがRよりも十分に小さい範囲では，V_{out}の大きさはΔRにほぼ「比例」することがわかります．すなわち，出力電圧V_{out}はΔRに対して「線形」ということになります．線形な回路は特性が素直で使いやすいので，さまざまな場面において好まれます．

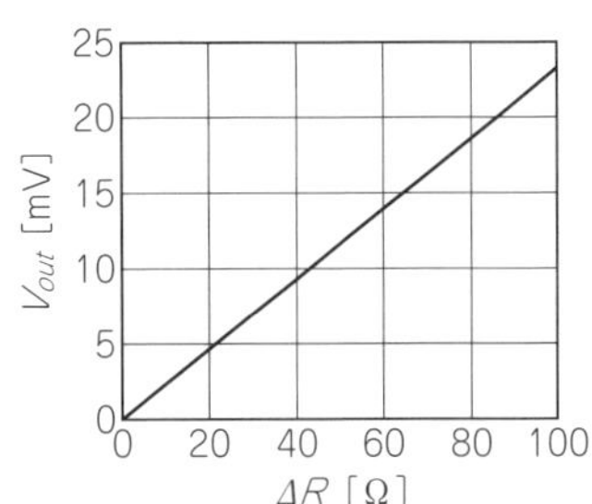

図37 図36でR＝1kΩ, V＝1V, A＝1とした場合の増幅回路の出力

ΔRが十分に小さい範囲なら，出力電圧V_{out}はほとんど「線形」になる

また，ブリッジ回路を使用するとオフセットをなくすことができるので，増幅率が大きな増幅回路と組み合わせやすいというメリットもあります．センサを使った回路の選択肢の1つとして，このようなブリッジ回路を利用するパターンを覚えておくと便利です．

2.6 電圧源と電流源

2.6.1 理想的な電源

本節では，回路理論においてなくてはならない「電源」について解説します．本節で解説する電源は理想化された回路素子の1つであり，いわゆる「化学電池」や「電源回路」のような現実に存在する電源とは異なるものです．現実に存在する電源回路は，理想電源と抵抗の組み合わせ(あるいは，理想電源とLCRの組み合わせ)によって等価的に表現することができます．

また，トランジスタやダイオードといった半導体部品の挙動も，今回解説する理想電源を使って等価的に表現できます．

「理想電圧源」や「理想電流源」といった理想電源を使うと，半導体素子をブラック・ボックスと見なした場合の「外側から見た挙動」を再現できるのです．これにより，複雑な原理で動作する半導体素子であっても非常に手軽に扱えるようになります．実際にトランジスタ回路を設計する際は，トランジスタを「理想電源とLCRの組み合わせ」に置き換えて計算を進めることになります．

もちろん，トランジスタなどの半導体素子の動作原理を理解することは重要であり，非常に興味深いテーマでもあります．しかし回路設計者の立場からすると，トランジスタの物理モデルを把握することよりも「理想電源を使いこなす」ことのほうが何倍も重要です．ぜひ理想電源の扱いに慣れて，アナログ電子回路設計に進むための足場を固めてください．

2.6.2 理想電圧源

これまでも何度か出てきていた「電圧源」について，改めて確認します．今まで「直流

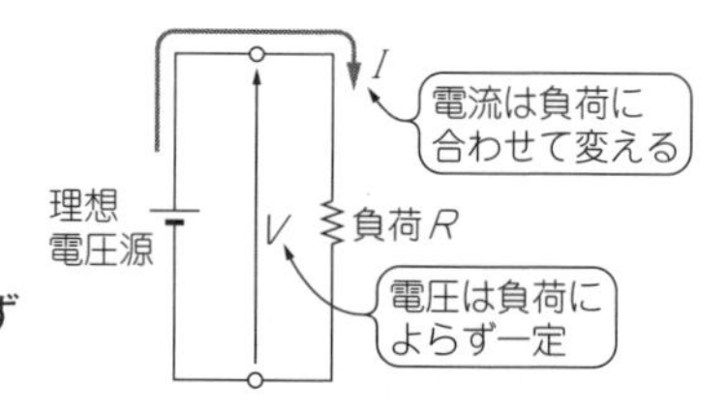

図38　理想電圧源は負荷抵抗Rの大きさによらず一定の電圧を出力し続ける

電圧源」と呼んでいたものは，厳密には「**“理想”直流電圧源**」(ideal DC voltage source)といいます．また，交流を生じる電圧源として「**“理想”交流電圧源**」(ideal AC voltage source)というものもありますが，本節では直流を出力する理想直流電圧源だけを扱うので，これを指して「**理想電圧源**」(ideal voltage source)と呼ぶことにします．

一般的に，電源に接続される回路は電源によって供給されるエネルギーを消費します．このことから，電源に接続される回路は電源の「**負荷**」(load)と呼ばれます．電源に抵抗を接続した場合は，その抵抗が電源の負荷となります．

同じ電圧が加えられた場合，抵抗値が小さいほど多くの電流が流れます．このように，たくさん電流が流れる負荷(たくさんのエネルギーを消費する負荷)のことを「重い負荷」といいます．これに対して，抵抗値が大きくてあまり電流が流れない(あまりエネルギーを消費しない)負荷のことを「軽い負荷」といいます．

理想電圧源は，「どのような負荷が接続されたとしても，決められた電圧を出力する素子」です．同じ電圧が加えられた場合，負荷の大小によってそこに流れる電流は変わります．理想電圧源は，**図38**に示すように，負荷に合わせて出力電流を自在にコントロールします．この動作によって，どんな負荷に対しても定められた電圧を加え続けることになります．

*

ここでは直流電圧を出力する理想電圧源(理想直流電圧源)について説明しましたが，交流電圧を出力する「理想交流電圧源」についても同様のことが成り立ちます．交流電圧源の場合は出力電圧が時々刻々と変化しますが，その出力電圧は「電圧源自身が決めるもの」であって，外部にある負荷によって左右されるものではありません．どのような負荷に対しても「自分以外の要因によって出力電圧が変化しない」という電圧源のことを，「理想電圧源」と呼びます．

2.6.3　複数の理想電圧源の接続

回路の中に含まれる理想電源の数は，1つだけとは限りません．ここでは特に，複数の理想電圧源を互いに接続したときの様子について考えます．

以前，電圧源とは「電荷を持ち上げるためのポンプ」だと説明しました．持ち上げると

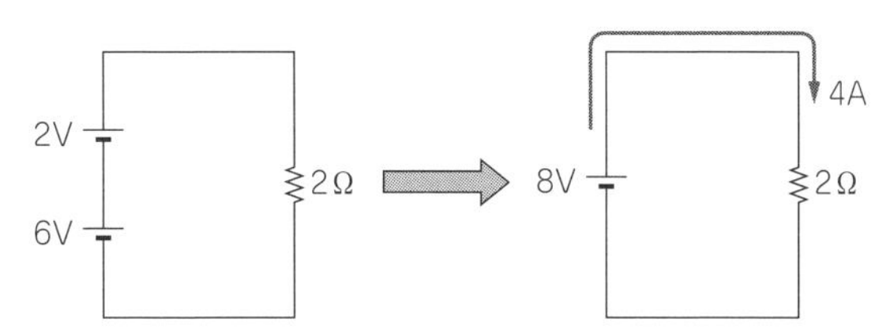

図39 電圧源を直列接続した場合，出力電圧は各電源の出力電圧の和となる

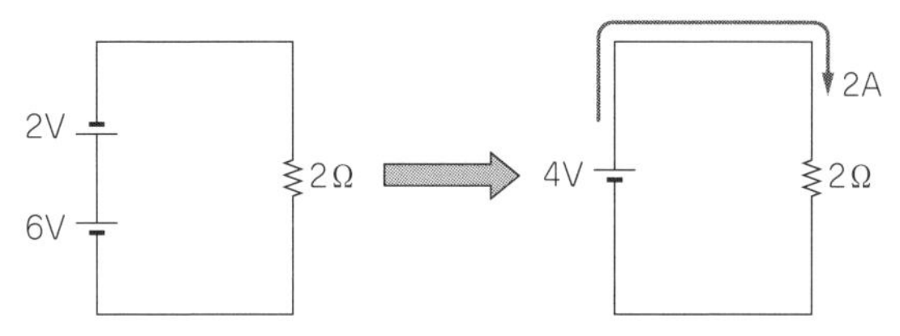

図40 電圧源を逆向きに直列接続した場合も，出力電圧は各電源の出力電圧の和となる

いうことは高い所へ移動するという意味であり，これを電気の世界にあてはめて考えると「電位が上がる」ことに相当します．すなわち，理想電圧源は単に「電位差がある」ということを示すだけの記号だと言えます．よって，**図39**のように理想電圧源を直列接続した場合は，個々の電圧源が生じる電圧の和がトータルの出力電圧になると考えられます．

また，**図40**のように理想電圧源を「逆向き」に直列接続した場合も同様に考えられます．**図40**において6Vの電圧を出力する理想電圧源の向きを「正の向き」とすると，2Vの理想電圧源は逆向きに接続されています．よって，トータルの出力電圧はこれらの和をとって“6V＋(－2V)＝4V”となります．**図40**において，2Vを出力する理想電圧源を流れる電流の向きはこの電圧源の向きと逆なので，違和感があるかもしれません．実際の電源回路をイメージすると，この状況は気持ちが悪いものです．しかし，理想電圧源はあくまで「電位差を表現するだけの記号」なので，このような状況でもまったく問題ありません．

続いて，**図41**のように2つの理想電圧源を並列に接続することを考えます．この場合，2つの電圧源によって構成される閉路を1周したときの電位差は“6V－2V＝4V”となり，

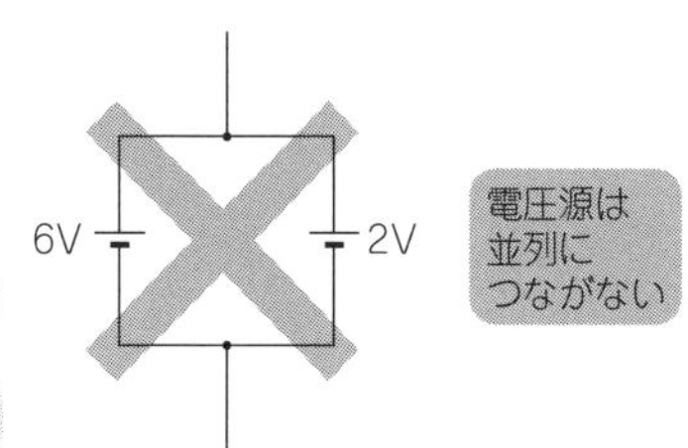

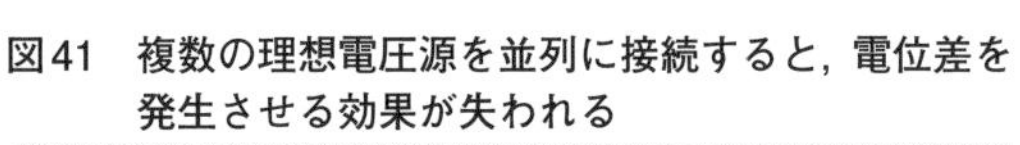

図41 複数の理想電圧源を並列に接続すると，電位差を発生させる効果が失われる

後述のとおり，理想電圧源の出力抵抗は0のため

図42　0Vの電圧源は「短絡」と等価．これは「電位差がない」ことによる

0V　電位差なし　＝　短絡（ショート）

「キルヒホッフの電圧則」と矛盾します．よって，このように「直接2つの電圧源を並列につなぐ」という接続方法は今後考えないことにします．

2.6.4　0Vの電圧源

理想電圧源について考える上で重要となるのが，「0Vを出力する電圧源」の扱い方です．そもそも理想電圧源とは「電位差を発生させるもの」でした．よって，0Vを出力する理想電圧源というのはその両端にまったく電位差がないものであり，言い換えると電圧源の両端は「等電位」ということになります．これは，**図42**のように「ただ1本の導線でつながった状態」すなわち「短絡」と同じ状況であると理解できます．

さて，理想電圧源を外側から見ると，そこに「抵抗」はあるのでしょうか．もし理想電圧源の中に抵抗が存在するならば，0Vを出力する電圧源は電位差を生じさせないことから「1本の抵抗」として見えます．しかし，これは今考えた「0Vの電圧源は短絡(0Ω)と同じ」という事実と矛盾します．よって，理想電圧源が持つ抵抗値は0Ωということになります．理想電圧源は電流に対して“透明”なのです．

2.6.5　理想電圧源を開放・短絡したときの挙動

理想電圧源とは，どんな大きさの負荷が相手でも決められた電圧を出力しようとするものでした．ここでは，**表1**のように負荷として「**開放**」(open)，「**負荷**」(load)，「**短絡**」(short)の3つの状態を考え，それぞれに対して理想電圧源がどのように振舞うのかを考えてみます．

なお，「開放」というのは負荷の抵抗値を$R=\infty$とした場合に相当し，「短絡」とは負荷

表1　理想電圧源を開放すると電流は流れず，短絡すると無限大の電流が流れる

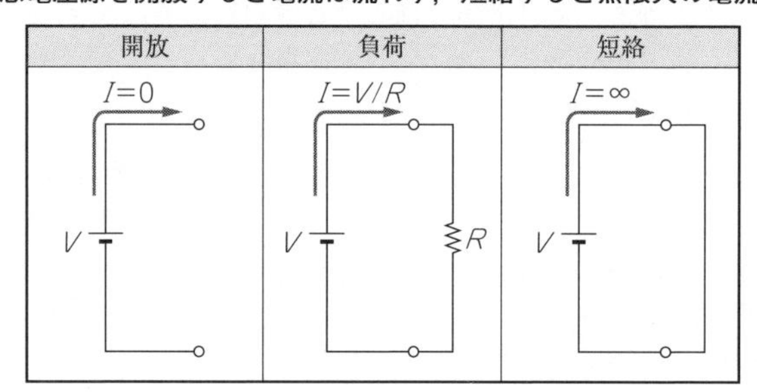

の抵抗値を$R=0$とした場合に相当します．また，ここでいう「負荷」とは，開放や短絡といった極端な状態ではなく，何らかの有限な抵抗値“R”を持つ状態を意味します．

まず，理想電圧源の出力を「開放」した場合について考えます．この場合は電流が流れないので$I=0$となります．電圧源は特に問題なく決められた電圧を出力し続けます．

次に，理想電圧源に「負荷」を接続した場合です．この場合は「オームの法則」に基づいて，負荷の抵抗値Rによって決まる電流$I=V/R$が流れ続けます．

最後に，理想電圧源を「短絡」した場合です．短絡とは，理想電圧源の両端を強制的に等電位にすることを意味します．これに対して，理想電圧源は決められた電圧Vを出力しようとしますから，どんどん電流を流して出力端子間の電位差を増加させるように動作します．もし，負荷にわずかでも抵抗値Rが存在すれば，十分に大きな電流Iを流すことで目標の出力電圧$V=RI$に到達することができます．しかし，電圧源の出力端子が短絡されている場合は$R=0$なので，いくら電流を流しても電位差は生じません．この結果として，理想電圧源が出力する電流は限りなく増加し続け，最終的に「無限大」の電流を流し続けることになります(これは$I=V/0=\infty$という計算からも理解できます)．

2.6.6　実際の電源の理想電圧源による表現

先ほど考えたとおり，理想電圧源を短絡(ショート)させると「無限大」の電流が流れるのでした．しかし，電源回路や電池といった現実に存在する電圧源の出力端子をショートさせても，無限大の電流が流れるということはありません．よって，実際の電圧源と理想電圧源との間には何らかの違いがあると考えられます．ここでは，実際の電圧源を理想電圧源と抵抗を組み合わせた回路によって表現することを考えます．

先ほど「理想電圧源の中には抵抗が存在しない」と説明しましたが，実際の電圧源には配線や金属電極などによって生じる抵抗があります．すなわち，実際の電圧源は**図43**のように「**出力抵抗**」(output resistance)を持つと考えられます．出力抵抗は「**内部抵抗**」(internal resistance)と呼ばれることもあります．ここでは，出力抵抗のことを“R_O”と表記することにします．実際の電圧源は，**図43**のように「理想電圧源」と「出力抵抗」を直列接続したものとしてモデル化できます．このようなモデルのことを，実際の電圧源の「**等価回路**」(equivalent circuit)と呼びます．

実際の電圧源に負荷を接続しない場合は，まったく電流が流れません．よって，この電圧源が出力する電圧Vは，等価回路に含まれる理想電圧源の出力電圧Vと等しくなります．しかし，何らかの負荷を接続して電流Iを流している場合は，オームの法則に従って出力抵抗R_Oの両端に電圧“R_OI”が生じます．よって，負荷に加わる電圧はR_OIだけ減少してしまい，“$V-R_OI$”となります．このように，出力抵抗R_Oによって出力電圧が減少することを，出力抵抗による「**電圧ドロップ**」(voltage drop)といいます．電流をたくさん流

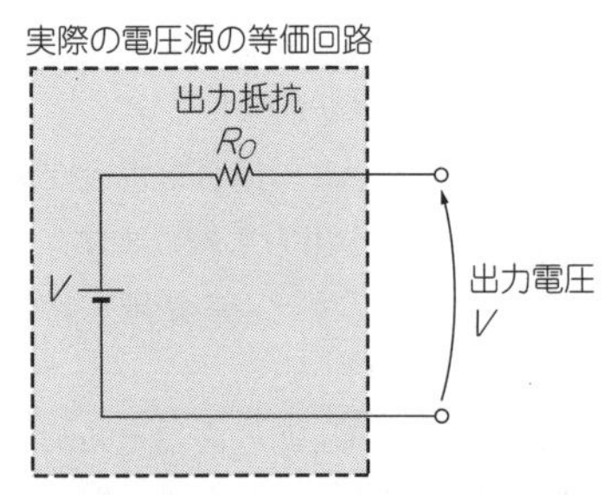

図43 出力電圧V，出力抵抗R_Oの電圧源の等価回路

実際の電圧源には必ず「出力抵抗」が存在する

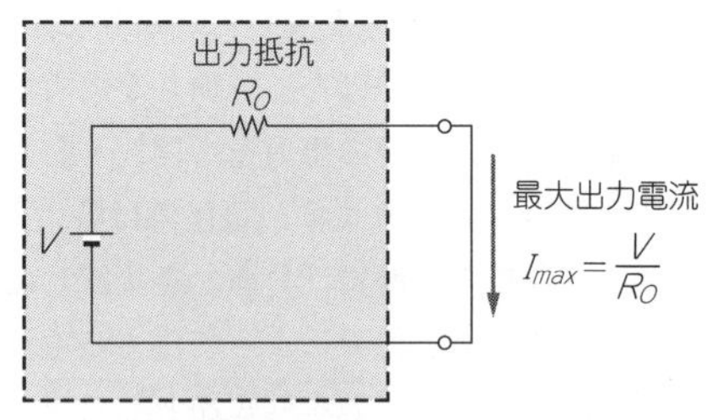

図44 実際の電圧源には，出力可能な電流の最大値が存在する

出力抵抗R_Oが小さいほどたくさんの電流を供給できる

しても電圧ドロップが小さく，出力電圧が減少しにくいものが「良い電源」だと考えられます．すなわち，出力抵抗R_Oが小さいほど良い電源であると言えます．出力抵抗R_Oを限りなく小さくして0としたものが「理想電圧源」です．

実際の電圧源には出力抵抗R_Oが存在するため，出力可能な電流量の最大値が決まっています．これは，理想電圧源がいくらでも出力電流を大きくできることと対照的です．出力抵抗がR_Oである電圧源の最大出力電流I_{max}は，**図44**のように出力端子を短絡した場合を考えることで"$I_{max}=V/R_O$"と求められます．

実際の電源回路では，この理論上の最大電流に行き着く前に部品が燃えたり配線パターンが焼き切れたりして故障することも多くあります．以前，100万円の試作基板をうっかり燃やしてしまったことがありました．電源回路はよく燃える(？)ので怖いです．前職の課長，ごめんなさい．

2.6.7 理想電流源

ここまで解説してきた電圧源に対して，ここから先は「**理想電流源**」(ideal current source)について考えます．**図45**に示すように，理想電流源は「負荷の大小にかかわらず，決められた電流を流し続けるもの」です．電流を流すためには，負荷に対して電圧を加える必要があります．理想電圧源はあらかじめ決められた電流を負荷に流し込むために，自

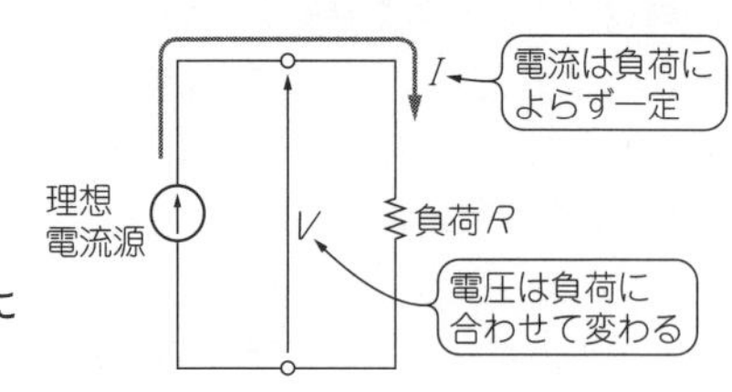

図45 理想電流源は，負荷抵抗Rの大きさによらず一定の電流を出力し続ける

身の出力電圧を自在に変化させることになります．いずれにしても，電流源は「ここには決められた電流が流れます」ということを表すだけの，1つのシンボルとしてとらえるべきです．

2.6.8 複数の理想電流源の接続

回路中に含まれる理想電流源の数は1つだけとは限りません．ここでは，複数の電流源を互いに接続したときの様子について考えることにします．

まず，**図46**のように2つの電流源を直接並列接続した場合について考えます．電流源とは「そこに電流が流れている」ことを表す記号ですから，トータルの出力電流はそれぞれの電流源が出力する電流の和となります．

図47のように逆向きの電流源を並列接続した場合も，トータルの出力電流はそれぞれの電流源が流す電流の和として考えられます．ただし，逆向きの電流源はトータルの出力電流を減少させるので，引き算をすることになります．例えば**図47**において6Aの電流源が流そうとする電流の向きを「正の向き」とすると，トータルの出力電流は“6A－2A＝4A”となります．これは，6Aの出力電流のうち2Aが強制的に理想電流源に吸い込まれたと解釈できます．

続いて，**図48**のように理想電流源を直列接続することを考えます．「キルヒホッフの電流則」を考えると，1本の導線上における電流の量はどこでも一定のはずです．それにもかかわらず，**図48**では1本の導線上において場所によって異なる大きさの電流を流そうとしており，キルヒホッフの電流則と矛盾しています．よって，このように分かれ道がない

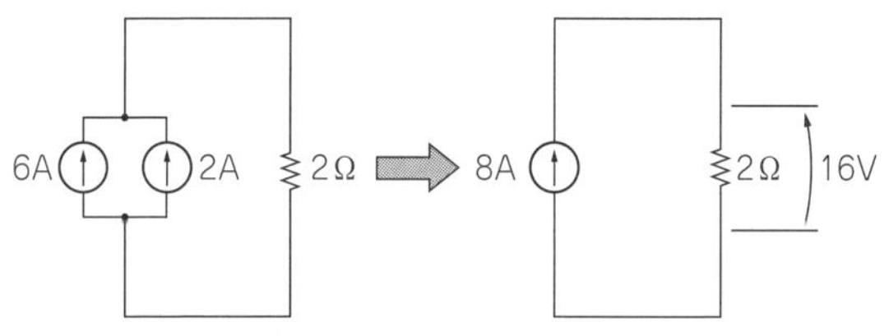

図46　複数の理想電流源を並列接続した場合，出力電流は各電流の和となる

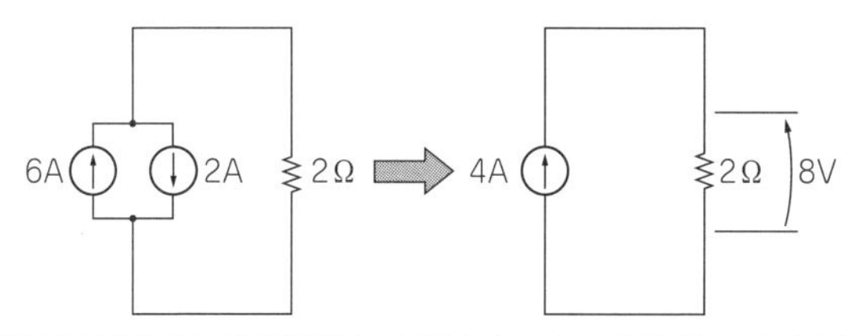

図47　理想電流源を逆向きに並列接続した場合も，出力電流はすべての和で求められる

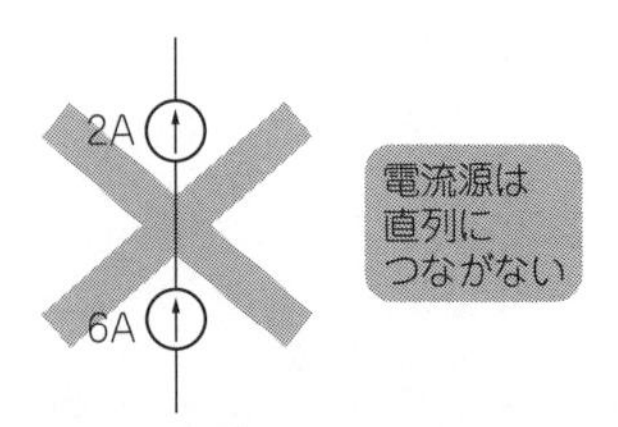

図48　複数の理想電流源を直列に接続すると，電流を発生させる効果が失われる

後述のとおり，理想電流源の出力抵抗は無限大のため

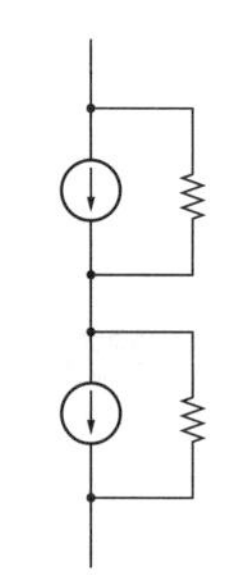

図49　理想電流源と抵抗を並列にしたものは，直列に接続しても構わない

経路に複数の理想電圧源を置くことは不適切であると考えられます．

*

なお，**図49**のように理想電流源と並列に抵抗が接続されている場合は「電流の逃げ道」があるので，これを直列に接続しても問題ありません．このような形の回路は，トランジスタ回路の等価回路としてよく用いられます(カスコード接続など)．

2.6.9　0Aの電流源

理想電流源について考える上で重要となるのが，「0Aを出力する電流源」の扱い方です．0Aということは「電流がまったく流れない」ことを意味します．よって，0Aの電流源は**図50**のように「途中で切れた導線」と同じものであり，「開放」(オープン)の状態であると見なせます．このことから，0Aの電流源は外部から「無限大の抵抗」に見えると考えられます．

それでは，理想電流源を外部から見た場合，そこにはどのような「抵抗」が存在するように見えるのでしょうか．もし何らかの有限な抵抗値が存在するならば，その電流源が上述のように0Aを出力したときに「無限大の抵抗」とはなりません．よって，本質的に電流源というものは「無限大の抵抗を持つもの」であると考えられます．

負荷に対して一定の電流を流すはたらきを持つ理想電流源が「無限大の抵抗」を持つという事実は，直感に反することかもしれません．これは，次のように考えればいくらか納得できるかと思います．

図50　0Aの電流源は「開放」と等価．これは「電流が流れない」ことによる

そもそも，理想電流源とは「定められた電流を流す」ということだけを表すための記号です．理想電流源は定められた電流を負荷に流し込むために，自分自身の出力電圧を自在に変化させます．ここで，理想電流源の内部抵抗を“R”とします．もし，理想電流源の両端の電圧がわずかに“ΔV”だけ変化したとすると，電流源に流れる電流の変化量“ΔI”はオームの法則より“$\Delta I=\Delta V/R$”と計算できます．

もしも内部抵抗Rの大きさが無限大ならば，“$\Delta I=\Delta V/\infty=0$”という計算により$\Delta V$の大きさによらず$\Delta I=0$となります(ただし$\Delta V$は有限の値とする)．これは，「電流源の両端の電圧がどんなに変化しても，そこに流れる電流はまったく変化しない」という理想電流源の挙動と一致します．

このように，「電流源両端の電圧のゆらぎ(変化)」を意識すると，電流源の内部抵抗が無限大であることの必要性が納得できるかと思います．

2.6.10　理想電流源を開放・短絡したときの挙動

表2に示すように，理想電流源の出力端子を「開放」した場合，何らかの有限な「負荷」を付けた場合，そして「短絡」した場合の挙動について考えてみます．

理想電流源の出力端子を開放した場合，そこには電流が流れません．しかし，電流源はなんとか電流を流そうとして出力電圧をどんどん大きくします．その結果として，出力電圧は限りなく大きくなっていき，最終的には無限大になります．このように出力端子を開放した理想電流源が無限大の電圧を出力することは，「開放」という状態の抵抗値が無限大であり，“$V=RI=\infty\times I=\infty$”となることからも理解できます．

続いて，理想電流源に抵抗値Rの負荷を接続した場合を考えます．この場合はオームの法則に従って，“$V=RI$”で求められる電圧Vが電流源の出力端子に生じることになります．

最後に，理想電流源を短絡した場合です．短絡とは抵抗値が0の負荷だと考えられるので，“$V=0\times I=0$”という計算より，どんな大きさの電流Iを流しても理想電流源両端の電圧は0Vになることがわかります．

表2　理想電流源を開放すると無限大の電圧を出力し，短絡すると出力電圧は0になる

開放	負荷	短絡
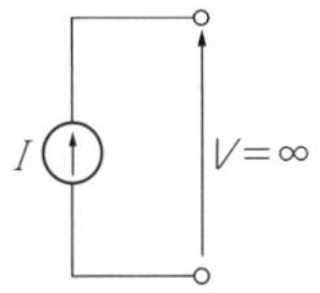 I　$V=\infty$	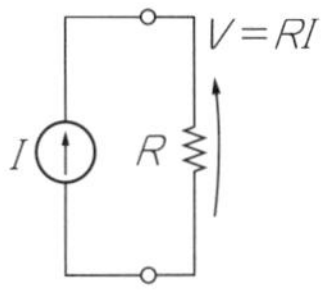 I　R　$V=RI$	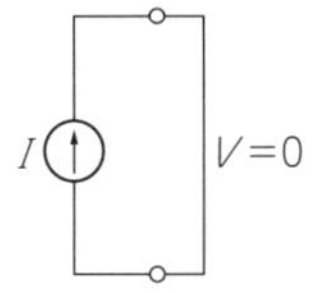 I　$V=0$

2.6.11 実際の電流源の理想電流源による表現

実際の電流源に相当する回路は，トランジスタなどの半導体素子を使って実現できます．このような回路は，定電流回路などと呼ばれます．ここでは定電流回路の具体的な設計方法まで踏み込みませんが，現実に存在する定電流回路を理想電流源によって表現する方法について解説します．この考え方は，実際に定電流回路を設計したり評価したりする際に役立ちます．

先ほど確認したとおり，理想電流源の内部抵抗は無限大です．しかし，現実の回路における出力抵抗は有限の値であり，無限大にはなり得ません．よって現実の電流源を表すために，**図51**のように理想電流源と並列に出力抵抗R_Oを接続します．理想電流源自体の内部抵抗は無限大であり「開放」と等価です．よって，この回路の出力端子を外から見ると，そこには抵抗R_Oだけが接続されているように見えます．すなわち，この回路の出力抵抗はR_Oということになります．

この電流源の等価回路の出力端子を短絡したとき，短絡した導線に流れる電流は等価回路に含まれる電流源が出力する電流と等しくなります．しかし，何らかの抵抗値をもつ負荷を接続した場合は，理想電流源が出力する電流が出力抵抗R_Oと負荷のそれぞれに「分流」します．よって，実際の電流源の等価回路が出力する電流は，理想電流源が出力する電流Iよりも必ず小さくなります．出力抵抗R_Oが大きいほど負荷に流れ込む電流は大きくなるので，出力抵抗R_Oが大きいほど「良い電流源」ということになります．そして出力抵抗R_Oの値を限りなく大きくすると，この回路は理想電流源と等しくなります．

理想電流源は負荷に合わせてどのような電圧でも自在に出力できましたが，実際の電流源の場合は出力可能な電圧の最大値V_{max}が決まっています．その値は，**図52**のように出力端を開放した状態の計算によって“$V_{max} = R_O I$”と求められます．

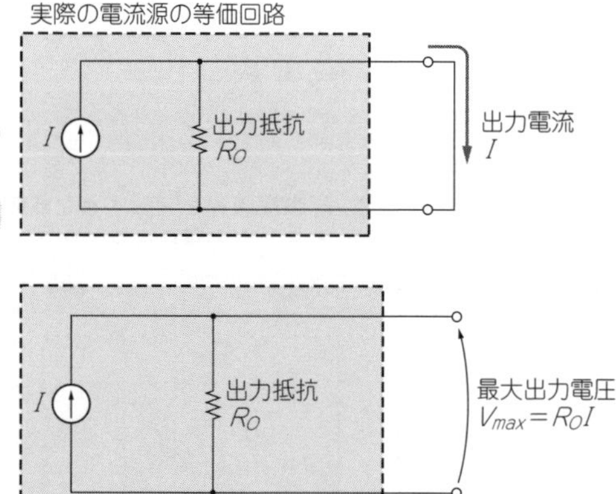

図51 出力電流I，出力抵抗R_Oの電流源の等価回路

実際の電流源には必ず「出力抵抗」が存在する

図52 実際の電流源には出力可能な電圧の最大値が存在する

2.6.12　現実の電圧源と電流源の等価変換

ここまで，理想電圧源を用いた実際の電圧源の等価回路と，理想電流源による実際の電流源の等価回路について見てきました．これに対して，理想「電圧源」を使って現実の「電流源」を表現することも可能です．また，逆に理想「電流源」を使って現実の「電圧源」を表現することもできます．ここでは，この「電圧源と電流源の入れ替え操作」について考えることにします．

図53に示すように，出力抵抗の値がともにR_Oである電圧源および電流源を考えます．理想電圧源の出力電圧はV_S，理想電流源の出力電流はI_Sとします．また，このV_SとI_Sの間には出力抵抗R_Oの値を使って次の関係式が成り立っているとします．

$$V_S = R_O I_S$$

ここで，**図53**のように2つの回路の出力端子を開放したときの出力電圧を求めます．電圧源のほうは，理想電圧源の出力電圧V_Sがそのまま出力端子に表れます．電流源のほうは，理想電流源が出力する電流I_Sがすべて出力抵抗R_Oに流れ込むので，出力端子に生じる電圧は$R_O I_S$となります．先ほど定めたとおり"$V_S = R_O I_S$"が成り立つので，これら2つの回路の出力端子を開放したときの出力電圧は等しくなります．

続いて，**図54**に示すように2つの回路の出力端子を短絡した場合に流れる電流を考えます．電圧源のほうは，理想電圧源が出力する電圧V_Sがすべて出力抵抗R_Oに加えられますから，電流V_S/R_Oが流れます．一方で電流源のほうは，出力端子を短絡すると理想電流源

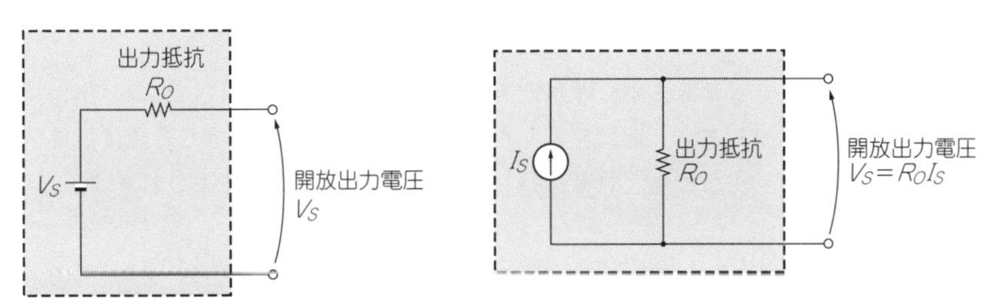

図53　電圧源および電流源の出力端子を「開放」したときの様子を比較する

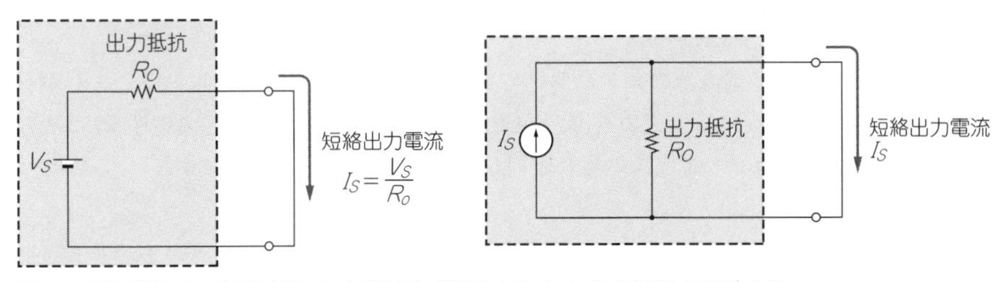

図54　電圧源および電流源の出力端子を「短絡」したときの様子を比較する

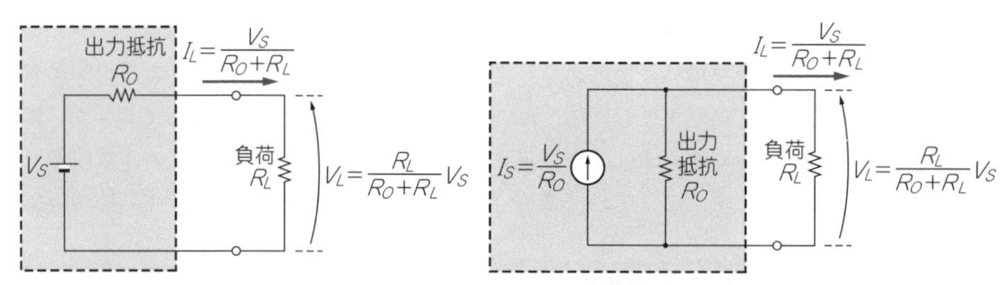

図55 電圧源および電流源の出力端子に同じ「負荷」を接続したときの様子を比較する

が出力する電流I_Sがそのまま流れることになります.

先ほど定めた関係式“$V_S=R_OI_S$”を変形すれば“$V_S/R_O=I_S$”となるので，出力端子を短絡した状態における電流値も両者で等しくなることが確認できました.

最後に，**図55**のように一般の負荷R_Lを接続した場合についても確認します．まずは電圧源のほうを考えると，理想電圧源に接続されている抵抗はトータルで“R_O+R_L”となります．よって，負荷に流れる電流I_Lは次のようになります.

$$I_L=\frac{V_S}{R_O+R_L}$$

また，上式の電流I_Lが負荷R_Lに流れるので，負荷両端に生じる電圧V_Lは次のようになります.

$$V_L=R_LI_L=\frac{R_L}{R_O+R_L}V_S$$

同様に，電流源についても考えます．理想電流源が出力する電流$I_S=V_S/R_O$は，出力抵抗R_Oと負荷抵抗R_Lに分流します．前に確認したとおり，並列回路における分流は抵抗値の逆比で決まるのでした．すなわち，負荷抵抗R_Lに流れる電流は次式で表されます.

$$I_L=\frac{R_O}{R_O+R_L}I_S$$

また“$V_S=R_OI_S$”という関係式を使うと，上式は次のように変形できます.

$$I_L=\frac{R_O}{R_O+R_L}\times\frac{V_S}{R_O}=\frac{V_S}{R_O+R_L}$$

上式より，電圧源と電流源の両者において負荷R_Lに流れる電流は等しくなることがわかります．負荷抵抗R_Lには上式の電流I_Lが流れるので，その両端に生じる電圧V_Lは次のようになります．やはり，電圧源の場合と同じ電圧が負荷R_Lに加わります.

$$V_L=R_LI_L=\frac{R_L}{R_O+R_L}V_S$$

以上のことから，ここまで考えてきた2つの電源はいかなる負荷を接続したとしても同

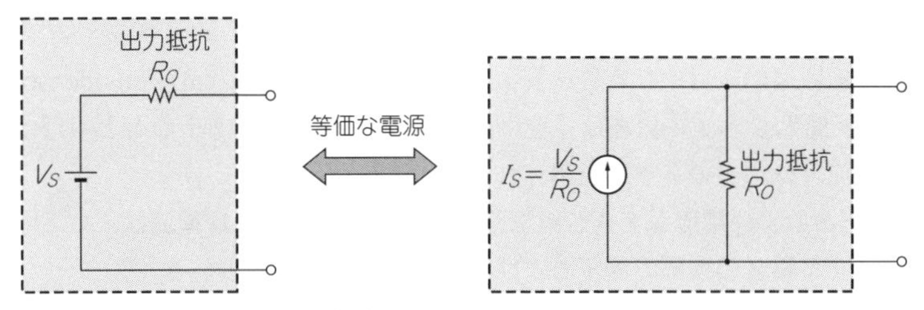

図56　電圧源と電流源の等価変換

出力抵抗R_Oを等しくして，“$V_S=R_OI_S$”を満たすようにV_SおよびI_Sを定める

じ「出力電圧」および「出力電流」を出力します．よって，これら2つの回路は「等価」であると言えます．

内部抵抗を持つ電圧源と電流源を「等価変換」するための条件を整理すると，次のようになります．

- 出力抵抗R_Oを等しくする．
- 理想電圧源の出力電圧V_Sと，理想電流源の出力電流I_Sとの間に，“$V_S=R_OI_S$”が成り立つようにする．

上記の規則を図で表現すると，**図56**のようになります．現実の電圧源は，理想電圧源および理想電流源のどちらを使っても表現できます．また同様に，現実の電流源も理想電圧源および理想電流源のどちらを使っても表現できます．**図56**に示す「電源の等価変換」は，回路理論を考える上で非常に重要な変換操作となります．

2.7　線形回路で成り立つ定理

2.7.1　線形回路の便利な性質

本章の初めの「オームの法則」において，抵抗は電流と電圧の関係が線形である「線形素子」だと説明しました．また，線形素子だけで構成された回路のことを「線形回路」と呼ぶのでした．

線形回路は非常に素直な特性を持つので，回路中の各点における電圧や電流を直感的にわかりやすくに求めることができます．また，トランジスタなどの半導体素子を含む非線形回路について考えるときも，線形回路における考え方が大いに役立ちます．線形回路は単なる「理想化された単純な回路モデル」ではなく，より複雑な回路を考えるための基礎となる非常に重要なものです．本節では，この線形回路において成り立つ便利な定理をいくつか紹介します．

2.7.2　重ね合わせの原理

まずは，線形回路の本質的な性質を表す「**重ね合わせの原理**」(superposition principle)を紹介します．重ね合わせの原理は「重ね合わせの理」，「重ねの理」などとも呼ばれます．重ね合わせの原理は，次のように表現されます．

「複数の電圧源および電流源を含む線形回路の各部の電圧および電流は，1つ1つの電源が単独で存在する場合の各部の電圧および電流の和として求められる」

回路の中に電圧や電流が生じる原因は，言うまでもなく「電源」があるからです．電源が1つだけの場合はシンプルでわかりやすいのですが，複数の電源を含む回路の挙動は複雑になり，計算が大変になります．

しかし，もしも回路が線形ならばたくさんある電源の1つ1つが単独で存在する場合について各部の電圧・電流を求め，最後にそれらの総和を求めることによって実際の挙動を知ることができます．すなわち，1つ1つの電源が存在する状態の「重ね合わせ」によって，複数の電源が存在する場合における回路の電圧および電流の分布を求めることができるのです．これが「重ね合わせの原理」の主張です．

なお，「1つの電源が単独で存在する状態」というのは，残す電源を1つだけ決めて，それ以外の電源をすべて「無効」にした状態を指します．電圧源を無効にする場合は「0V」，すなわち「短絡」の状態にします．電流源を無効にする場合は「0A」，すなわち「開放」の状態とします．

▶トランジスタ回路の解析に役立つ

トランジスタ回路を設計する場合，トランジスタの部分を電源に置き換えた「等価回路」を使って考えます．このとき，回路中にはたくさんの電源が存在することになります．トランジスタ自体は非線形な素子ですが，電圧や電流の変化が十分に小さい場合は「線形」であると近似してしまうことが可能です．線形近似したトランジスタ回路の挙動は，重ね合わせの原理を適用することによって見通し良く分析できます．このように非線形回路を重ね合わせの理を適用できる形に近似して計算を進めるのが，一般的な電子回路設計における常套手段となっています．

2.7.3　重ね合わせの原理の実例

具体的な回路で「重ね合わせの原理」が成り立つ様子を確認してみましょう．ここでは**図57**のような，電圧源が2つ含まれる回路を考えます．電源以外の回路素子は抵抗だけなので，この回路は線形回路となります．

図57の一番左の回路には，2つの独立な閉路があります．この2つの閉路のそれぞれで「キルヒホッフの電圧則」を適用すると，次の2式が得られます．

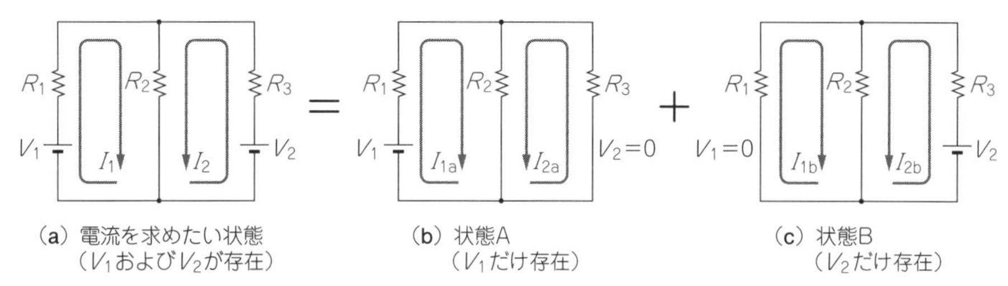

図57　重ね合わせの原理

複数の電源を含む回路の電圧や電流の分布は，1つ1つの電源が単独で存在する状態の和となる

$$V_1=(R_1+R_2)I_1+R_2I_2$$
$$V_2=R_2I_1+(R_2+R_3)I_2$$

上式を連立方程式として解くと，I_1およびI_2を求めることができます．これで回路中のすべての電流が求められるので，その電流値を使って各点の電圧を計算できます．実際に電流I_1およびI_2を求めると，次のようになります(やや煩雑な計算になりますが，普通の連立方程式の解法によって求まります)．

$$I_1=\frac{R_2+R_3}{R_1R_2+R_2R_3+R_3R_1}V_1-\frac{R_2}{R_1R_2+R_2R_3+R_3R_1}V_2$$

$$I_2=-\frac{R_2}{R_1R_2+R_2R_3+R_3R_1}V_1+\frac{R_1+R_2}{R_1R_2+R_2R_3+R_3R_1}V_2$$

ここで「重ね合わせの原理」を考えると，上式の電流I_1およびI_2は，**図57**における状態A(電源V_1だけが単独で存在する状態)と状態B(電源V_2だけが単独で存在する状態)の和として求められるはずです．このことを確認してみましょう．

状態Aにおいてキルヒホッフの電圧則を考えると，次の連立方程式が得られます．

$$V_1=(R_1+R_2)I_{1a}+R_2I_{2a}$$
$$0=R_2I_{1a}+(R_2+R_3)I_{2a}$$

上式は簡単に解くことができて，電流I_{1a}およびI_{2a}は次のように求められます．

$$I_{1a}=\frac{R_2+R_3}{R_1R_2+R_2R_3+R_3R_1}V_1$$

$$I_{2a}=-\frac{R_2}{R_1R_2+R_2R_3+R_3R_1}V_1$$

続いて，**図57**における状態Bに対してキルヒホッフの電圧則を適用すると，次の連立方程式が得られます．

$$0=(R_1+R_2)I_{1b}+R_2I_{2b}$$
$$V_2=R_2I_{1b}+(R_2+R_3)I_{2b}$$

上式を解いて電流I_{1b}およびI_{2b}を求めると，次のようになります.

$$I_{1b} = -\frac{R_2}{R_1R_2 + R_2R_3 + R_3R_1}V_2$$

$$I_{2b} = \frac{R_1 + R_2}{R_1R_2 + R_2R_3 + R_3R_1}V_2$$

ここで最終的に求めたい電流I_1およびI_2は，状態Aと状態Bにおける電流の「重ね合わせ」によって求められるはずです．これを実際に計算すると，次のようになります.

$$I_1 = I_{1a} + I_{1b} = \frac{R_2 + R_3}{R_1R_2 + R_2R_3 + R_3R_1}V_1 - \frac{R_2}{R_1R_2 + R_2R_3 + R_3R_1}V_2$$

$$I_2 = I_{2a} + I_{2b} = -\frac{R_2}{R_1R_2 + R_2R_3 + R_3R_1}V_1 + \frac{R_1 + R_2}{R_1R_2 + R_2R_3 + R_3R_1}V_2$$

上式の値は，先に重ね合わせの原理を使わずに直接求めた電流I_1およびI_2と一致します．以上のことから，手計算の内容がいくらか簡単になり，見通し良く計算を進められることが実感できたかと思います.

2.7.4 重ね合わせの原理は抵抗が線形素子と見なせるので成立する

重ね合わせの原理の本質は，抵抗Rにおいて次式が成り立つことです.

$$R(I_1 + I_2) = RI_1 + RI_2$$

上式は,「抵抗は線形素子である」ということを表す式そのものです．これが成り立つのは,「抵抗Rは電流量によらず一定の抵抗値を示す」からです．電流"$I_1 + I_2$"が抵抗に流れたときに生じる電圧$R(I_1 + I_2)$は，電流I_1だけが流れるときに生じる電圧RI_1と，電流I_2だけが流れるときに生じる電圧RI_2の和となります．当たり前だと思われるかもしれませんが，この性質のおかげで「重ね合わせの原理」が成り立つのです．もし電流値が変化したときに抵抗Rの値が変わってしまうと，もはや「線形素子」ではなくなるので，重ね合わせの原理も成り立たなくなります.

2.7.5 テブナンの定理

ここでは，線形回路において成り立つ定理として有名なテブナンの定理を紹介します．テブナンの定理を使うと，複雑な回路網に電源が接続されている場合に，その回路全体をシンプルな等価電源に変換することができます.

図58に示すように，何らかの電源が接続されている回路網から1組の端子を引き出し，これを「出力端子」と考えます．ここで，この出力端子に表れている電圧を"V_O"とします．また，回路網中のすべての電源を無効にした状態(電圧源は0V，電流源は0Aとする)において出力端子から回路網を見込んだときの抵抗を"R_O"とします．この抵抗R_Oは，こ

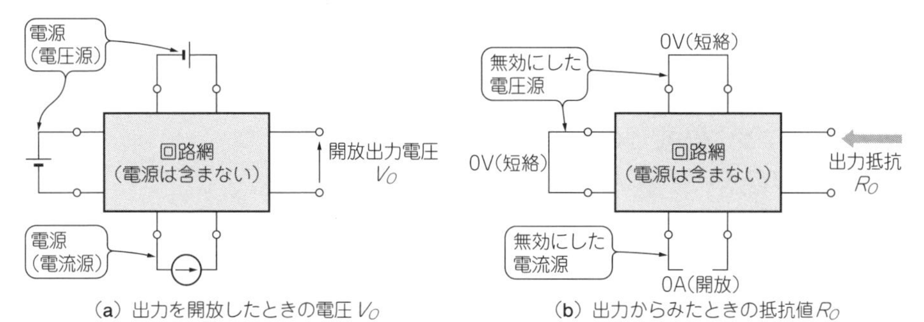

（a）出力を開放したときの電圧 V_O　（b）出力からみたときの抵抗値 R_O

図58　回路網の出力端子を開放したときの電圧を V_O，回路網に接続されている電源を無効にして出力端子から回路網を見込んだ抵抗値を R_O とする

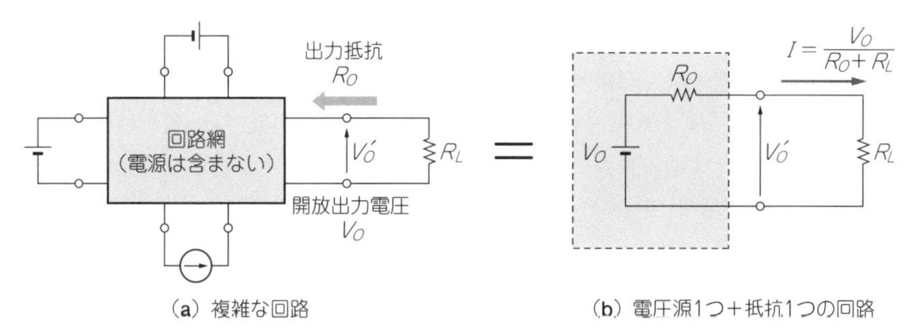

（a）複雑な回路　（b）電圧源1つ＋抵抗1つの回路

図59　テブナンの定理によって，複雑な回路網を「等価な電圧源」に変換する

の回路網の「出力抵抗」だと考えられます．

このような回路網に対して，**図59**のように出力端子に負荷抵抗 R_L を接続したときに流れる電流 I を求めます．これは，回路網の出力電圧および出力抵抗がわかっているときに負荷に対してどれだけの電流を供給できるかを考える問題であり，実際の電気回路設計においても頻繁に出てくる話題です．

この出力電流 I を求める方法について，次の「**テブナンの定理**」(Thevenin's theorem)が成り立ちます．

「回路網のある端子における出力電圧が V_O，出力抵抗が R_O である場合，そこに負荷抵抗 R_L を接続したときに流れる電流 I は次式で表される」

$$I=\frac{V_O}{R_O+R_L}$$

テブナンの定理を使うと，**図59**に示すように「出力抵抗が R_O で出力電圧が V_O であることはわかっているが，その具体的な構造はよくわからない回路網」のことを，それと等価な電圧源に置き換えることができます．この変換操作は，回路網の中身が実際にどうなっているかを知らなくても可能です．このように，複雑な回路網を「ブラック・ボックス」として扱えるのがテブナンの定理の便利なところです．

2.7.6 テブナンの定理の証明

以下，**図60**を用いてテブナンの定理を証明します．

(a) もとの状態

この状態では，回路網の出力端子に負荷抵抗R_Lを接続しています．負荷抵抗R_Lを接続する経路には出力電圧がV_Oである理想電圧源AおよびBを互いに逆向きに挿入しています．この電圧源AおよびBの出力電圧は相殺するので，両者を合わせたトータルの出力電圧は0Vです．理想電圧源の出力抵抗は0Ωであることを考慮すると，この状態(a)は単に回路の出力端子に負荷抵抗R_Lだけを接続した回路と等価であることがわかります．

(b) 電圧源Bだけを0Vにした状態

状態(a)に対して，電圧源Aの出力電圧V_Oはそのまま，電圧源Bの出力電圧だけを0Vにすることを考えます．もともと，いま考えている回路網の出力電圧はV_Oなのでした．よって，この状態(b)では電圧源Aの出力電圧と回路網の出力電圧が相殺する形になり，負荷抵抗R_Lに印加される電圧は0Vとなります．よって，この場合に負荷抵抗R_Lに流れる電流は0Aとなります．

(c) 電圧源Bだけを残して，それ以外の電源を無効にした状態

この状態では，回路網に接続されている電源をすべて無効にしているので，出力端子から回路網を見込んだものは「1つの抵抗R_O」に見えます．よってこの状態(c)において流れる電流は，唯一存在する電源Bによるものだけとなります．電源Bは電圧V_Oを出力し，その電圧は抵抗R_Oと抵抗R_Lの直列回路に印加されるので，流れる電流Iは次のようになります．

$$I = \frac{V_O}{R_O + R_L}$$

さて，最初の状態(a)における各部の電圧および電流は,「重ね合わせの原理」より状態(b)と状態(c)の重ね合わせによって求められます．負荷抵抗R_Lに流れる電流は，状態(b)では0Aで，状態(c)では上式の“$I = V_O/(R_O + R_L)$”でした．よって，状態(a)において流れる電流Iは，これらの和として次のように表せます．

$$I = 0 + \frac{V_O}{R_O + R_L} = \frac{V_O}{R_O + R_L}$$

以上で，テブナンの定理が証明できました．上式は，回路網の出力抵抗R_Oと負荷抵抗R_Lの直列回路に対して，回路網の出力電圧V_Oを印加した場合に流れる電流と一致します．すなわち，テブナンの定理を使えば電源が接続されている複雑な回路網を単純な形の

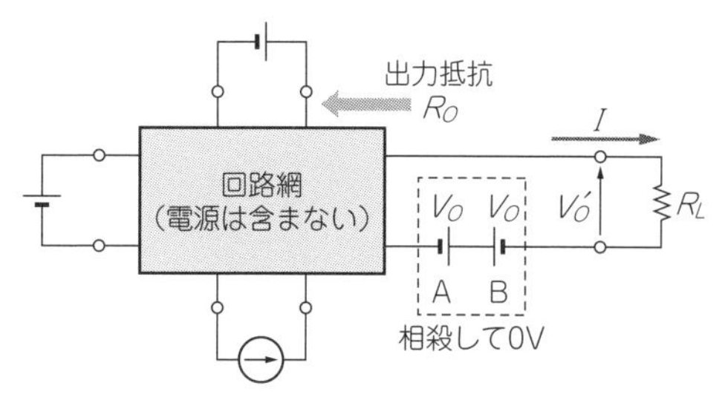

(a) もとの状態

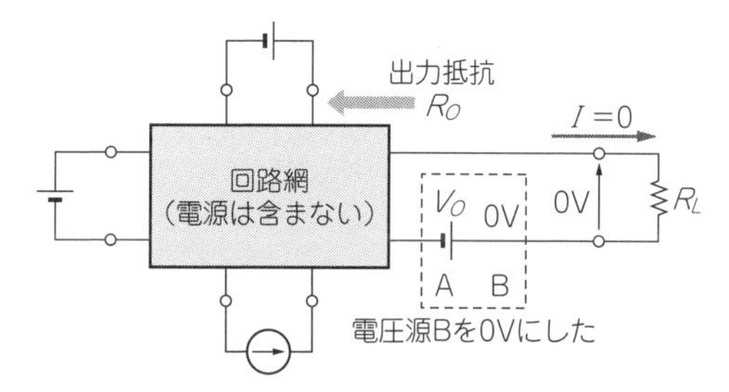

(b) 電圧源Bだけ0Vにする

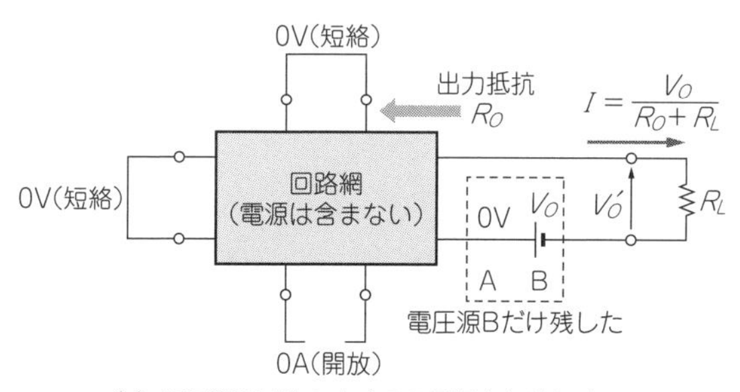

(c) 電圧源B以外のすべての電源を無効にする

図60　テブナンの定理の証明

状態(a)は，状態(b)と状態(c)の「重ね合わせ」で表現できる

「等価電圧源」に変換できることになります．

また，上式の電流Iが流れたときに負荷抵抗R_Lの両端に生じる電圧V_O'は次のように求められます．

$$V_O' = R_L I = \frac{R_L}{R_O + R_L} V_O$$

なお，テブナンの定理を使えばさまざまな回路網をそれと等価な電圧源に置き換えられるので，テブナンの定理は「等価電圧源の定理」とも呼ばれます．また，テブナンの定理によって回路網を等価な電圧源に変換する操作のことを「**テブナン変換**」(Thevenin transformation)と呼ぶことがあります．

2.7.7　ノートンの定理

先ほど紹介したテブナンの定理を使うと，電源を含む回路網を等価な「電圧源」に変換できるのでした．これに対して，ここで紹介するノートンの定理を使うと，電源を含む何らかの回路網を等価な「電流源」に変換することができます．

図61のように，線形な素子だけで構成されている回路網に対していくつかの電源が接続されている状態を考えます．この回路網から1対の端子を引き出して，それを「出力端子」と考えます．ここで，この出力端子を短絡したときに流れる短絡電流をI_Oとします．また，この回路に接続されているすべての電源を無効にしたときに，出力端子から回路網を見込んだコンダクタンスを“G_O”とします．

このような回路において，**図62**のように出力端子に負荷コンダクタンス“G_L”を接続し

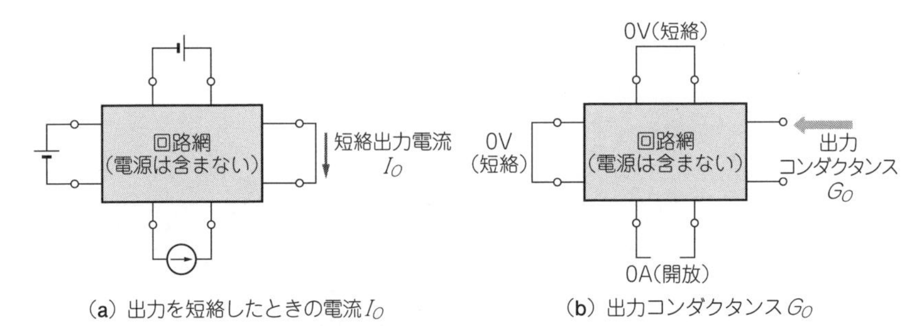

(a) 出力を短絡したときの電流I_O　　(b) 出力コンダクタンスG_O

図61　回路網の出力端子を短絡したときの電流をI_O，回路網に接続されている電源を無効にして出力端子から回路網を見込んだコンダクタンスをG_Oとする

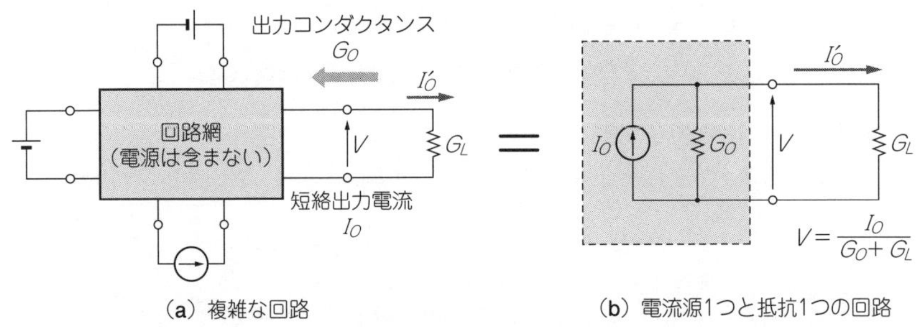

(a) 複雑な回路　　(b) 電流源1つと抵抗1つの回路

図62　ノートンの定理によって，複雑な回路網を「等価な電流源」に変換する

たとします．このときに負荷コンダクタンスの両端に生じる電圧Vを求めます．

この負荷コンダクタンスの両端に生じる電圧Vを求める方法について，次の**「ノートンの定理」**(Norton's theorem)が成り立ちます．

「回路網のある端子における短絡電流がI_O，出力コンダクタンスがG_Oである場合，そこに負荷コンダクタンスG_Lを接続したときに生じる電圧Vは次式で表される」

$$V = \frac{I_O}{G_O + G_L}$$

ノートンの定理を使うと，**図62**に示すように「出力コンダクタンスがG_Oで出力電流がI_Oであることはわかっているが，その具体的な構造はよくわからない回路網」を，それと等価な電流源に置き換えることができます．テブナンの定理と同様に，複雑な回路網をブラック・ボックスとして扱えるところが便利です．

2.7.8 ノートンの定理の証明

以下，**図63**の流れに沿ってノートンの定理を証明します．

(a) もとの状態

回路網に対して負荷コンダクタンスG_Lを接続します．また，負荷と並列に電流源Aおよび Bを接続します．電流源AとBは，回路網の短絡電流I_Oと等しい電流を出力するものとし，向きは互いに逆向きとします．このとき，電流源AとBは相殺し合うので，この部分に対して外部から電流が出入りすることはありません．よって，この状態で負荷コンダクタンスG_Lに流れ込む電流は，単に出力端子に対して負荷コンダクタンスG_Lだけを接続した場合と同じ値になります．

(b) 電流源Bだけを0Aとした状態

この状態(b)では，電流源Bだけを0Aとしています．このとき，回路網が出力する電流I_Oはすべて電流源Aに流れ込みます．よって，負荷コンダクタンスG_Lには一切電流が流れず，負荷コンダクタンスG_Lの両端に生じる電圧は0Vとなります．

(c) 電流源Bだけを残して，それ以外の電源を無効にした状態

この状態(c)では，電流源B以外の電源をすべて無効，すなわち電圧源は短絡，電流源は開放としています．このとき回路網を出力端子から見ると，「1つのコンダクタンスG_O」として見えます．すると，この状態で回路全体に流れる電流は電流源Bが出力する電流I_Oのみとなります．この電流I_Oは，図中のコンダクタンスG_OおよびG_Lの合成コンダクタンス"$G_O + G_L$"に流れ込むので，ここに生じる電圧Vは次式で表されます．

$$V = \frac{I_O}{G_O + G_L}$$

さて，もとの状態(a)における各部の電圧および電流は，状態(b)および状態(c)の「重

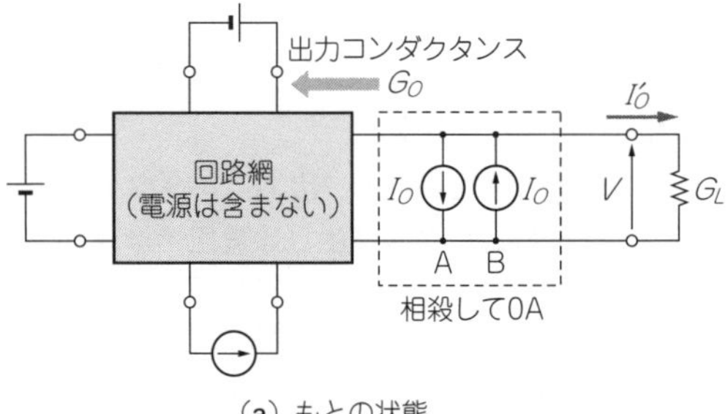

(a) もとの状態

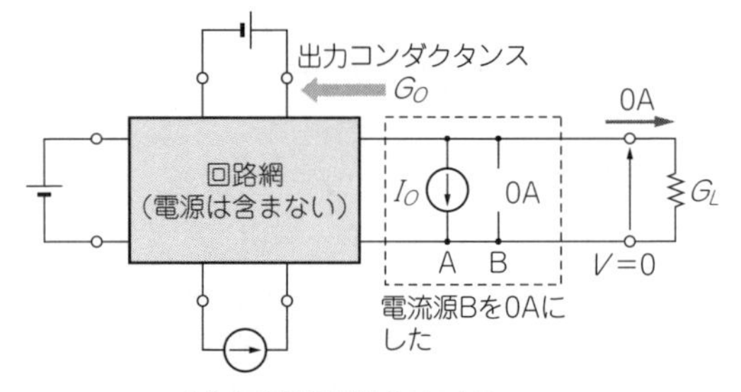

(b) 電流源Bだけ0Aにする

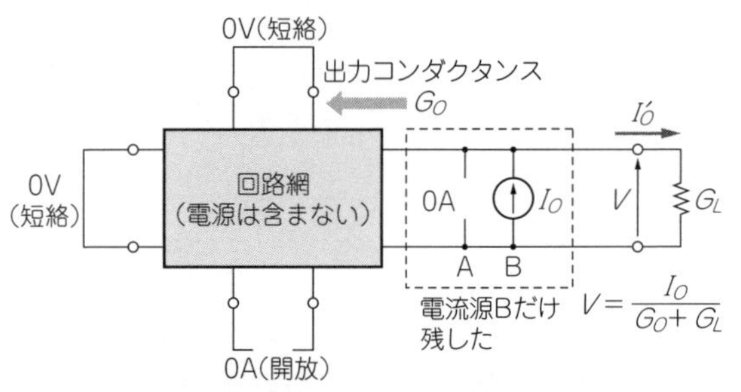

(c) 電流源B以外のすべての電源を無効にする

図63　ノートンの定理の証明

状態(a)は，状態(b)と状態(c)の「重ね合わせ」で表現できる

ね合わせ」によって求めることができます．負荷コンダクタンスG_Lの両端における電圧は，状態(**b**)では0V，状態(**c**)では“$I_O/(G_O+G_L)$”でした．よって，状態(**a**)において負荷コンダクタンスG_Lの両端に生じる電圧Vは次のように求められます．

$$V=0+\frac{I_O}{G_O+G_L}=\frac{I_O}{G_O+G_L}$$

以上で，ノートンの定理が証明できました．いま求めた出力電圧Vは，回路網の出力コンダクタンスG_Oと負荷コンダクタンスG_Lの並列回路に対して回路網の出力電流I_Oを印加した場合に生じる電圧と一致します．すなわち，ノートンの定理を使えば電源を含む回路網を単純な「等価電流源」に置き換えられることになります．

また，上式の電圧が印加された場合に負荷コンダクタンスG_Lに流れる電流I_O'は次のようになります．

$$I_O' = G_L V = \frac{G_L}{G_O + G_L} I_O$$

なお，ノートンの定理を使えばさまざまな回路網をそれと等価な電流源に置き換えられることから，ノートンの定理は「等価電流源の定理」とも呼ばれます．また，ノートンの定理によって回路網をそれと等価な電流源に変換する操作のことを「**ノートン変換**」(Norton transformation)と呼ぶことがあります．

2.7.9 ミルマンの定理

前節の2.6「電圧源と電流源」で紹介した「電圧源と電流源の等価変換」は，回路の挙動を解析する際に大いに役立つ道具です．例えば，回路中に含まれる電圧源をそれと等価な電流源に置き換えると，回路網の解析がとてもわかりやすくなることがあります．その効果を実感できる例として，次の「**ミルマンの定理**」(Millman's theorem)を紹介します．

「図64のようにコンダクタンスと理想電圧源を直列にした枝を並列接続した回路において，図中の出力電圧V_Oは次式で求められる」

$$V_O = \frac{G_1V_1 + G_2V_2 + G_3V_3}{G_1 + G_2 + G_3} = \frac{\Sigma_i{}^3 G_iV_i}{\Sigma_i{}^3 G_i}$$

以下，ミルマンの定理を証明します．

まず，出力抵抗(出力コンダクタンス)付きの電圧源は，**図65**のように電流源を使った回路に変換できるのでした．これは，2.6.12項で解説した電圧源と電流源の等価変換だと考えてもよいですし，あるいは電圧源とコンダクタンスの直列回路に対して「ノートンの定理」を適用したと解釈することもできます．

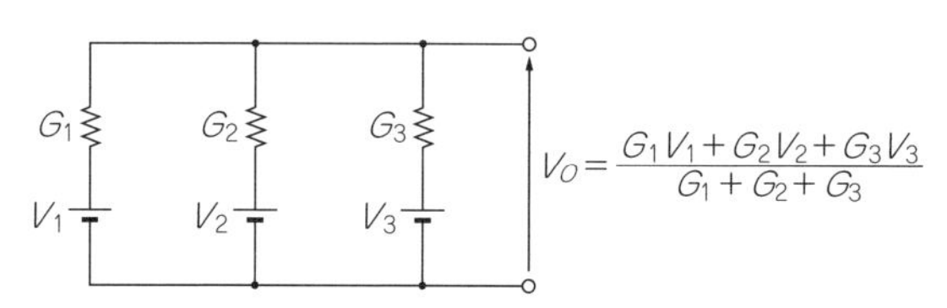

図64 ミルマンの定理

出力抵抗がある電圧源を並列接続した場合に，トータルの出力電圧を求める

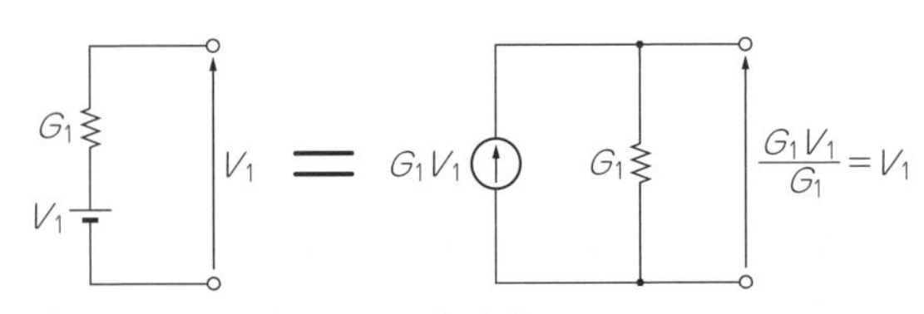

図65　電圧源と電流源の等価変換

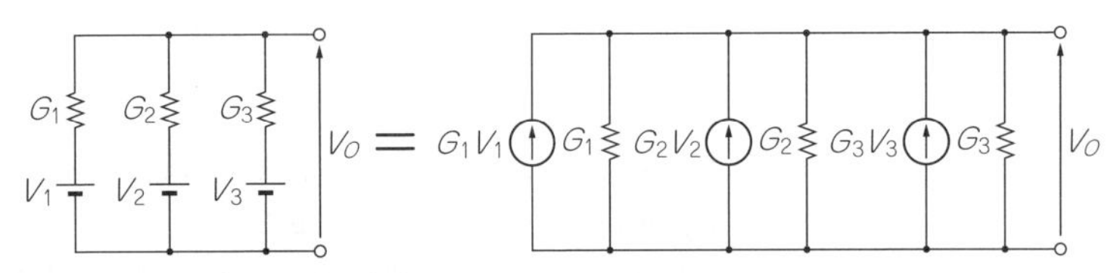

図66　ミルマンの定理の証明

すべての電圧源を電流源に置き換える

この電圧源と電流源の等価変換を利用すると，元の回路を**図66**のように書き換えることができます．

図66において，すべての電流源による電流値の総和I_{total}は，次のような単純な和で表すことができます．

$$I_{total}=G_1V_1+G_2V_2+G_3V_3$$

また，この回路全体のコンダクタンスG_{total}は，すべてのコンダクタンスが並列接続されていることから，やはり単純に和を計算すれば求められます．

$$G_{total}=G_1+G_2+G_3$$

以上から，電流I_{total}がコンダクタンスG_{total}に印加されたときに生じる電圧V_Oは，次式で求まります．

$$V_O=\frac{I_{total}}{G_{total}}=\frac{G_1V_1+G_2V_2+G_3V_3}{G_1+G_2+G_3}$$

以上で，ミルマンの定理を証明できました．なお，今回は3つの枝が並列接続されている回路について考えましたが，一般にn本の「コンダクタンス＋電圧源」の枝が並列接続されている場合についても同様に対応できます．このときの出力電圧は次のとおりです．

$$V_O=\frac{G_1V_1+G_2V_2+\cdots+G_nV_n}{G_1+G_2+\cdots+G_n}=\frac{\Sigma_i^n G_iV_i}{\Sigma_i^n G_i}$$

2.7.10　ミルマンの定理の双対

先ほど紹介したミルマンの定理は，「出力抵抗(コンダクタンス)を持つ電圧源を，いくつか並列接続した回路」のトータルの出力電圧を求めるための定理でした．これに対応する

表3　これまで出てきた「双対」なもののまとめ

電圧	電流
抵抗	コンダクタンス
短絡	開放
閉路	節点
キルヒホッフの電圧則	キルヒホッフの電流則
直列回路	並列回路
テブナンの定理	ノートンの定理

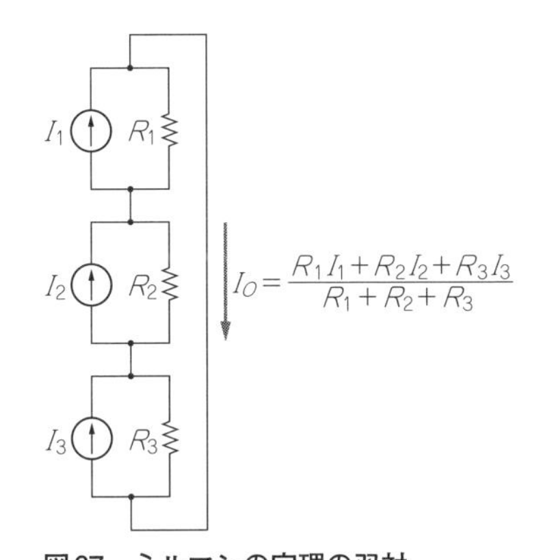

図67　ミルマンの定理の双対

出力抵抗付きの電流源を直列接続したときのトータルの出力電流を求める

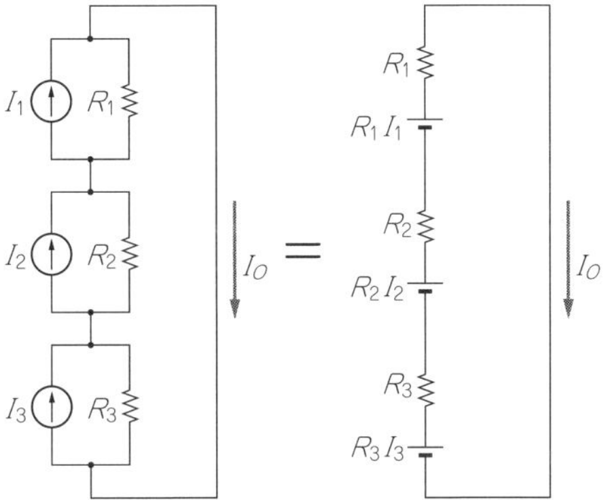

図68　ミルマンの定理の双対の証明

すべての電流源を電圧源に置き換えて考える

ものとして，「出力抵抗を持つ電流源を，いくつか直列接続した回路」のトータルの出力電流を求める定理を考えることができます．

一般的に，電圧と電流，直列と並列のように，対になっているもののことを「**双対**」(dual)であると表現します．これまでの解説で出てきた双対なものを列挙すると，**表3**のようになります．

いま考えているものは，「ミルマンの定理の双対」であると言えます．これは「全電流の定理」とも呼ばれます．これに関して，次のことが成り立ちます．

「図67のように出力抵抗をもつ電流源を直列に接続した場合，そこに流れるトータルの電流I_Oは次式で表される」

$$I_O = \frac{R_1 I_1 + R_2 I_2 + R_3 I_3}{R_1 + R_2 + R_3}$$

この定理は，次のようにして証明します．

まず，回路中の電流源を等価変換によって電圧源に変換します．これは，前に説明した「電流源と電圧源の等価変換」ですが，「テブナンの定理」によって各電流源をそれと等価な電圧源に変換したと考えても構いません．もとの回路の電流源をすべて電圧源に変換すると，**図68**のようになります．

図68において，直列接続されているすべての電圧源による出力電圧V_{total}は次式で表されます．

$$V_{total}=R_1I_1+R_2I_2+R_3I_3$$

また，この回路中に含まれる全抵抗の和R_{total}は，次のようになります．

$$R_{total}=R_1+R_2+R_3$$

よって，この回路に流れるトータルの電流I_Oは次式で表されます．

$$I_O=\frac{V_{total}}{R_{total}}=\frac{R_1I_1+R_2I_2+R_3I_3}{R_1+R_2+R_3}$$

以上で,「ミルマンの定理の双対」を証明できました．なお，今回は3つの電流源が直列に接続された回路について考えましたが，一般にn個の「抵抗と理想電流源の並列回路」が直列に接続された回路に流れる電流I_Oは，次式で求められます．

$$I_O=\frac{R_1I_1+R_2I_2+\cdots+R_nI_n}{R_1+R_2+\cdots+R_n}=\frac{\Sigma_i^n R_iI_i}{\Sigma_i^n R_i}$$

2.7.11　補償定理

図69のように，回路中のある経路に小さな抵抗ΔRを挿入したとします(あるいは，その経路の部品の抵抗値がΔRだけ増加したと考えてもよい)．このとき，この経路の電流はいくらか減少すると考えられます．この減少量をΔIとします．また，抵抗ΔRを挿入した経路以外の箇所に関しても，抵抗ΔRを挿入する前後において電圧や電流の値は変化するはずです．その「変化量」を求めるために有効なのが，次の「**補償定理**」(compensation theorem)です．

「もともと電流Iが流れていた経路に新たな抵抗ΔRを挿入したとする．このときに生じる回路各部の電圧および電流の変化量は，図70のようにすべての電源を無効にした状態

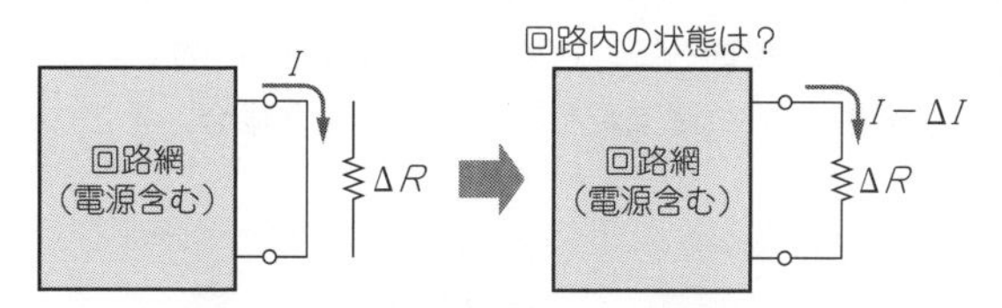

図69　回路網中のある経路に抵抗ΔRを挿入したときに生じる，回路各部の電圧および電流の変化を調べたい

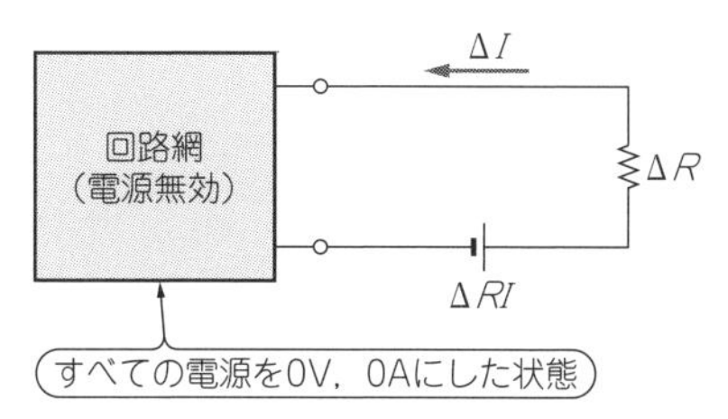

図70 ある経路に抵抗ΔRを挿入したときに生じる回路各部の電圧および電流の「変化量」は，この図で求めた各部の電圧・電流の大きさに等しい

で抵抗$\varDelta R$および電圧源$\varDelta RI$を挿入したときの回路各部の電圧および電流の大きさに等しい．ただし，電圧源$\varDelta RI$はもともと電流Iが流れていた向きとは逆向きに挿入する」

以下，**図71**の流れに沿って補償定理を証明します．

(a) 抵抗ΔRを追加した後の状態

回路中のいずれかの経路に新しく抵抗$\varDelta R$を挿入します．このとき，同じ経路上に電圧$\varDelta RI$を出力する電圧源Aおよび電圧源Bを逆向きに挿入します．これらの電圧源は相殺し合うので，発生させるトータルの電位差は0Vとなります．よって，この状態は回路に抵抗$\varDelta R$だけを追加した状態と等価です．

(b) 電圧源Aだけを無効にした状態

ここで，電圧源Aだけを0Vにします．この状態では，抵抗$\varDelta R$に電流が流れることで電圧降下が生じています．一方，電圧源Bはその電圧降下を打ち消す(電位を持ち上げる)ように作用しています．よって，抵抗$\varDelta R$と電圧源Bをまとめて見ると，そこには電圧降下はまったく生じていないように見えます．すなわち，単なる「短絡」に見えます．

この回路網の出力端子を短絡したときに流れる電流は“I”でしたから，この状態(**b**)において，抵抗$\varDelta R$および電流源Bの経路には電流Iが流れることになります．このときの抵抗$\varDelta R$に生じる電圧降下“$\varDelta RI$”は，ちょうど電圧源Bの出力電圧“$\varDelta RI$”と相殺しています．これは，先ほど考えたことと辻褄が合います．

以上のことから，状態(**b**)における回路各部の電圧および電流の分布は「抵抗$\varDelta R$を挿入する前と同じ」だと言えます．

(c) 電圧源Aだけを残し，それ以外の電源を無効にした状態

この状態(**c**)では，もともと考えていた回路網の中に含まれる電源をすべて無効にしています．よって，回路網の出力端子を外からみると「1本の抵抗R_O」に見えます．このことから，状態(**c**)は抵抗R_Oと抵抗$\varDelta R$，さらに電圧源Aが直列接続された状態となります．よって，ここに流れる電流$\varDelta I$は次式で求められます．

$$\varDelta I=\frac{\varDelta RI}{R_O+\varDelta R}$$

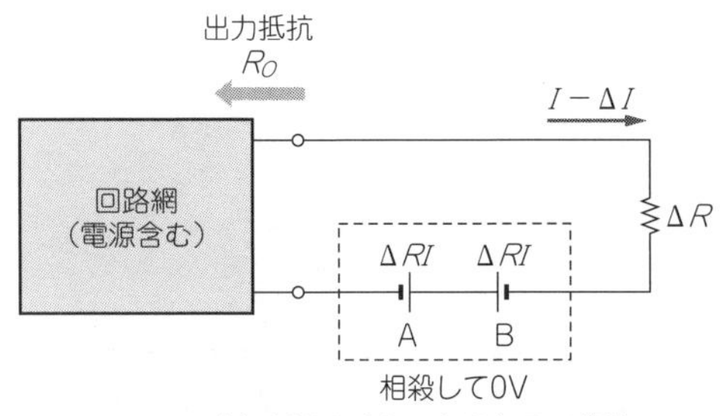

(a) 抵抗を追加した後と同じ状態

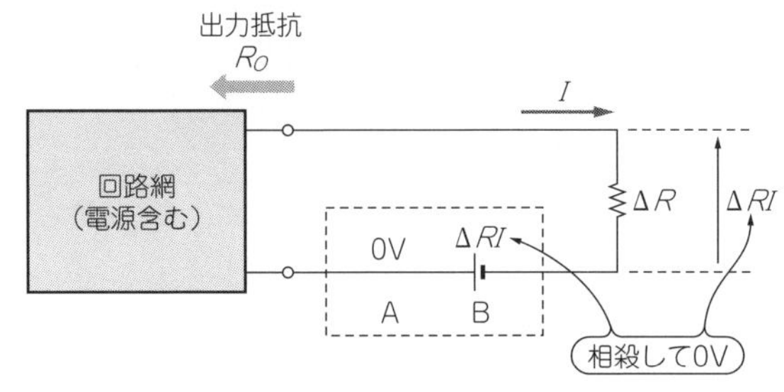

(b) 抵抗を追加する前と同じ状態

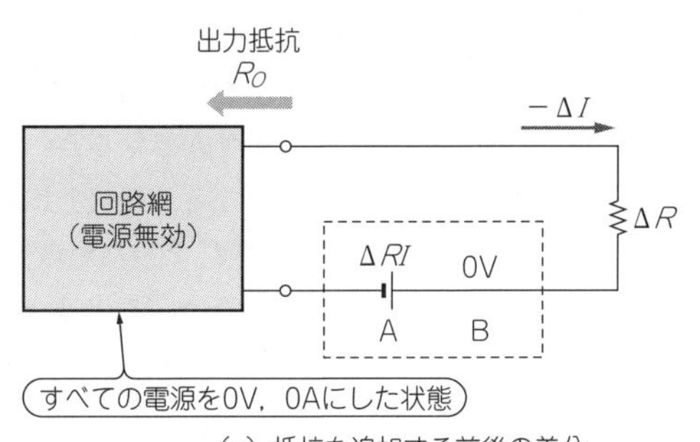

(c) 抵抗を追加する前後の差分

図71　補償定理の証明

例によって「重ね合わせの原理」を使って考える

さて，状態(a)における各部の電流と電圧は，状態(b)と状態(c)の「重ね合わせ」となります．状態(a)は新しく抵抗ΔRを追加した「後」の回路状態に相当し，状態(b)における回路各部の電圧および電流は新しい抵抗ΔRを追加する「前」と同じ値となっています．よって，新しく抵抗ΔRを追加したことによる各部の変化は，状態(c)において回路の各部に生じている電圧および電流そのものであると考えられます．以上で，補償定理の証明ができました．

COLUMN 9

立方体に接続した抵抗の合成抵抗

本書の元になった記事が「トランジスタ技術」で連載されていたとき，「直流電気回路編」の扉絵に**写真A**が使われていました．これは，抵抗を立方体の形に接続したものです．

この回路全体の「合成抵抗」を求める問題は，電気回路の問題の定番です．ここでは，すべての抵抗が等しい値“R”であるとして，全体の合成抵抗を求めてみましょう．

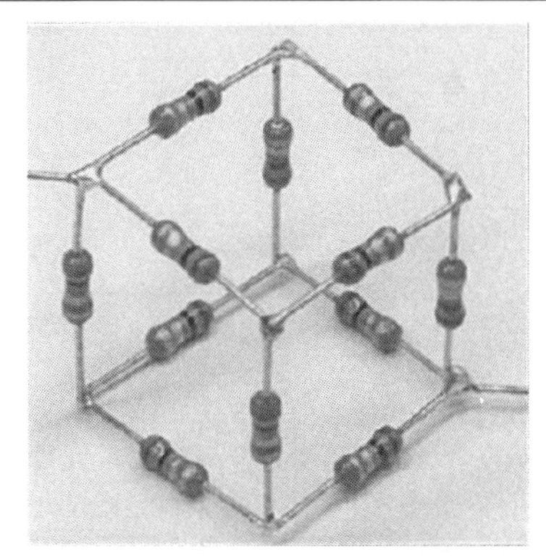

写真A　抵抗で作った立方体

▶独立した閉路の数を求める

今回扱う回路を回路図として表すと，**図C**のようになります．この回路の節点の数は$n=8$，枝の数は$b=13$です．「グラフ理論」の節で確認した式“$l=b-(n-1)$”より，この回路に含まれる「リンクの数」すなわち「独立した閉路の数」は次のように求められます．

$$b-(n-1)=6$$

よって，「キルヒホッフの電圧則」に従って6個の連立方程式を立てれば，この回路における電流分布をすべて求められることになります．

▶地道に回路方程式を作る

図Cのように，各抵抗に流れる電流を設定します．また，**図C**を平面的に書き直すと**図D**のようになります．

ここで，電源から出発して抵抗の回路網を通過し，また電源に戻って来る経路について「キルヒホッフの電圧則」を適用します．すると，次の6個の連立方程式が得られます．

$$RI_1+RI_4+RI_{10}=V$$
$$RI_1+RI_5+RI_{11}=V$$
$$RI_2+RI_6+RI_{10}=V$$
$$RI_2+RI_7+RI_{12}=V$$
$$RI_3+RI_8+RI_{11}=V$$
$$RI_3+RI_9+RI_{12}=V$$

上式において，I_1，I_2，I_3に対して「キルヒホッフの電流則」を適用すると次式が得られ

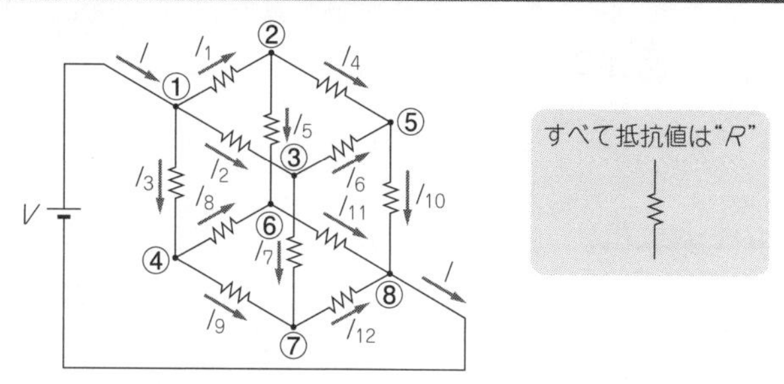

図C 各抵抗に流れる電流を設定する．すべての抵抗は同じ値"R"とする

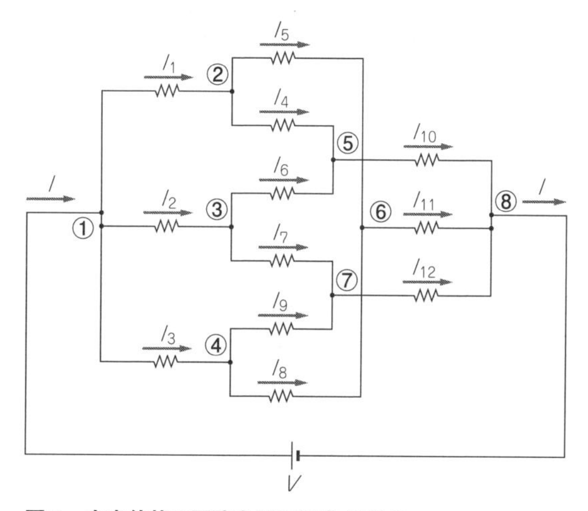

図D 立方体状の回路を平面に書き直す

ます．

$$I_1=I_4+I_5$$
$$I_2=I_6+I_7$$
$$I_3=I_8+I_9$$

またI_{10}，I_{11}，I_{12}についても「キルヒホッフの電流則」を適用すると，次式が得られます．

$$I_{10}=I_4+I_6$$
$$I_{11}=I_5+I_8$$
$$I_{12}=I_7+I_9$$

COLUMN 9

以上の電流に関する式を，もとの6個の回路方程式に代入します．なお，電流についての関係が見やすくなるように，両辺をRで割り算しています．

$$(I_4+I_5)+I_4+(I_4+I_6)=3I_4+I_5+I_6=V/R \quad \cdots(1)$$
$$(I_4+I_5)+I_5+(I_5+I_8)=I_4+3I_5+I_8=V/R \quad \cdots(2)$$
$$(I_6+I_7)+I_6+(I_4+I_6)=I_4+3I_6+I_7=V/R \quad \cdots(3)$$
$$(I_6+I_7)+I_7+(I_7+I_9)=I_6+3I_7+I_9=V/R \quad \cdots(4)$$
$$(I_8+I_9)+I_8+(I_5+I_8)=I_5+3I_8+I_9=V/R \quad \cdots(5)$$
$$(I_8+I_9)+I_9+(I_7+I_9)=I_7+I_8+3I_9=V/R \quad \cdots(6)$$

上式はI_4，I_5，I_6，I_7，I_8，I_9という6個の未知数に関する，6個の連立方程式となっています．よって，すべての未知数について解くことができます．

▶I_5，I_7，I_9の関係を求める

まずは式(2)，式(4)，式(6)を変形し，次の3つの式を得ます．

$$I_4=V/R-3I_5-I_8=V/R-3I_5-(V/R-I_7-3I_9)=-3I_5+I_7+3I_9$$
$$I_6=V/R-3I_7-I_9$$
$$I_8=V/R-I_7-3I_9$$

この3式と式(1)により，次式が得られます．

$$I_5=I_9$$

また，以上の関係式を式(3)および式(5)に代入すると次の2つの式が得られます．

$$-3I_5-7I_7+2V/R=0$$
$$-7I_5-3I_7+2V/R=0$$

上の2式より，次式が得られます．

$$I_5=I_7$$

以上のことをまとめると，I_5，I_7，I_9に関して次式が成り立ちます．

$$I_5=I_7=I_9$$

▶I_4，I_6，I_8の関係を求める

上式と式(2)を合わせると，I_4に関して次の関係式が得られます．

$$I_4=-3I_5+I_7+3I_9=-3I_5+I_5+3I_5=I_5=I_7=I_9$$

また式(4)および式(6)より，I_6およびI_8に関して次式が得られます．

$$I_6=V/R-3I_7-I_9=V/R-4I_5$$
$$I_8=V/R-I_7-3I_9=V/R-4I_5$$

上の2式より，I_6およびI_8に関して次の関係式が得られます．

$$I_6=I_8$$

また，“式(1)－式(3)”を計算すると次のようになります．

$$\{3I_4+I_5+I_6\}-\{I_4+3I_6+I_7\}=0$$

上式に$I_4=I_5=I_7$を代入して整理すると次式が得られます．

$$I_4=I_6$$

以上のことから，次式が得られます．

$$I_4=I_5=I_6=I_7=I_8=I_9$$

▶合成抵抗を求める

以上の結果より，各部の電流が次のように求められました．

$$I_1=I_2=I_3=\frac{1}{3}I$$

$$I_4=I_5=I_6=I_7=I_8=I_9=\frac{1}{6}I$$

$$I_{10}=I_{11}=I_{12}=\frac{1}{3}I$$

ここで，例として“1→2→5→8”という順番で節点をたどる経路について「キルヒホッフの電圧則」を適用すると，次式が得られます．

$$\frac{1}{3}RI+\frac{1}{6}RI+\frac{1}{3}RI=V$$

なお，電源を通る閉路なら，どの経路を選んでも上式と同じ結果が得られます．上式より，電源から見た合成抵抗“R_{total}”は次のように求められます．

$$R_{total}=\frac{V}{I}=\frac{5}{6}R$$

▶対称性に注目した解法

ここまでの計算では，ていねいにオームの法則とキルヒホッフの法則を使って回路方程式を作りました．これに対して，図形的な対称性を使ってやや直感的に合成抵抗を求める方法もあります．

図Eをよく観察すると，節点2，3，4から先の回路構造はすべて等しくなっています．ま

COLUMN 9

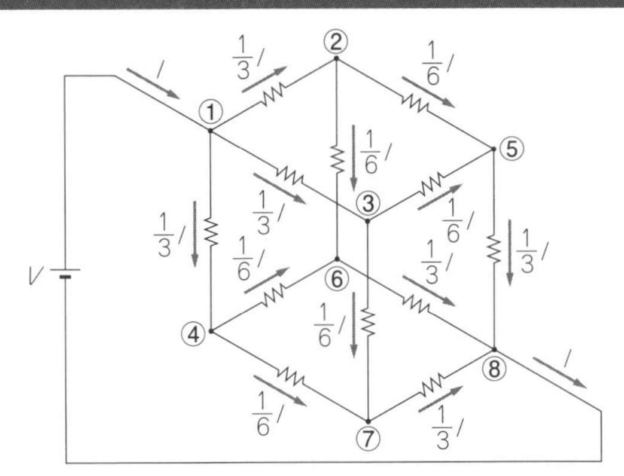

図E 回路の「対称性」に着目すると計算を省ける

た，そこから分岐した節点5，6，7も互いに対称的な形になっています．よって，節点1に流れ込んだ電流は“1/3”ずつ節点2，3，4に分流し，さらに節点2，3，4では2方向に電流が分流してその先の抵抗ではもとの“1/6”の電流が流れることになります．その後，節点5，6，7では2方向から来た電流が合流するのでその先の抵抗に流れる電流はおおもとの“1/3”となります．このように考えると，**図E**のような電流分布を想像することができます．

ここで，電源を出発してまた電源に戻る経路における電圧の変化を考えると，**図F**のようになります．ここでは例として節点1→2→5→8という経路で考えていますが，節点1から節点8へ向かう経路であればいずれも同じです．この**図E**より，電源から見た抵抗回路網全体の合成抵抗R_{total}は次のように計算できます．

① $\frac{1}{3}I$ (R) ② $\frac{1}{6}I$ (R) ⑤ $\frac{1}{3}I$ (R) ⑧

$V=\frac{5}{6}RI$

図F 図Eに基づいて節点1→2→5→8の経路で電流と電圧を考える

$$R_{total}=\frac{V}{I}=\frac{5}{6}R$$

回路の対称性に着目する方法は慣れれば簡単でわかりやすいですが，回路方程式を立てて着実に解く方法を身に付けておくことも大事です．

第3章 電気回路で使う関数

3.1 そもそも「関数」とは?

本章では，電気回路を扱う上で必ず出てくる「関数」について，その意味や機能を解説します.

高校数学の内容なので，ご存じの方も多いかもしれません．しかし，フィルタ理論では本章で紹介する**関数を徹底的に使い込みます**．理解を深めておいて困ることはありません.

3.1.1 入力を演算して出力する箱のようなものが関数

そもそも,「**関数**」とはどんなものなのでしょうか．簡単なイメージとしては，関数は**図1**のような「箱」として説明されることが多いようです.

「入力x」を関数に入力します．すると，何らかの計算がなされ，結果として「出力$f(x)$」が出てくる，という説明です.

関数の名前としてよく使われる“f”は，function(ファンクション.「機能」などの意味がある)の頭文字です．入力の数値がxであることを明示するために括弧でくくり“$f(x)$”のように書きます．例えば関数$f()$に数値1を入力したときの値は“$f(1)$”と書きます.

本書では，関数の入力(「引数(ひきすう)」ともいう)を明示するために，$\sin(x)$などのように括弧を積極的に使った表記法を採用します.

▶電子回路の入力に対する出力を関数で表す

関数は,「入力」と「出力」を結び付ける数式だと考えることもできます．それはフィル

図1 関数$f(x)$は，入力xを受け取り出力$y=f(x)$を算出する箱のイメージ
回路でいうところの「伝達関数」と同じイメージ

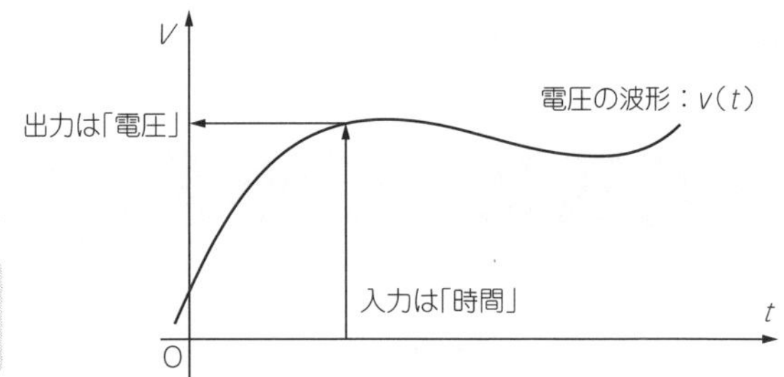

図2　信号を表す関数のイメージ

時間と電圧を結びつける関数の例．v(t)と書けば，時間変化する電圧信号がイメージできる

タ回路などの「回路の機能」そのものです．このように考えると，“function”という言葉のニュアンスも納得できるのではないでしょうか．

関数の出力$f(x)$の値を別の文字で表すと便利な場合が多くあります．一般に$y=f(x)$として文字“y”を使用します．関数のグラフを書く場合などに，この表現がよく使われます．

ここで，関数に入力する数値xは，自由に決めることができるため「**独立変数**」(independent variable)と呼ばれます．これに対して出力$y=f(x)$は，xの値にしたがって決定されるので，「**従属変数**」(dependent variant)と呼ばれます．「出力」は「入力」があってこそ定まる，というイメージです．

▶時間変化する電圧を関数で表す

回路の「入出力間の関係」を表す以外にも，関数の使い道はあります．それは「信号の形」そのものを表現する用途です．

例えば，「時間」に対して「電圧」(回路中のどこかのポイントの電圧)を結び付ければ「電圧波形」を表す関数ができます(**図2**)．この場合，入力は「時間t」であり，出力が「電圧$v(t)$」です．これをグラフにしたものが，よく見る電圧波形です．

3.1.2　電気回路でよく使う関数

これらの例のように，「関数」は電気回路を扱う上で必須の道具です．では，電気回路を理解するためには，世の中の「あらゆる関数」を知っていなければならないのでしょうか．

もちろん，そんなことはありません．電気回路を扱う上で多用される関数は，ごく限られます．さらに，電気・電子工学で必要となる関数は，他の工学分野で使うものと重複しています．よって，その部分に集中して勉強しておけば，ほとんど困ることはありません．それらをまとめると**表1**のようになります．ここでは1つずつ，概要を紹介します．

▶多項式関数，有理関数

「**多項式関数**」(polynomial function)は，$y=2x$などの1次関数，$y=x^2+2x+1$などの2次関数，さらに3次関数，4次関数…などを一般化したものです．何次の関数でも構わないという意味で，**表1**では「n次関数」としています．

表1 電気回路で使う代表的な関数

関数名	代表的な形	用 途
多項式関数	$a_n x^n + a_{n-1} x^{n-1} + \cdots + a_1 x + a_0$	テイラー展開，伝達関数など
有理関数	$\dfrac{a_n x^n + a_{n-1} x^{n-1} + \cdots + a_1 x + a_0}{b_m x^m + b_{m-1} x^{m-1} + \cdots + b_1 x + b_0}$	インピーダンス関数など
三角関数	$\sin(x)$，$\cos(x)$	正弦波信号の表現など
指数関数	e^x	複素正弦波など
対数関数	$\log(x)$	デシベル(dB)表示など

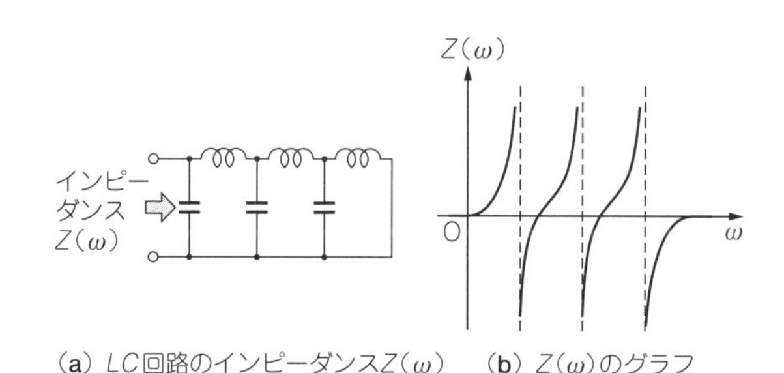

(a) LC回路のインピーダンスZ(ω)　(b) Z(ω)のグラフ

図3 有理関数の例．LC回路のインピーダンス関数Z(ω)はωの有理関数で表される

多項式関数を分母と分子それぞれに置いたものを「**有理関数**」(rational function)と呼びます．本質的には，多項式関数は有理関数の1つ(分母が‘1’の有理関数)です．多項式関数は比較的わかりやすい関数ですが，曖昧(あいまい)な理解でよいわけではありません．あとで出てくる「テイラー展開」や「インピーダンス関数」(リアクタンス関数)などで重要な働きをします(**図3**)．

▶三角関数

「**三角関数**」(trigonometric function)は，正弦波波形の表示，フーリエ級数の扱い(**図4**)，フィルタの極計算など，頻繁に出てきます．電気回路で使う関数の中で，最も重要だと言えます．三角関数については次節以降で詳しく解説します．

▶指数関数

「**指数関数**」(exponential function)はオイラーの公式(**図5**)などに顔を出します．オイラーの公式と関連して「複素正弦波」を後で導入します．複素正弦波は指数関数を元にして作られている関数で，電気回路における信号波形を表すために用いられます．複素正弦波は理論と実用設計の両面において，なくてはならない非常に重要な関数です．指数関数の基本的な扱いは，三角関数の次に解説します．複素数と絡めた内容は「オイラーの公式」のときに解説します．

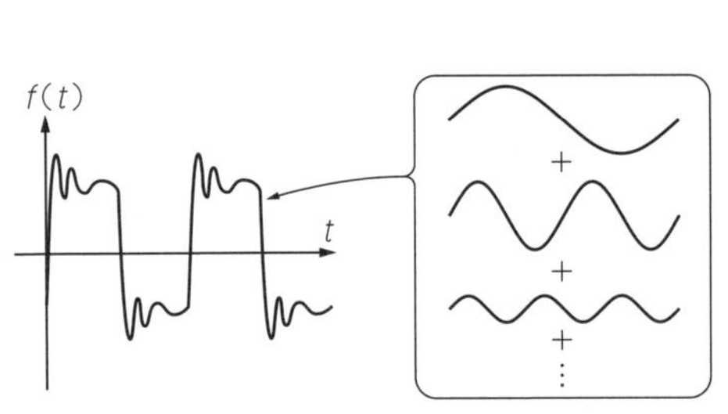

(a) 複雑だが周期的な波形　(b) 三角関数の足し合わせでできている

図4　周期的な波形は，三角関数の足し合わせで表現できる

周波数特性と入出力波形の変化を考えるときに必要な考え方

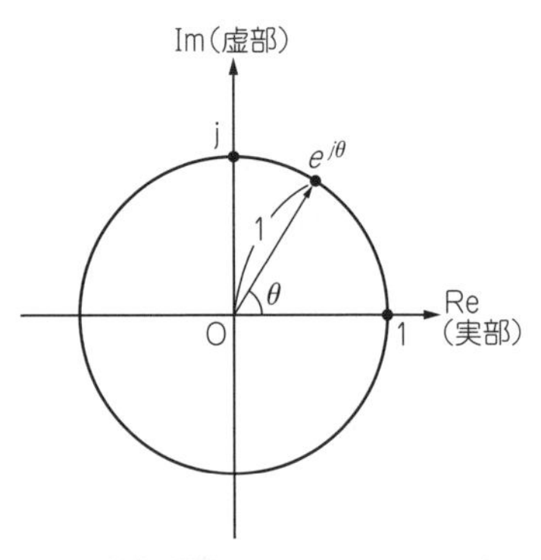

図5　指数関数は，オイラーの公式によって信号を取り扱うための強力な道具になる

オイラーの公式を使うと，指数関数で正弦波信号を表せる

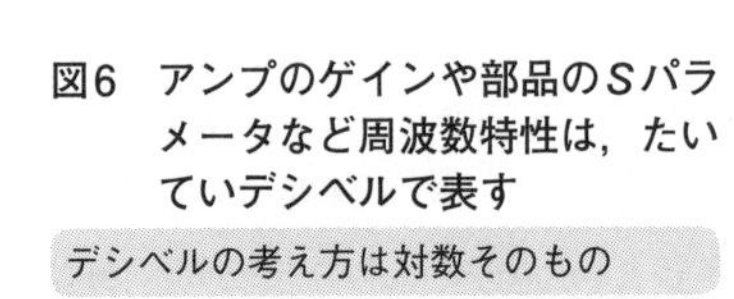

図6　アンプのゲインや部品のSパラメータなど周波数特性は，たいていデシベルで表す

デシベルの考え方は対数そのもの

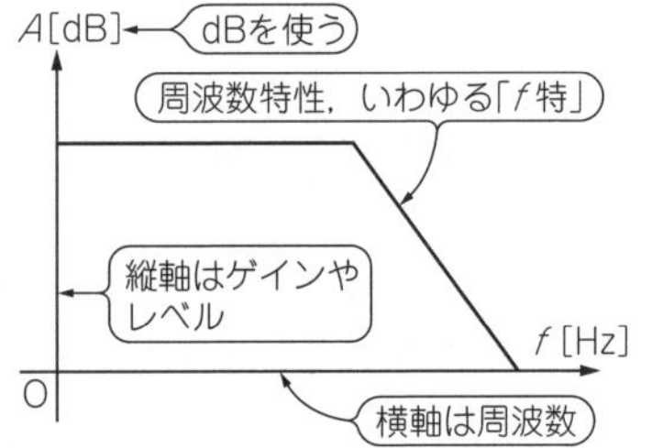

▶対数関数

対数関数は，数学的には指数関数と対をなす関数です．電気回路での応用としては，信号レベルのdB(デシベル)表示などに用いられます(**図6**)．レベルが桁違いに異なる信号を1つの回路の中で同時に扱う場合に，対数が有用だからです．

dBは開発現場でもよく使われます．理論的な話も大事ですが，「感覚的にdB値を覚える」ことも現場のエンジニアにとって重要です．

3.1.3　関数を1つ1つしっかり把握しておきたい

これらの関数1つ1つは，特別に複雑なものではありません．丁寧に定義を確認し，定理の証明を追っていけば，十分に理解できるものです．しかし，フィルタ理論を含む電気・電子工学の分野ではこれらの関数すべてをそれなりに熟知し，さらに使いこなす必要があります．

COLUMN 10

有理関数の「有理」とは

有理関数の「有理」という言葉は，馴染みが薄いものかもしれません．これを理解するには，数の分類の１つである「有理数」を理解するのが早いと思います．

- 有理数(rational number)
  分数で表現できる数．1/2=0.5，1/6=0.16666…など
- 無理数(irrational number)
  分数で表現できない数．$\sqrt{2}$=1.41421356…など

「有理数」というのは，1/2，1/6，3/7などのように，分数として表せる数です．1/2は小数で言えば0.5ですが，3/7は小数にすると0.428571428571…のように循環小数となります．循環小数なので「割り切れない数」ですが，分数という「比」できれいに表せるため有理数に含まれます．

これに対して「無理数」は，分数として比で表すことができません．例えば$\sqrt{2}$=1.41421356…は無理数です．無理数は，循環しない小数，すなわち無限小数となります．

有理数は英語で"rational number"と表記されます．"rational"は，「理にかなった」という意味があり，「有理数」という言葉は，この意味からきていると思われます．これに対して"ratio"という単語には「比」という意味もあり，"rational number"を「比の数」と解釈しても大きな違和感はありません．実際，上で説明した有理数と無理数の違いは，分数の形で「比として表せるか否か」という意味で分類されています．

現在は数学の用語として「有理数」と「無理数」といった言葉を使うことが慣習となっています．これはこれで深い意味がある(らしい)ので，いまさら異を唱えたところで，大きなメリットはなさそうです．

ただし，有理数といわれたとき，頭の中では，"rational number"つまり「比の数」だ，というイメージを持っていると直感的にわかりやすいでしょう．

そういう気持ちで「有理関数」という言葉を見れば，次の定義がしっくり来るのではないでしょうか．

$$f(x)=\frac{P(x)}{Q(x)}=\frac{a_nx^n+a_{n-1}x^{n-1}+\cdots+a_1x+a_0}{b_mx^m+b_{m-1}x^{m-1}+\cdots+b_1x+b_0}$$

有理関数は，分母と分子がそれぞれ多項式関数となっています．つまり「2つの多項式の比をとった関数」です．ちゃんと「比」のイメージにしたがっていることがわかります．

なお「実数」というのは，「有理数」と「無理数」を合わせた範囲の数です．

単に「定義を鵜呑みにするだけ」,「定理や公式を暗記するだけ」では，本質的な理解は得られません．ただ暗記するだけでは，開発現場の生産性を落とすだけではなく，今この本を読んでいるあなたの楽しみが減ります．

どうせ学ぶなら，楽しく学びたいものです．人間，退屈なことは長く続きません．退屈なことは不幸なことです．できる限りワクワクしながら理解を進めるためにも，定義なら「なぜそう決めるのか？」，定理は「なぜこれが成り立つのか？」を自分の感覚としてしっくり来るところまで，時間をかけて読み込むことをお勧めします．そうすると，生産性が上がるだけではなく，充実した感覚を得られることと思います．

3.2　三角関数

3.2.1　最終的にすべての電気信号は三角関数で表す

フィルタ理論はもちろんのこと，電気回路全般を扱う上で三角関数は必要不可欠です．その理由は，電気信号の波形に関して「ほとんどすべての波形は三角関数の足し合わせで表現できる」という非常に強力な性質があるからです．この事実は，本書の範囲を外れますが「フーリエ級数の収束定理」によって証明されています．後々登場するフィルタの伝達関数の計算も，三角関数を使った方程式の解法に帰着します．この他にもいわゆる「波の形」とは関係なさそうなところでも，三角関数は随所で顔を出し，重要な役割を果たします．

本節では，sin や cos，tan などの三角関数を解説します．最初は図形のイメージに由来する「三角比」の話から始めて，それを一般化した三角関数につなげます．本質的には「三角形」というより「円」のイメージが重要であることが次第に見えてきます．

三角関数にはたくさんの公式が出てきます．電気回路の計算でも「加法定理」や「積和の公式」などは頻繁に使います．

定理は，暗記するのではなく「自然に導ける」ようになると，電気回路を考える上で非常にスムーズです．よって，三角関数の定理を紹介するときに，わかりやすく証明を記述するように心がけました．

3.2.2　三角比の図形イメージをもっておくと後で役立つ

実際に電気の計算でよく使うのは「正弦波の波形」を表す三角関数です．しかし，すぐに三角関数の解説に入るのではなく，いちばん根っこの部分である「三角比」の考え方から押さえておきましょう．

三角関数を使って計算する場合や，三角関数の公式を導く場合に重要なのは，「図形的なイメージ」を意識して考えることです．その「図形」的な部分をカバーするのが三角比なのです．別に「三角形の性質」がわかったところで，電気回路の設計の役に立つ気はしないかもしれません．しかし，思わぬところで繋がっているものです．少々お付き合いください．

3.2.3　座標を使って角度を表現する方法を考えてみる

三角比を考えるモチベーションの一つとして，「**“角度”をなんとかして“長さ”で表現したい**」というものがあります．

実用上，図形やベクトルは座標平面の上に乗せて考えることが多くなります．その理由は，座標，つまりマス目の上で位置を指定して考えたほうが，圧倒的にわかりやすいからです．寸法(長さ)の扱いも楽になります．これに対して「角度」というものは，タテとヨコのマス目(直交座標)と相性が良くないのです．

座標上で考えるときに都合が良いのは，やはり「長さ」です．よって，「角度と長さを結び付ける考え方」があると，非常に便利です．これが三角比ということになります．

▶角度は長さに対応させることができる

例えば，**図7**のように地面(横のライン)から，ある一定の長さの辺を持ち上げて(斜めに傾けて)，「角度」を作ることを考えます．持ち上げた辺の端と，地面を結ぶと，図中の点線ができます．この時点で，「直角三角形」ができています．辺を持ち上げてできた角度の大小は，その角と向かい合う辺の長さの大小と対応しています．このイメージから，「角度を長さに変換する」ことができそうな気がしてきます．そのための基本となる図形が「直角三角形」であることも十分に納得できると思います．

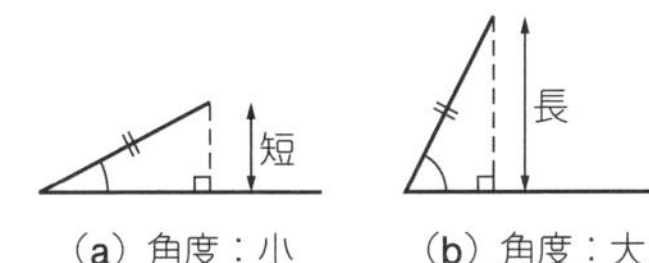

図7　角度の大きさは角と向き合う辺の長さと対応関係がある

座標系で角度を扱いやすくしたい．そのためには長さで表す必要がある

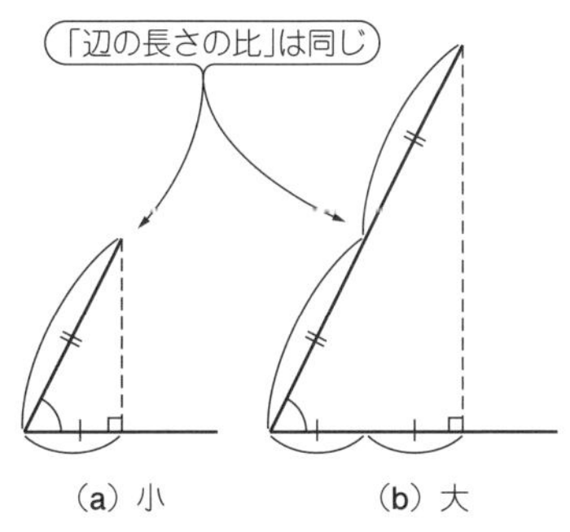

図8　三角形全体を拡大・縮小しても，角度と辺の長さの関係は変わらない

「辺の長さの比」で角度を表せることがわかる．これが三角比の考え方

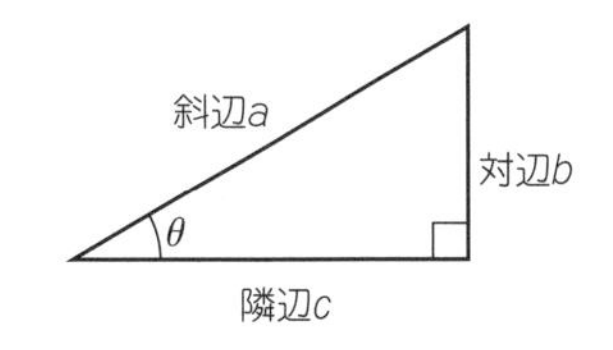

図9　直角三角形の辺の長さと名称

角と対向する辺が対辺，角の隣が隣辺

また，**図8**のように三角形全体を拡大(相似拡大)しても，地面に対して作られる角度の部分は同じです．よって，辺の長さそのものが重要というよりは，「辺の長さの比」が重要であるとわかります．

3.2.4　直角三角形を使った「三角比」を定義する

「角度を辺の長さと結び付ける」ために，直角三角形が必然的に出てくることがわかりました．また，辺の長さの値そのものより，「辺どうしの長さの比」が重要そうだという雰囲気です．よって，「辺の長さの比」についていくつか定義しましょう．

辺の長さの比を作る前に，辺の長さを**図9**のようにa，b，cとします．

▶3辺の名前

それぞれの辺に名前があったほうが呼ぶときに便利なので，次のように名付けます．直角三角形の中で一番長い辺は「斜辺(しゃへん)」とします．注目する角に対して隣り合っている辺は「隣辺(りんぺん)」，注目する角と向き合っている辺は「対辺(たいへん)」です．

▶辺の長さ比の選び方…3種類とその逆数

「比」を作るために，**図9**のa，b，cの中から2つを選んで，さらに分母にするか分子にするかを決めます．単純に書き並べてみると，b/a，c/a，a/b，c/b，a/c，b/cと，全部で6通りの比を考えられます．

通常使われるのはこのうち3種類で，おなじみのsin，cos，tanです．残りの3種類は，これらの逆数として表現すればよいので，わざわざ6種類をすべて導入することは滅多にありません．もっと言えば，sinとcosがあればtanも表せます．しかしtanは便利な関数なので，独立して紹介しておきます．

▶三角関数sin，cos，tan

さて，おなじみのsin：サイン，cos：コサイン，tan：タンジェントの定義です．言葉の由来などはいろいろあるようですが，本質は「比」です．これればかりは，覚えるしかありません．

$$\sin(\theta)=\frac{b}{a}=\frac{\text{対辺}}{\text{斜辺}}$$

$$\cos(\theta)=\frac{c}{a}=\frac{\text{隣辺}}{\text{斜辺}}$$

$$\tan(\theta)=\frac{b}{c}=\frac{\text{対辺}}{\text{隣辺}}$$

ここでは，$\sin(\theta)$のように，わざと関数っぽく書いています．「sin」というのが関数の名前で，括弧の中身が変数(引数(ひきすう))を明示しています．角度θが関数の「入力」であり，角度θにしたがって決定される辺の長さの比が「出力」というイメージです．

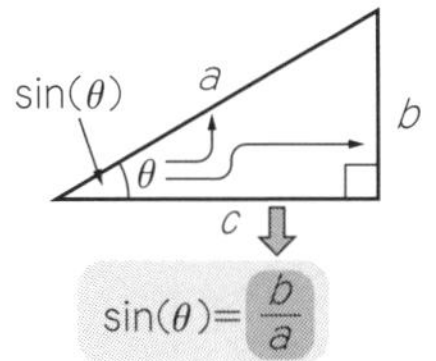

図10 三角比の考え方…「角度θ」が与えられたら直角三角形を想像し「辺の比」を計算する

与えられるのは角度だが，計算は辺の長さ同士で行う

3.2.5 三角関数を見たら直角三角形をイメージする

三角比や三角関数を初めて学習するときに引っかかるポイントは「毎回三角形をイメージしないといけない」ということのようです．

たとえば，$f(x)=2x+1$という1次関数ならば，入力は“x”で，出力は入力xを2倍して1を足した“$2x+1$”ですから，「入出力の対応関係」が明らかです．

しかし，$\sin(\theta)$の場合，入力は「角度θ」であるのに対して，実際に行われる計算は「(対辺の長さb)÷(斜辺の長さa)」ですから，直接「角度θ」が数式に現れることはありません．仮に演算をわかりやすく，

$$\sin(a, b)=\frac{b}{a}$$

などと書けば，「ああ，aとbを“入力”に取って，その比を“出力”とする関数なんだな」と直観的にわかります．しかし，三角比は「三角形を想像すること」が求められます．

最初に入力として「角度θ」が与えられたら，その角を持つ直角三角形をイメージする必要があります(**図10**)．ここで「辺の長さの比」は角度θと1対1で対応しているので，「比の値」として“$\sin(\theta)$”という値が一意に定まることになります．

三角比が「角度と辺の長さを対応づけるもの」という役割を持っていることから，三角比を相手にするときは必ず図形的なイメージが必要となります．どんなに計算に慣れていても，ノートに三角形をメモしながら計算を進める人は結構多いと思います．

*

なお，ここでは基礎的なイメージということで「直角三角形」を題材に話を進めましたが，「角度を長さに変換する」という本質的な役割を意識すると，後で解説する「座標上の単位円」のほうが重要です．ただし，どちらの場合でもsinやcosを定義するための辺の比の式自体は同じなので，ササッと手を動かして，覚えてしまうことをお勧めします．

3.2.6 暗算できる三角比で練習

代表的な直角三角形において，三角比の計算をしてみます．

図11のように，45°，45°，90°の直角三角形と，30°，60°，90°の直角三角形を用意します．底辺の長さは両方とも1とします．ここで，三平方の定理を使ったり，補助線を使っ

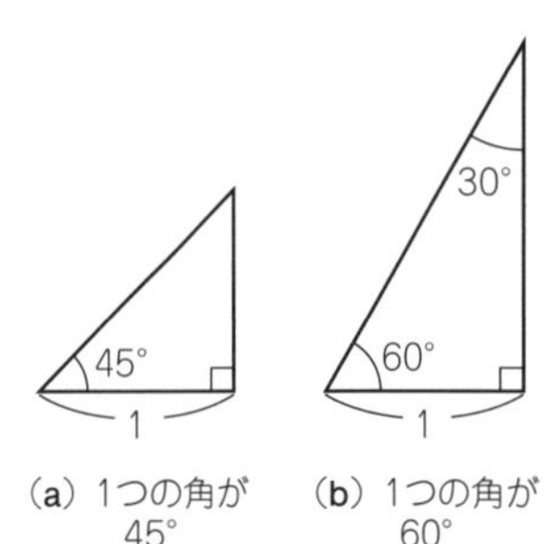

（a）1つの角が45°　（b）1つの角が60°

図11　角度から辺の長さが計算しやすい直角三角形

この2種類は辺の長さがごく簡単に求まる

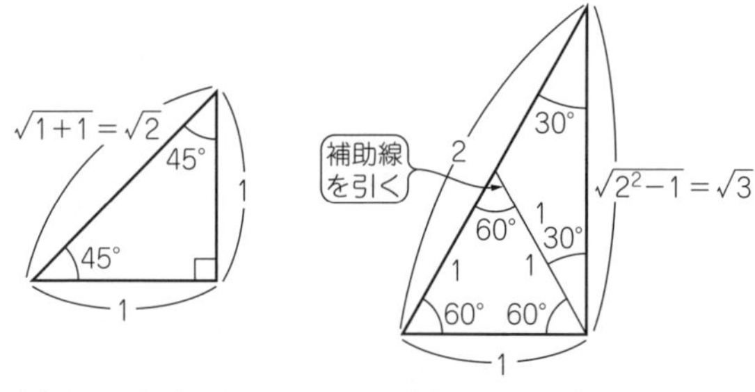

（a）1つの角が45°　（b）1つの角が60°

図12　図11の直角三角形の各辺の長さ

この図から角度が30°，45°，60°のときの三角比が求まる

表2　角度30°，45°，60°の三角比は暗算でできる計算で求まる

図12から求まる

角度	30°	45°	60°
sinの値	$\sin(30°)=\dfrac{1}{2}$	$\sin(45°)=\dfrac{1}{\sqrt{2}}$	$\sin(60°)=\dfrac{\sqrt{3}}{2}$
cosの値	$\cos(30°)=\dfrac{\sqrt{3}}{2}$	$\cos(45°)=\dfrac{1}{\sqrt{2}}$	$\cos(60°)=\dfrac{1}{2}$
tanの値	$\tan(30°)=\dfrac{1}{\sqrt{3}}$	$\tan(45°)=\dfrac{1}{1}=1$	$\tan(60°)=\dfrac{\sqrt{3}}{1}=\sqrt{3}$

たりすると，すべての辺の長さが**図12**のように求まります．

図12から，**表2**のように三角比を求められます．

ここではsinやcosの値を覚えるよりも，「辺の比」の取り方を覚えることが重要です．sinなら，「ナナメが分母で，タテが分子」．cosなら，「ナナメが分母で，ヨコが分子」といった具合です．

3.2.7　三角比の相互関係

sin，cos，tanという3つの「比」の間に成り立つ関係式を確認しておきます．ここで紹介する式は今後何度も使うので，暗記するというより，自分ですぐに作れるようにしておくと便利です．なお，今後の計算では三平方の定理をよく使います(**図13**)．

▶$\sin^2(\theta)+\cos^2(\theta)=1$

もともとの定義より，

$$\{\sin(\theta)\}^2+\{\cos(\theta)\}^2=\left(\frac{b}{a}\right)^2+\left(\frac{c}{a}\right)^2=\frac{b^2+c^2}{a^2}$$

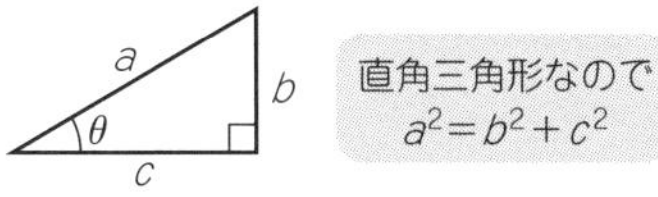

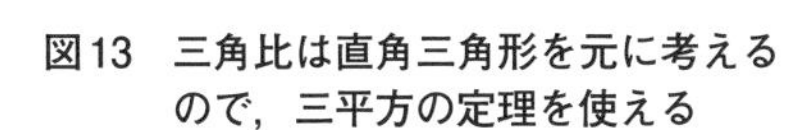

図13　三角比は直角三角形を元に考えるので，三平方の定理を使える

ここで，三平方の定理より，$a^2 = b^2 + c^2$ なので，

$$\{\sin(\theta)\}^2 + \{\cos(\theta)\}^2 = \frac{b^2 + c^2}{a^2} = 1$$

となります．通常は，$\{\sin(\theta)\}^2$ を $\sin^2(\theta)$ と書き，$\{\cos(\theta)\}^2$ を $\cos^2(\theta)$ と書きます．

▶$\tan(\theta) = \dfrac{\sin(\theta)}{\cos(\theta)}$

これも，もともとの定義から，求まります．

$$\tan(\theta) = \frac{b}{c} = \frac{b}{a} \times \frac{a}{c} = \frac{\sin(\theta)}{\cos(\theta)}$$

▶$\dfrac{1}{\cos^2(\theta)} = 1 + \tan^2(\theta)$

計算していけば，すぐ導出できます．

$$\frac{1}{\cos^2(\theta)} = \frac{1}{\left(\dfrac{c}{a}\right)^2} = \left(\frac{a}{c}\right)^2 = \frac{b^2 + c^2}{c^2} = 1 + \left(\frac{b}{c}\right)^2 = 1 + \tan^2(\theta)$$

ここでも，途中で三平方の定理を使っています．

3.2.8　1周は360°と表現するのが度数法

ここまで，角度と言えば45°や60°のように「度」を使って表現していました．角度を「度」で表現する方法を，「度数法」と言います．1周を360等分し，その1つぶんを「1°」とする(**図14**)のが，この度数法です．

「なぜ度数法は1周を“360”としたのか？」ということを改めて考えてみます．度数法の

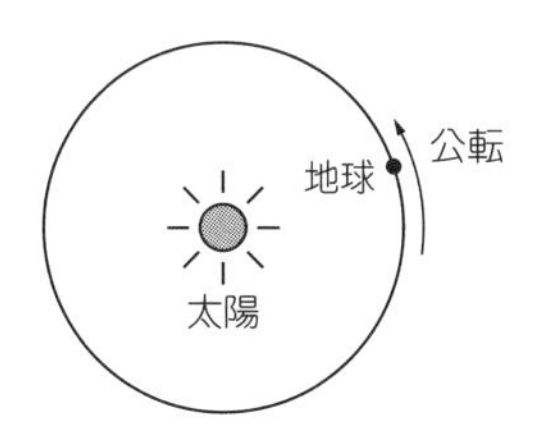

図14　度数法の由来は地球の動き

あまり数学的に意味がある考え方ではない　360日で1回転→1日あたり1「度」

考え方は，地球の動き(地球から見た太陽の動き)に由来するそうです．1年で地球は太陽の周りを1回転しますが，それがちょうど“360”日ぐらいだったため，「1日あたり1/360回転」ということで，「1度」の考え方が生まれました．

数学的に“360”という数字が特別な意味を持つわけではありません．そこで，もう少し数学的に意味のある，普遍的な「角度の決め方」を考えようということになります．

3.2.9 角度を弧の長さで表現するのが弧度法

ここで注目するのが「円周の長さ」です．

図15に示すとおり，半径rに対して，円周の長さは$2\pi r$です．半径1なら2π，半径2なら4πです．逆に，円周を半径で割り算すれば，常に「2π」となります．このことから，どんな大きさの円でも「1周＝2π」という普遍的なイメージが湧いてきます．もう少し他の角度でも見ておきましょう．次は，角度を90°とした場合です．

図16のように，90°という角度(中心角)が張る弧の長さは，円周に対して1/4の長さです．そしてこの長さは，必ず半径の「$\pi/2$倍」になります．大きい円だろうと小さい円だろうと，半径に対して弧の長さが「$\pi/2$倍」となっていれば，そのときの角度は90°なのです．

以上のことから，「**円の弧の長さを，そのまま角度の指標にしてしまおう**」という考え方が生まれました．これが「**弧度法**」(**Radian measure**)です．

円の大きさがどうであれ，中心角θの大きさが同じなら「弧の長さ÷半径」は常に同じ値になります．それならば「半径1の円」を基準にして，以下のように弧の長さそのものを「角度θの大きさ」と定義することにします(**図17**)．

$$\frac{\text{弧の長さ}}{\text{半径}}=\frac{\text{弧の長さ}}{1}=\text{弧の長さ}$$

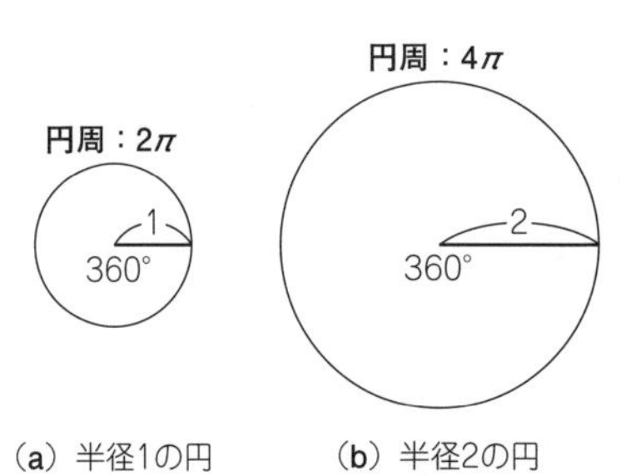

図15 円周の長さは必ず半径の2π倍になる

360°ぶんと考えることもできる

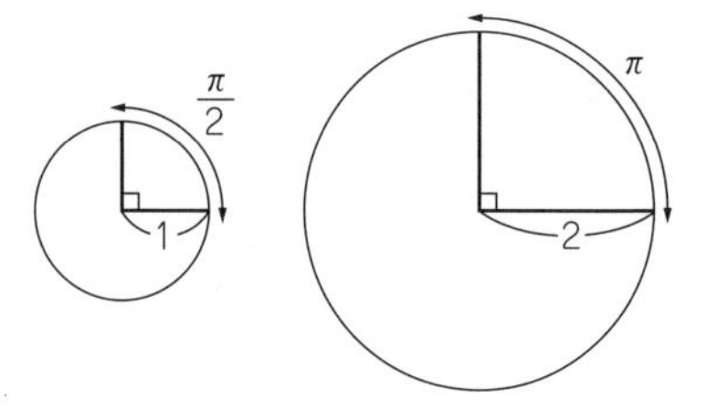

図16 90°の弧の長さは半径のπ/2倍になる

360°の円周2πの1/4と考えることができる

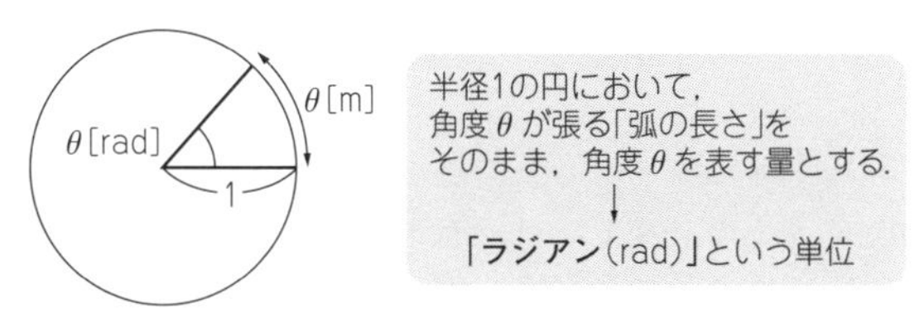

図17 半径1の円において，中心角θが張る「弧の長さ」をそのまま角度θの大きさと定義する

これが弧度法で，単位はrad(ラジアン)

こうして定義された角度の単位は「**ラジアン**」(**rad**)と呼ばれます．$360° = 2\pi$ rad，$90° = \pi/2$ radといった具合になります．

円の半径を1に限定しなくても，弧の長さl [m]，円の半径r [m]，中心角θ [rad] の関係は次式で表せます．

$$\theta = \frac{l}{r}$$

この弧度法も，角度を表すために弧の「長さ」を使っているのは面白いところです．三角比にしても，弧度法にしても，「角度を長さで表したほうが便利」という本質に沿って定義されていることがわかります．

こうして「半径1の円」で定義したラジアンですが，30°や60°など，代表的な角度との対応を確認すると**表3**のようになります．

よって，三角比の値をラジアンで表記すると，**表4**のようになります．

試しに“1 rad”はどのくらいの角度になるのか計算してみます．半径1の円において，弧の長さが1となる角度が1 radです．半径1の円の円周全体は2πですから，1 radは次のよ

表3 度数法の角度と弧度法によるラジアンの対応

度数法	0°	30°	45°	60°	90°	180°	360°
弧度法	0 rad	$\pi/6$ rad	$\pi/4$ rad	$\pi/3$ rad	$\pi/2$ rad	π rad	2π rad

表4 ラジアンで表記した代表的な角度の三角比

角 度	$\pi/6$ rad	$\pi/4$ rad	$\pi/3$ rad
sinの値	$\sin\left(\frac{\pi}{6}\right)=\frac{1}{2}$	$\sin\left(\frac{\pi}{4}\right)=\frac{1}{\sqrt{2}}$	$\sin\left(\frac{\pi}{3}\right)=\frac{\sqrt{3}}{2}$
cosの値	$\cos\left(\frac{\pi}{6}\right)=\frac{\sqrt{3}}{2}$	$\cos\left(\frac{\pi}{4}\right)=\frac{1}{\sqrt{2}}$	$\cos\left(\frac{\pi}{3}\right)=\frac{1}{2}$
tanの値	$\tan\left(\frac{\pi}{6}\right)=\frac{1}{\sqrt{3}}$	$\tan\left(\frac{\pi}{4}\right)=\frac{1}{1}=1$	$\tan\left(\frac{\pi}{3}\right)=\sqrt{3}$

うに求めることができます．

$$1\,\mathrm{rad}=360°\times\frac{1}{2\pi}=\frac{360°}{2\pi}$$

$2\pi=6.283\cdots$ですから，上の計算より1 radはおよそ57.3°となります．感覚的に1 radは60°くらいということになります．ラジアンの感覚をつかむために上記の計算をしましたが，この計算結果そのものにはあまり意味はありません．

3.2.10　ラジアンを使った便利な計算

角度を「ラジアン」で表すことによって，円における「弧の長さ」や「扇形の面積」の計算式が単純になるのでここで紹介しておきます．特に，扇形の面積の公式は三角関数の微分のところで使うので覚えておくと便利です．

まず，「弧の長さ」です．これは公式というより，弧度法の定義そのものです．半径1の円において，中心角がつくる弧の長さがθ［m］の場合に，その角度をθ［rad］とするのでした．よって，半径が2であれば，円周全体が2倍になりますから，角度θ［rad］がつくる弧の長さは“2θ”［m］になります(**図18**)．よって，弧の長さl［m］は，半径r［m］と中心角θ［rad］を用いると，次の式で表されることになります．

$$l=r\theta$$

次に，扇形の面積です．半径rの円の面積はπr^2です．このうち，中心角θ［rad］の扇形の部分の面積を求めます．

円周全体の長さは$2\pi r$です．これに対して，中心角θが切り取る部分の弧の長さは先ほど説明したとおり$r\theta$です．よって，割合を考えると，扇形の部分の面積は次のように求まります(**図19**)．

$$\pi r^2\times\frac{r\theta}{2\pi r}=\frac{1}{2}r^2\theta$$

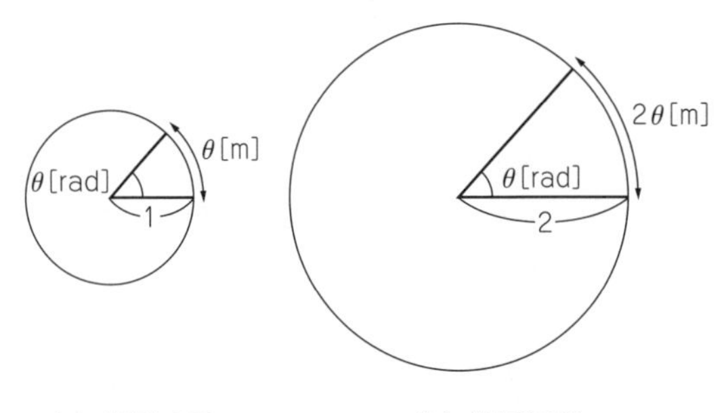

(a) 半径1の円　(b) 半径2の円

図18　θをradで表すなら，弧の長さは半径r×角度θとなる

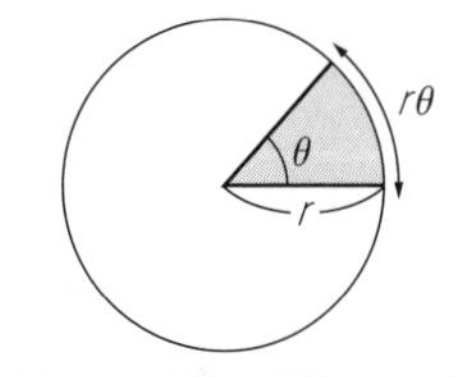

図19　扇形の面積は，円周全体の長さ$2\pi r$に対する弧の長さ$r\theta$の割合で考えればよい

3.2.11 三角形から円のイメージへ

ここまでは，3辺の長さがa，b，cの直角三角形を使って「三角比」を考えてきました．今回は，斜辺の長さが“1”である場合について考えます．

斜辺の長さが1でない三角形については，相似拡大・縮小の操作を施して，斜辺の長さが1になるように変形するものとします．相似変換なので，各辺の「比」は変わりません．

▶斜辺が1の三角形は半径が1の円に収まる

斜辺の長さを1にしてしまうと，sinやcosの定義式における分母が1になります(**図20**)．よって，対辺の長さ“b”そのものがsin(θ)の値になり，隣辺の長さ“c”がcos(θ)の値となります．このことから，**図21**のように「半径1の円」と組み合わせることによって，非常にすっきりと三角比を扱えるようになります．

▶三角比と座標を結びつける

原点を中心とした半径1の円，このような円を「**単位円**」と呼びます．この単位円上に，角度θによって位置が指定される点Pを置きます．すると，見慣れた形の直角三角形が現れます．ちょうど「**点Pのx座標はcos(θ)になっていて，y座標はsin(θ)になっている**」ことがわかります．このように単位円を使うと，sin(θ)，cos(θ)を座標と結び付けることができます．

3.2.12 三角関数の定義

先ほど導入した「単位円」を使って，sinやcosを単なる比から「関数」として新しく定義しなおします．

単位円の円周上に，角度θによって定まる点Pを与えたときに，その座標P(x, y)を次のように表すことにします(**図22**)．

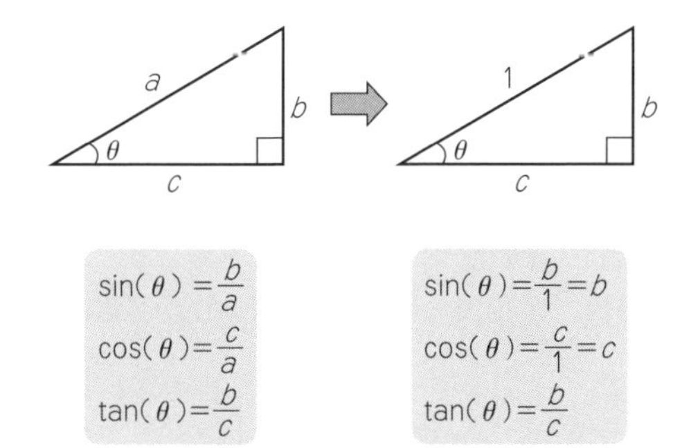

図20 斜辺が1の場合，タテの長さbがsin(θ)の値に，ヨコの長さcがcos(θ)の値になる

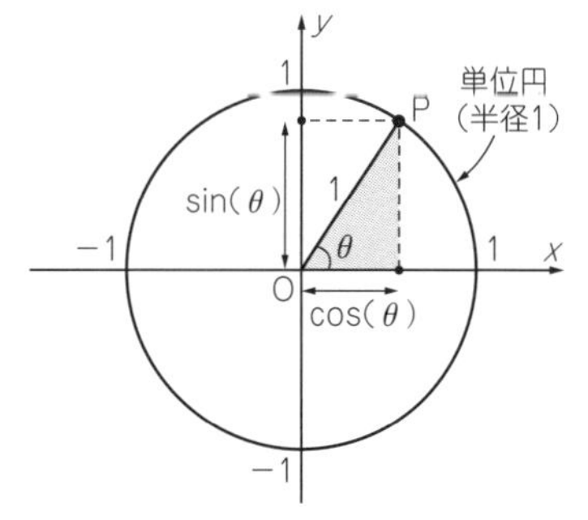

図21 単位円を考えると，円上の点のx座標はcos(θ)にy座標はsin(θ)なっていることがわかる

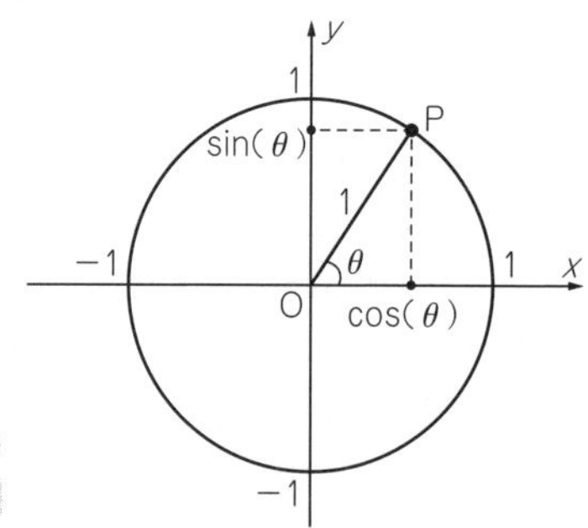

図22　単位円を使った三角関数の定義
x=cos(θ)，y=sin(θ)となる

$$x = \cos(\theta)$$
$$y = \sin(\theta)$$

上式の定義は，前節で解説した直角三角形の話とまったく同じことを言っています．このように座標として定義しておけば，角度θがマイナスの場合や，360度(2πラジアン)以上の場合についてもsinやcosが定まるため，拡張性に優れています．

▶角度に対して座標値が1つに定まる

単位円のイメージにより，角度θが決まればsin(θ)の値が1つに定まります．つまり，sin(θ)というのは「"θ"を入力とする関数になっている」ことがわかります．同様に，cos(θ)やtan(θ)もθの関数となっており，これらをまとめて「**三角関数**」と呼びます．

▶名前は三角でもイメージは円！

三角関数は，三角という名前がついているものの，上記の単位円を使った定義からもわかるとおり，本質的には「**円**」のイメージが重要です．実際，電気の計算でもsinやcosは円のイメージと結び付けて考える場合が多くなります．単位円を使いこなすことは必須の技術だと言えるでしょう．

▶三角関数に入力する変数を位相と呼ぶ

図22から，sin(θ)およびcos(θ)は−1から+1の間の値をとることがわかります．三角関数は角度"θ"によって値が決まりますが，そう考えるとθのことを「図形の角度を表す変数」というよりも，「単位円上で三角関数の値を決める変数」という，より広いイメージでとらえることができます．こういった意味で，三角関数sin()やcos()の括弧の中に入る変数θのことを「**位相**」(phase)と呼びます．位相は，正弦波などの電気信号を考える上で必須の概念です．電気の文脈で位相と言われた場合，「単位円上の角度」を思い浮かべればまず間違いはありません．

3.2.13　tan(θ)はx座標とy座標の比を表す

tan(θ)についても，単位円を使ったイメージを確認しておきます．tan(θ)の定義は，も

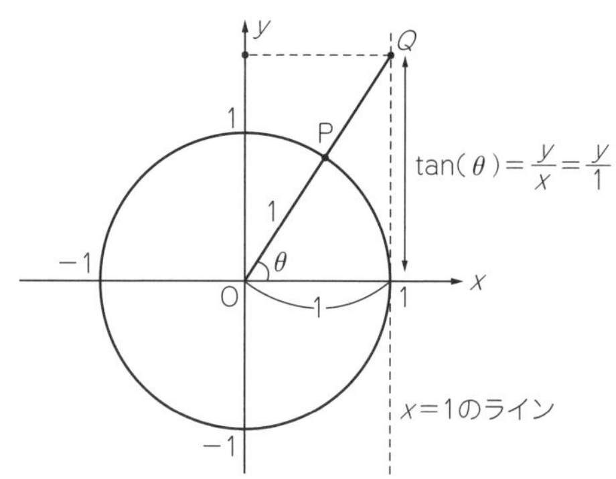

図23 tan(θ)の値は，x=1のラインとOPのラインがぶつかる場所のy座標になる

ともとの直角三角形を使った定義に従うと次式のようになります．

$$\tan(\theta)=\frac{\sin(\theta)}{\cos(\theta)}=\frac{y}{x}$$

$\tan(\theta)$の定義は"y/x"で，「タテ方向の長さ(y座標)とヨコ方向の長さ(x座標)の比である」という点を意識しておきます．

このことから，実際に$\tan(\theta)$を使う場合は単位円上の点の動きというよりも，「**x座標・y座標の比と，位相θを結び付けるもの**」というイメージのほうが重要となります．

▶角度θの線を$x=1$まで延長したときのy座標の値

次は$\tan(\theta)$を図形的なイメージでとらえてみます．まず，**図23**に示すように座標上で$x=1$の線を書きます．$x=1$の線上では，$\tan(\theta)$の定義式において$x=1$を代入することになるので，分母の値が常に1となります．このことから，次式が成り立ちます．

$$\tan(\theta)=\frac{y}{x}=\frac{y}{1}=y$$

角度θで決まる単位円上の点Pと原点を結んだ直線を半径方向へ延長し，$x=1$のラインとぶつかる点Qにおける「y座標そのもの」が$\tan(\theta)$の値となります．

▶負から正まであらゆる値をとれる

図23において角度θをいろいろと変化させた場合をイメージすれば，$\tan(\theta)$の値は負の無限大($\theta=-\pi/2$の場合など)から正の無限大($\theta=\pi/2$の場合など)までのあらゆる値をとることがわかります．これは，$\sin(\theta)$や$\cos(\theta)$が-1から$+1$までの値しかとらないことと対照的です．

3.2.14 位相をずらしたときの三角関数

$\sin(\theta)$などの三角関数に対して，位相θを負にした場合の"$-\theta$"や，θに対して$\pi/2$やπなどといった「キリのいい値」を加えた場合の変化について考えます．いわゆる「位相を

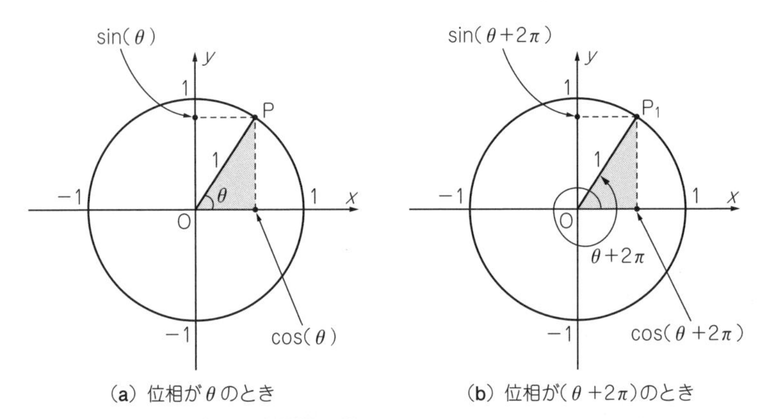

図24 θ+2πの場合の三角関数の値

1周回っているので変化なし

ずらした三角関数」の話です.

sinやcos, tanは, 位相をずらしたときに「正負が反転する」,「sinとcosが入れ替わる」などの性質を示します. 三角関数を使って計算をしていくときは, これらの特徴を使いこなすことが必要になってきます.

なお, ここではsinとcosだけを取り上げます. tanについては, $\tan(\theta)=\sin(\theta)/\cos(\theta)$として導出できるので省略します.

次に示す図(**図24～図29**)は, 簡単にするため$0\leqq\theta\leqq\pi/2$としていますが, 他の範囲の位相についても同様に示せます.

ここでは図形からのイメージで説明しますが, 後で解説する加法定理を使って機械的に計算しても, 同じ結果が得られます. しかし, 三角関数は単位円上の点を表すイメージが非常に重要なので, 練習も兼ねて把握しておくと必ず役立ちます.

▶$\theta+2\pi$の場合

まずは, θに対して$+2\pi$だけ位相が回った場合の三角関数です. **図24**から明らかなように「ただ1周しただけ」ですから, sinもcosも値は変わりません.

$\theta+2\pi$の三角関数の値は, もとのθのときの値と同じで, 次のようになります.

$$\sin(\theta+2\pi)=\sin(\theta)$$
$$\cos(\theta+2\pi)=\cos(\theta)$$

▶$\theta+\pi$の場合

次は, $\theta+\pi$の場合です. πだけ位相を回すので, ちょうど単位円上を半分だけ回ります. **図25**より, x座標, y座標ともに絶対値の大きさはθの場合と同じで, 正負が反転しています. よって, $\theta+\pi$の三角関数の値は次のようになります.

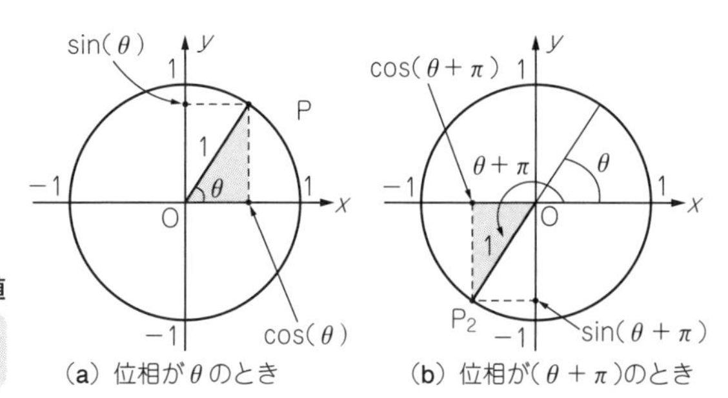

図25　θ+πの場合の三角関数の値

点対称の位置になるのでx軸，y軸とも正負が変わる

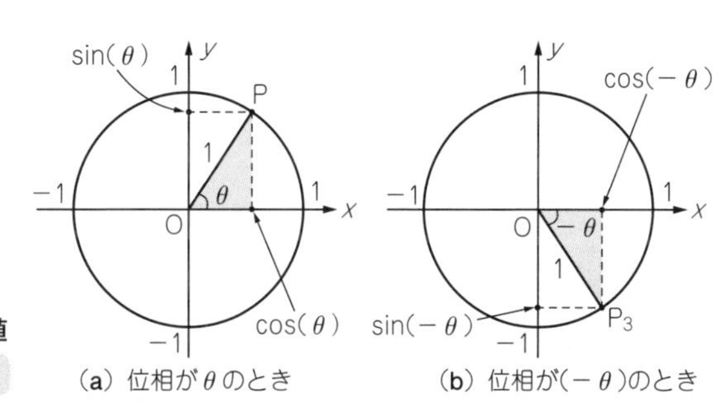

図26　−θの場合の三角関数の値

x座標だけ正負が変わる

$$\sin(\theta+\pi) = -\sin(\theta)$$
$$\cos(\theta+\pi) = -\cos(\theta)$$

▶ $-\theta$の場合

続いて$-\theta$の場合です．通常θは反時計回り（左回り）を正とするので，$-\theta$は基準から時計回り（右回り）に角度をとった場合となります．

図26のように$-\theta$について図を書いて比べると，x座標はθのときと同じ，y座標はθのときと正負が反転することがわかります．よって，$-\theta$の三角関数の値は次のようになります．

$$\sin(-\theta) = -\sin(\theta)$$
$$\cos(-\theta) = \cos(\theta)$$

▶ $\theta+\pi/2$の場合

もともとのθに対して，$\pi/2$だけ位相を進めた場合です．これは後々，交流信号を扱うときによく出てくるので，すぐに図を書いて考えられるようにしておくと便利です．暗記する必要はありません．

図27で，合同な三角形POHおよびP_4OH_1の対応関係を確認します．もとの位相θにおけるx座標の値は，位相を$\theta+\pi/2$とした場合のy座標の値と一致します．また，もとの位相θにおけるy座標の値は，位相を$\theta+\pi/2$とした場合のx方向の大きさと一致します．た

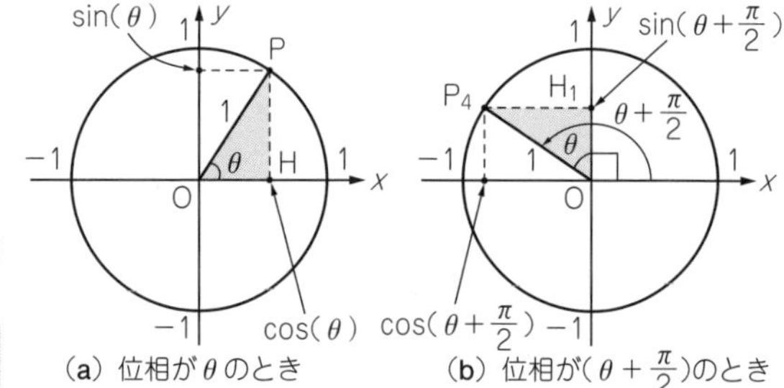

図27　θ+π/2の場合の三角関数の値

x座標の値がy座標に，y座標の値は正負逆でx座標の値になる

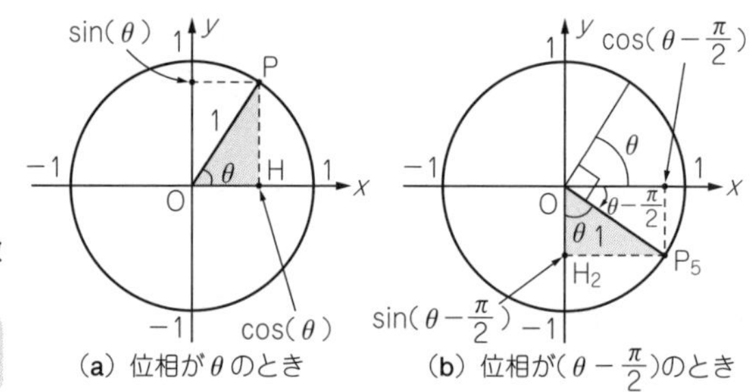

図28　θ−π/2の場合の三角関数の値

x座標の値が正負逆でy座標に，y座標の値はx座標になる

だし，x座標は正負が反転します．以上をまとめると，次のようになります．

$$\sin(\theta + \pi/2) = \cos(\theta)$$
$$\cos(\theta + \pi/2) = -\sin(\theta)$$

▶$\theta - \pi/2$の場合

θに対して位相を$\pi/2$だけ戻した場合，すなわち$\theta - \pi/2$の場合の三角関数の値を考えます．

図28において，合同な三角形POHおよびP_5OH_2の対応関係を確認します．もともと位相がθの場合のx座標は，位相を$\theta - \pi/2$とした場合のy座標と同じ大きさです．ただし，正負が反転しています．位相がθの場合のy座標は，位相を$\theta - \pi/2$とした場合のx座標と一致します．以上をまとめると，次のようになります．

$$\sin(\theta - \pi/2) = -\cos(\theta)$$
$$\cos(\theta - \pi/2) = \sin(\theta)$$

▶$\pi/2 - \theta$の場合

最後は$\pi/2 - \theta$の場合です．**図29**に示した合同な三角形POHおよびP_6OH_3との対応関係より，位相がθの場合におけるx座標の値は，位相を$\theta - \pi/2$とした場合のy座標の値と一致します．位相がθの場合におけるy座標の値は，位相を$\theta - \pi/2$とした場合におけるx座標の値と一致します．以上のことから，次式が得られます．

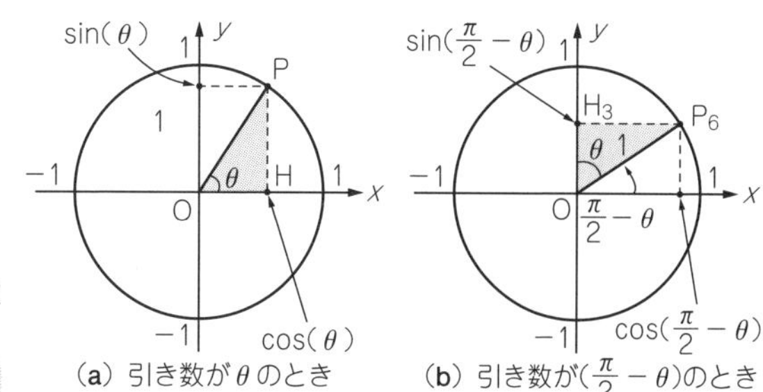

図29 π/2−θの場合の三角関数の値

x座標とy座標が入れ替わる

$$\sin(\pi/2-\theta)=\cos(\theta)$$
$$\cos(\pi/2-\theta)=\sin(\theta)$$

3.2.15 三角関数のグラフ

三角関数は，$\sin(\theta)$や$\cos(\theta)$などと書くとおり，角度(位相)θを「入力」とする関数でした．ここでは，θの値に対してどのようなグラフとなるのかを確認します．

▶$\sin(\theta)$の波形

まずは，$\sin(\theta)$です．$\sin(\theta)$は単位円上において「角度θで指定された点Pのy座標」でした．よって，**図30**のようにθを動かしていき，各θの値に対する点Pのy座標を追いかけることでグラフを書くことができます．

これが「正弦波」と呼ばれる波形で，いわゆる「波」の形です．単位円上で点Pが1周，すなわち位相が2π変化するごとに，$\sin(\theta)$は同じ値に戻ります．このことはグラフからもわかります．すなわち，$\sin(\theta)$は周期2πの関数となっています．$\sin(\theta)$の最大値は1，最小値は−1となることも，グラフから明確にわかります．

▶$\cos(\theta)$の波形

次は，$\cos(\theta)$のグラフです．$\cos(\theta)$は単位円上でθによって指定される点の「x座標」に

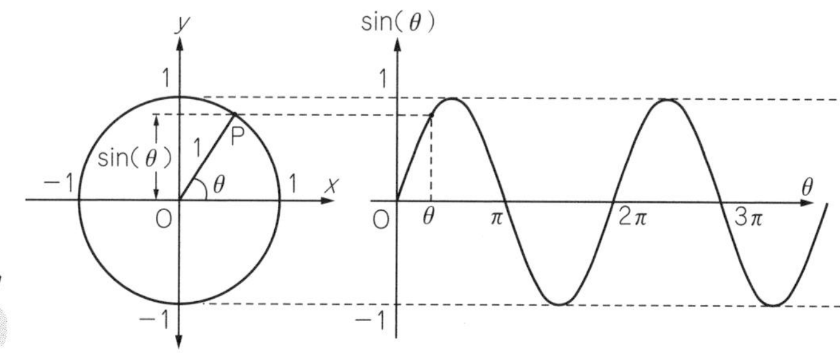

図30 sin(θ)のグラフ

これが正弦波

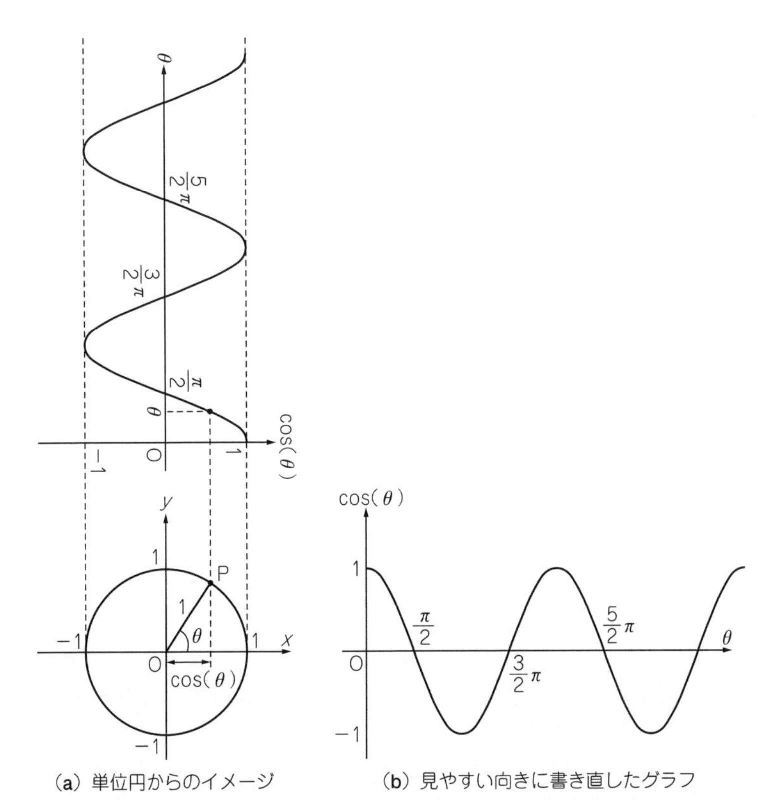

(a) 単位円からのイメージ　(b) 見やすい向きに書き直したグラフ

図31　cos(θ)のグラフのイメージと，見やすい向きに書き直したグラフ

正弦波の一種だが，sin(θ)とはπ/2だけずれている．余弦波と呼ぶこともある

対応しました．よって，グラフは**図31**のようなイメージになります．

$\sin(\theta)$のグラフと，グラフの形状自体は同じです．位相ずれの性質$\cos(\theta)=\sin(\theta+\pi/2)$という関係からもわかるとおり，$\cos(\theta)$のグラフは$\sin(\theta)$のグラフを$\pi/2$だけずらしたグラフとなります．

▶$\tan(\theta)$の波形

最後に，$\tan(\theta)$のグラフです．$\tan(\theta)$は，$x=1$のラインまで円の半径を延長し，ぶつかった点における「y座標」の値でした．これをグラフにすると，**図32**のようになります．

$\tan(\theta)$のグラフから，あらためて$\tan(\theta)$は$-\infty$から$+\infty$までの値をとることが確認できます．$\tan(\theta)$の周期はπとなっています．

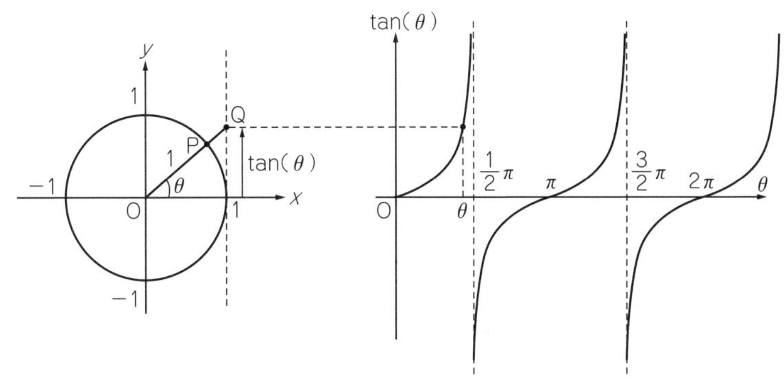

図32 tan(θ)のグラフ

−∞から+∞まで変化する

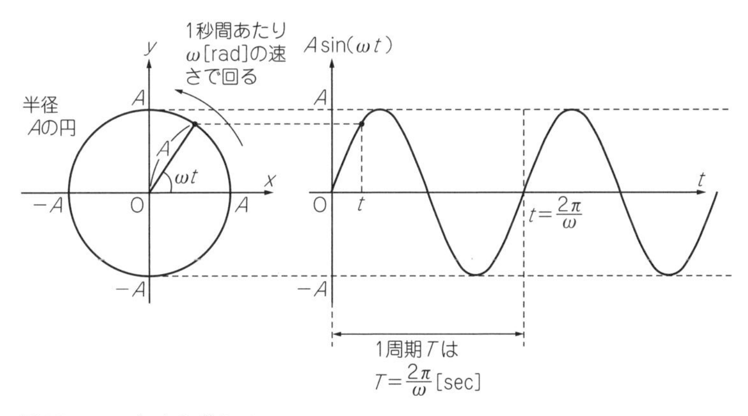

図33 A sin(ωt)のグラフ

正弦波信号という．振幅Aと角加速度ωはこの信号を特徴付ける定数になる

3.2.16 三角関数と正弦波信号

三角関数のグラフの説明が済んだので，電気信号としてよく出てくる「正弦波信号」について解説します．通常，「正弦波信号」や「sin波」などと呼ばれる信号は，次のような関数で表されます．

$$f(t) = A\sin(\omega t)$$

この関数の変数は「時間t」です．時間経過に従って電圧がsin波の形に変化することを示しています．Aとωは定数です．このグラフは**図33**のようになります．

▶信号の大きさを決める定数：振幅

Aは定数で，「**振幅**」(amplitude)のイメージです．$\sin(\omega t)$自体の振幅は1なので，それを

A倍することで振幅Aの波形を表現します．

▶時間あたりの位相変化を決める定数：角周波数

時間tにかかっている定数“ω”は，「**角周波数**」(angular frequency)と呼ばれます．sin()の括弧の中身は位相(単位rad)です．時間t［s］をradの次元に変換するため，角周波数ωは［rad/s］の次元を持っています．ωが大きいほど，1秒間あたりに回る位相が大きくなります．よって，ωは単位円上を動く点の速さ，「回転数」のようなイメージの量です．

例えば，$\omega=2\pi$ rad/sなら，1秒間で2πだけ位相が回ることになります．すなわち，1秒でちょうど単位円を1周し，sinのグラフとしては1秒が1周期になります．$\omega=4\pi$ rad/sならその2倍の速さで，$\omega=6\pi$ rad/sなら3倍の速さで動くことになります．

▶直感的にはわかりやすい「周波数」

ここで，角周波数ωを2πで割った量を次のように定義すると便利です．

$$f=\omega/2\pi$$

これは「**周波数**」(frequency)と呼ばれる量で，［1/s］の次元をもちます．一般的には単位としてヘルツ(Hz)が使われます．周波数fは「1秒間あたりにsin波形が何周期ぶん入るか」，「1秒間あたりに単位円を何周するのか」を表します．sin波形の“振動”が1秒間に何回あるのかをそのまま示す指標なので，直感的にわかりやすいと思います．ただし，いずれにしてもsin()の中身は位相(rad)なので，三角関数を扱う数式では，角周波数ωのまま表記するほうが便利です．

▶位相ずれを表す定数：初期位相

最後に，「位相のずれ」についても説明します．先ほど導入した「正弦波信号」の式に，新しく「定数θ」を加えた次のような式を考えます．

$$f(t)=A\sin(\omega t+\theta)$$

このグラフを書くと，**図34**のようになります．

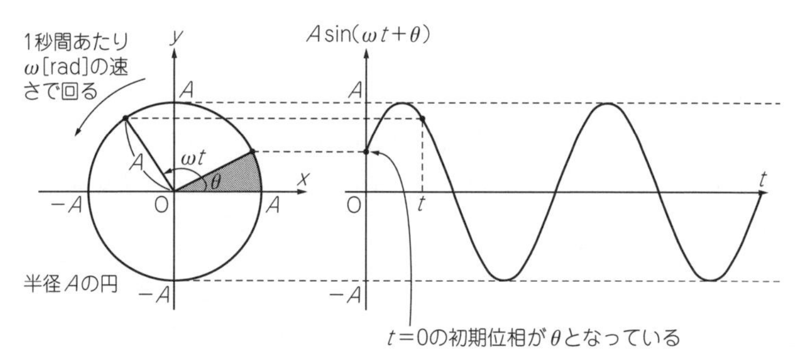

図34　$A\sin(\omega t+\theta)$のグラフ

初期位相θのぶんだけ位相がずれている

この関数は$t=0$のときの値が$A\sin(\theta)$となり，θの値によって決まる初期値を持ちます．この定数θのことを「初期位相」もしくは「位相のずれ」などと呼びます．回路を通過することで，初期のずれ量が変化することがあり，これを「回路によって位相が回る」などと表現します．

*

どのような三角関数が相手でも，本質は「円周上の点がどのように動くか」という話に帰着します．まずは単位円をイメージしたり，メモを書いたりして，どのような動きなのかを考えるのが鉄則です．

3.2.17 正弦定理…円に内接する三角形に使える

ここからは，三角関数の各種定理について解説します．まずは，正弦定理から始めます．

正弦定理を考えるために，**図35**のような三角形ABC(辺の長さは，向かい側の角の名前をとってa，b，cとする)を用意します．

ここで，三角形ABCとその外接円(半径R)について，次のような式が成り立ちます．

$$\frac{a}{\sin A}=\frac{b}{\sin B}=\frac{c}{\sin C}=2R$$

上式は「**正弦定理**」(law of sines)と呼ばれています．正弦とはsinのことで，sinを主に使った定理という意味合いです．この定理は，a，b，$\sin A$がわかっている場合に残りの$\sin B$を求める場合や，b，$\sin B$，$\sin C$が既知のときにcを求める場合などに使えます．

▶正弦定理の証明

角Aに注目し，以下の式が成り立つことを示します．

$$\frac{a}{\sin A}=2R$$

同様にして角B，角Cについても証明すれば正弦定理が完成します．三角形の形状が異なるので，角Aが$\pi/2$より小さい場合，ちょうど$\pi/2$の場合，$\pi/2$より大きい場合の3通りに分けて証明します．

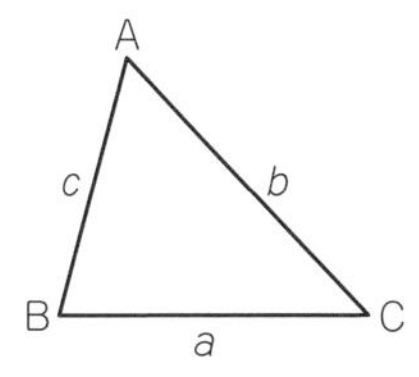

(a) 三角形ABC

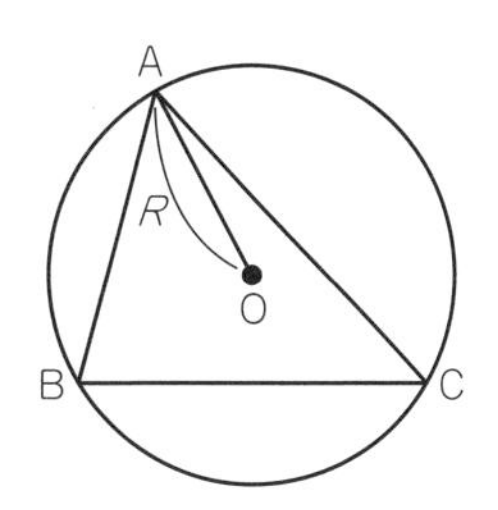

(b) 外接円

図35 正弦定理は三角形ABCとその外接円に関する定理

sinの扱いに慣れるという意味で，理解しておきたい

円周角に関する定理…円周角は中心角の半分

正弦定理では三角形の「外接円」が出てきました．円が絡む以上，各種定理の証明においては，円周角の性質を積極的に活用すると楽になります．ここでは，円周角に関する定理について確認しておきます．

▶定理

図A(**a**)における円周角BACと中心角BOCに関する関係です．

中心角の大きさを2θとすると，円周角の大きさは半分のθとなります．

▶円周角に関する定理の証明①

これは**図A**(**b**)のように補助線AOを書き込んで考えると納得できます．⊿OABおよび⊿OACはそれぞれ二等辺三角形であり，それぞれの底角をθ_1，θ_2とします．

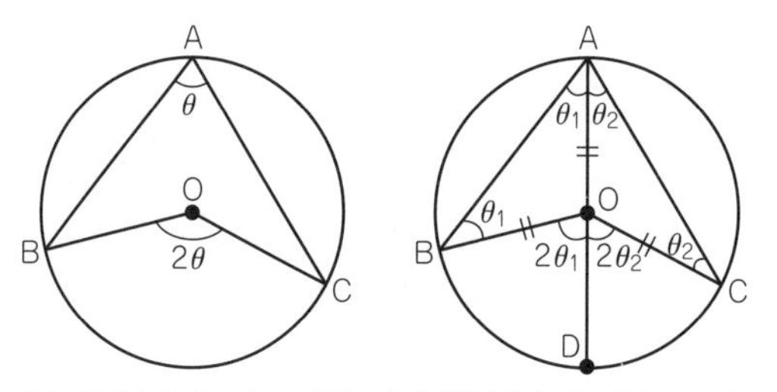

(**a**) 円周角と中心角の関係　(**b**) 補助線を引くと証明できる

図A　円周角BACは中心角BOCの半分となる証明

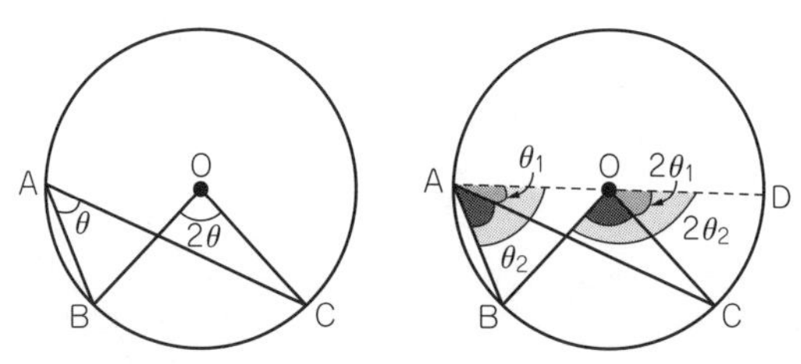

(**a**) ∠BACの外側に中心Oがある場合でも…　(**b**) 補助線ADを引けば証明できる

図B　円周角BACは中心角BOCの半分となる証明
（∠BACの外側に中心Oがある場合）

COLUMN 11

ここで，それぞれの三角形の残りの角の大きさは以下となります．

$$\angle BOA=\pi-2\theta_1$$
$$\angle COA=\pi-2\theta_2$$

よって，中心角BOCの大きさは，

$$\angle BOC=2\pi-(\pi-2\theta_1)-(\pi-2\theta_2)$$
$$=2\theta_1+2\theta_2$$

となり，円周角∠ABCの$\theta_1+\theta_2$の２倍の大きさとなることが確認できます．

▶円周角に関する定理の証明②

中心Oが円周角∠BACの外側にある場合(**図B**)も，同様に証明しておきます．

頂点Aと中心Oを通るようにして延長した直線が円周と交わる点を“点D”とします．こうすると，中心角∠COD(＝$2\theta_1$)に対応する円周角∠CAD(＝θ_1)と，中心角∠BOD(＝$2\theta_2$)に対応する円周角∠BAD(＝θ_2)の関係から，

$$\angle BOC=\angle BOD-\angle COD=2\theta_2-2\theta_1$$
$$\angle BAC=\angle BAD-\angle CAD=\theta_2-\theta_1$$

となり，やはり円周角は中心角の半分になることが証明できます．

上記の「円周角と中心角の関係」から，中心角がπ radとなる場合，つまり辺BCが円の直径となるような**図C**の場合は，対応する円周角が直角，すなわちπ/2 radとなることがわかります．

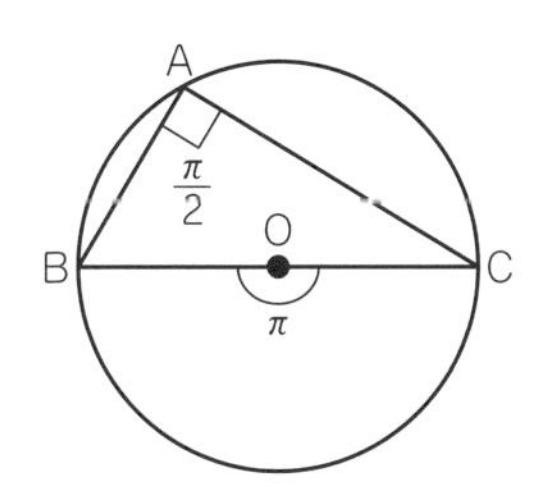

図C　直径に対する円周角は，直角となる

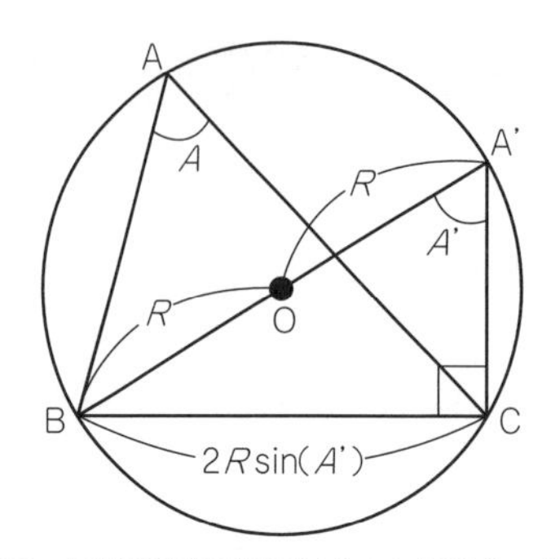

図36 正弦定理の証明①(∠Aが鋭角の場合)

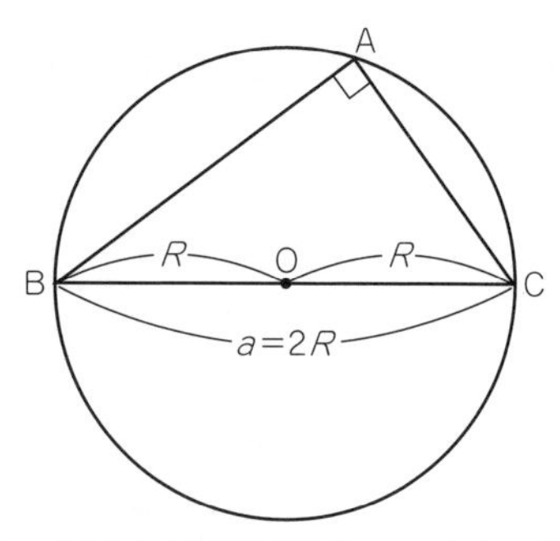

図37 正弦定理の証明②(∠Aが直角の場合)

▶証明① 0<∠A<π/2の場合

図36のように，三角形ABCを囲む外接円Oを考えます．外接円上で頂点Aを動かし，辺BA'が中心Oを通るように頂点A'を決めます．すると，∠BACと∠BA'Cは，同じ中心角∠BOCに対する円周角であることから，「円周角の定理」(COLUMN 11参照)より，等しくなります．∠A'CBは直径に対する円周角なので直角になります．

ここで，直角三角形BA'Cに注目すると，辺BCの長さaは，sinの定義から，

$$a = 2R\sin(A')$$

となります．$\sin(A) = \sin(A')$から，次の式が成り立ちます．

$$\frac{a}{\sin A} = 2R$$

これを同様にb，cについて繰り返せば，正弦定理が証明できます．

▶証明② ∠A = π/2の場合

図37において，$\sin(\pi/2) = 1$より，

$$a = 2R\sin(A)$$

となります．よって，

$$\frac{a}{\sin(A)} = 2R$$

が成り立ちます．

▶証明③ π/2<∠A<πの場合

この場合は，**図38**のように円に内接する四角形ABCA'を考えます．頂点A'は，辺BA'が円の直径となるように決めたものです．ここで「円に内接する四角形の向き合う角の和は180°」(COLUMN 12参照)という性質から，∠A'の大きさは$\pi - \angle A$となります．

よって，三角形A'BCにおいてsinの定義を使って辺BCの長さaを表すと，次式が得られます．

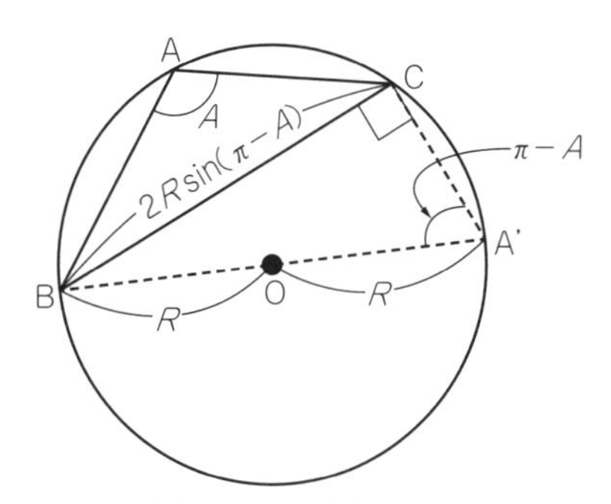

図38 正弦定理の証明③(∠Aが鈍角の場合)

COLUMN 12

円に内接する四角形の性質…向かい合う角の和は180°

COLUMN 11で確認した「円周角」の定理を使って，円に内接する四角形の性質を確認します．

図D(**a**)のような四角形ABCDに対して補助線BO，DOを加えると，∠BODに対する円周角として，両方向に∠BAD(=θ_1)，∠BCD(=θ_2)ができます．これに対する2つの円周角を足し算すると，**図D**(**b**)から，

$$2\theta_1+2\theta_2=2\pi$$

となっています．よって，

$$\theta_1+\theta_2=\pi$$

となり，「円に内接する四角形の向かい合う角の和は180°」が示されます．

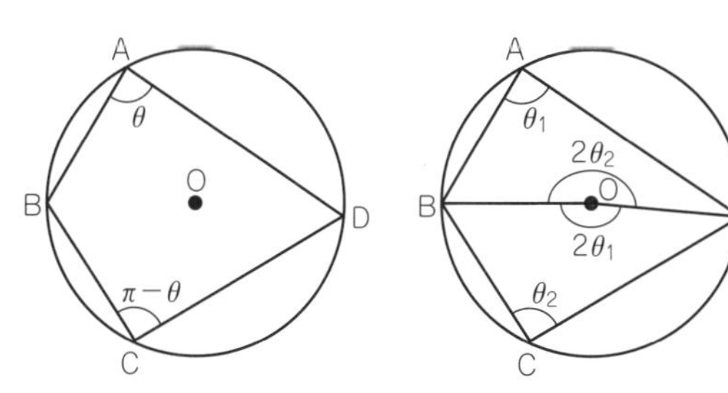

(**a**) 円に内接する四角形の向かい合った角の関係 (**b**) 証明

図D 円に内接する四角形の性質

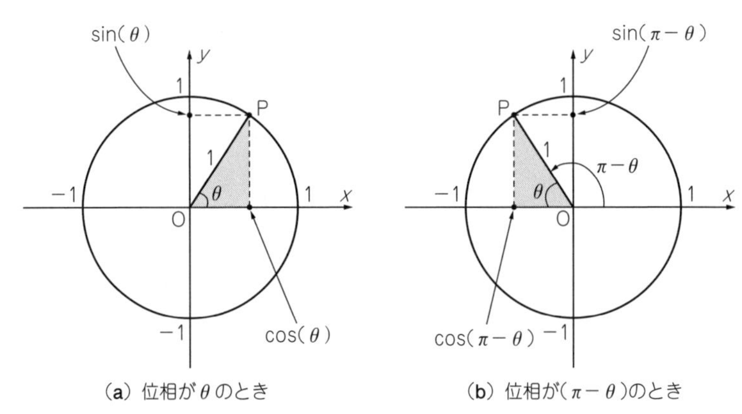

(a) 位相がθのとき　(b) 位相が(π−θ)のとき

図39 π−θの三角比の値

$$a = 2R\sin(\pi - A)$$

さらに，**図39**からわかるとおり$\sin(\pi-\theta)=\sin(\theta)$が成り立ちます．よって上式は次のように変形できるので，正弦定理が成り立つことになります．

$$\frac{a}{\sin(A)} = 2R$$

3.2.18 余弦定理…2辺の長さと角度から残り1辺の長さが出せる

正弦定理の次は，「**余弦定理**」(law of cosines)です．cosを使って辺の長さを求める定理です．余弦定理は，三平方の定理を直角三角形以外にも対応できるように拡張した定理であると見ることもできます．

図40の三角形において，辺aの長さが未知であり，辺bおよびcの長さと$\angle A$の大きさが既知であるとします．このとき，次式のようにして辺の長さaを求められます．これを「余弦定理」と呼びます．

$$a^2 = b^2 + c^2 - 2bc\cdot\cos(A)$$

以下，$\angle A$が鋭角の場合，直角の場合，鈍角の場合の3つに分けて証明を考えます．

▶証明① $0<\angle A<\pi/2$の場合

まず，**図41**のように点Cから垂線CHを引きます．

⊿ACHにおいて$\sin(A)$と$\cos(A)$の定義を使うと，CHとAHの長さを次のように表せます．

$$\mathrm{CH} = b\cdot\sin(A)$$
$$\mathrm{AH} = b\cdot\cos(A)$$

また，辺ABの長さcからAHの長さを引くことで，HBの長さを次のように表せます．

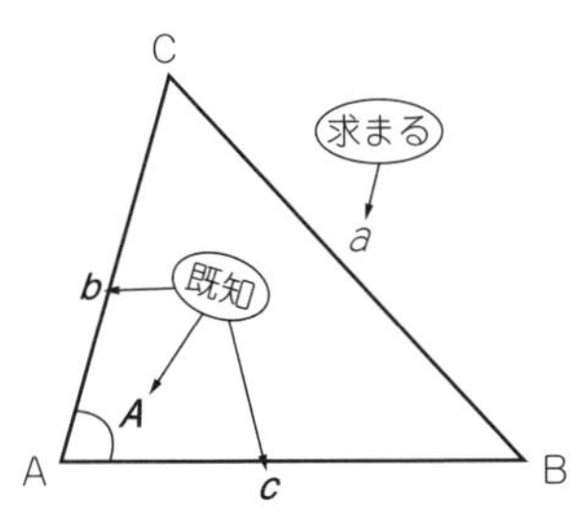

図40 余弦定理を使うと，辺の長さb，cおよびcos(A)の値から，辺の長さ“a”を求めることができる

ベクトルの内積計算とも関連がある

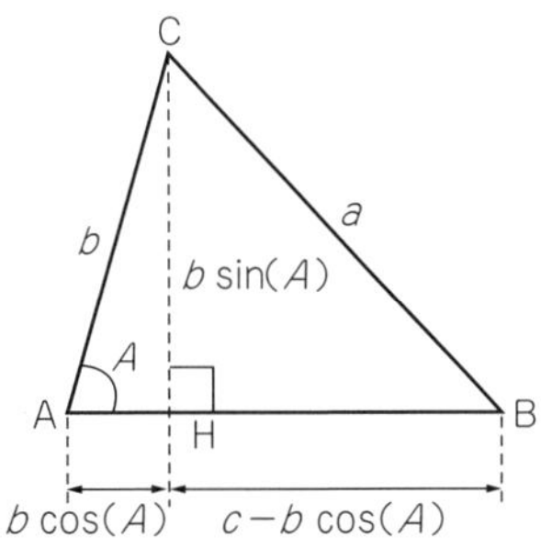

図41 余弦定理の証明①(∠Aが鋭角の場合)

$$\mathrm{HB} = c - b \cdot \cos(\mathrm{A})$$

⊿CHBに三平方の定理を使うと，

$$\begin{aligned} a^2 &= \{b\sin(A)\}^2 + \{c - b\cdot\cos(A)\}^2 \\ &= b^2\sin^2(A) + c^2 - 2bc\cdot\cos(A) + b^2\cos^2(A) \\ &= b^2 + c^2 - 2bc\cdot\cos(\mathrm{A}) \end{aligned}$$

となって，余弦定理を導くことができました．

▶証明② ∠A＝π/2の場合

この場合，⊿ABCは直角三角形です(**図42**)．三平方の定理をそのまま使って，

$$a^2 = b^2 + c^2$$

となります．cos(π/2)＝0であることを考えると，

$$a^2 = b^2 + c^2 - 2bc\cdot\cos(\mathrm{A})$$

の形になっていることがわかります．

▶証明③ π/2＜∠A＜πの場合

この場合も，頂点Cから底辺(の延長)に向かって垂線を下ろします(**図43**)．垂線の足をHとします．ここで，∠CAH＝π−Aなので，次式が成り立ちます．

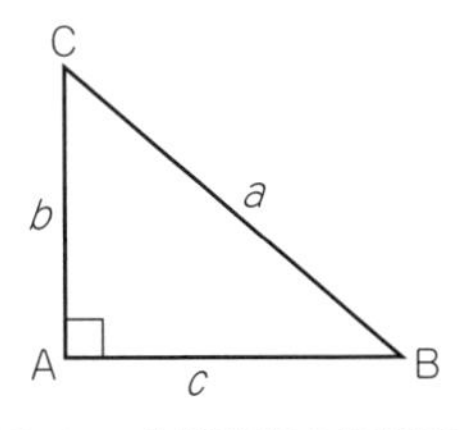

図42 余弦定理の証明②(∠Aが直角の場合)

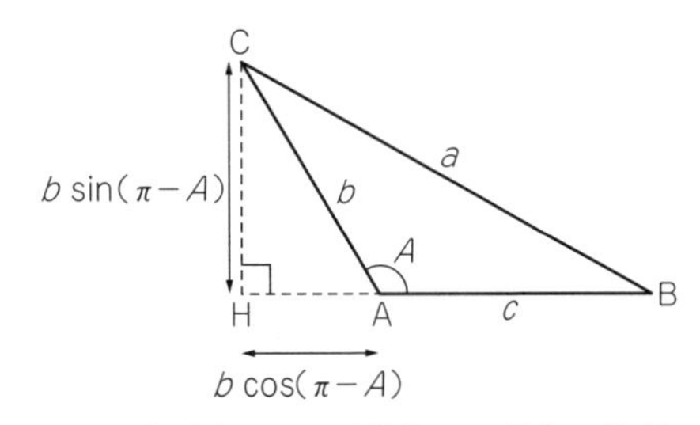

図43 余弦定理の証明③(∠Aが鈍角の場合)

$$\mathrm{CH} = b \cdot \sin(\pi - A)$$

$$\mathrm{HA} = b \cdot \cos(\pi - A)$$

また，大きな⊿CHBにおいて，辺HBの長さは次のようになります．

$$\mathrm{HB} = c + \mathrm{HA} = c + b \cdot \cos(\pi - A)$$

以上のことから，⊿CHBに対して三平方の定理を適用すると次式が得られます．

$$a^2 = \{b \cdot \sin(\pi - A)\}^2 + \{b \cdot \cos(\pi - A) + c\}^2$$

$$= b^2 + c^2 + 2bc \cdot \cos(\pi - A)$$

ここで，先に確認したとおり$\cos(\pi - A) = -\cos(A)$ですから，

$$a^2 = b^2 + c^2 - 2bc \cdot \cos(A)$$

となり，余弦定理が証明できました．

3.2.19 加法定理…角度の足し算をときほぐす

次は「加法定理」について解説します．三角関数にまつわる定理の山場です．

$$\sin(\alpha + \beta) = \sin(\alpha)\cos(\beta) + \cos(\alpha)\sin(\beta)$$

$$\cos(\alpha + \beta) = \cos(\alpha)\cos(\beta) - \sin(\alpha)\sin(\beta)$$

式の形としては，$\sin(\alpha)$，$\sin(\beta)$，$\cos(\alpha)$，$\cos(\beta)$といった角αおよび角βに関する個々の三角関数の値が既知であるとき，「角$(\alpha + \beta)$」に対する三角関数の値を求める手法となっています．

▶証明の準備：2点間の距離の求め方

加法定理の証明の前に，念のため，座標上の2点間の距離を求める計算について確認しておきます．

図44において距離ABを求めるには，座標平面上で三平方の定理を使えばよいのでした．x方向，y方向ともに距離(座標の差分)を2乗して足し合わせます．2乗した後は必ず正の値になるので，引き算の順序は問いません．

▶加法定理の証明

図45において「2点間の距離の式」を使います．

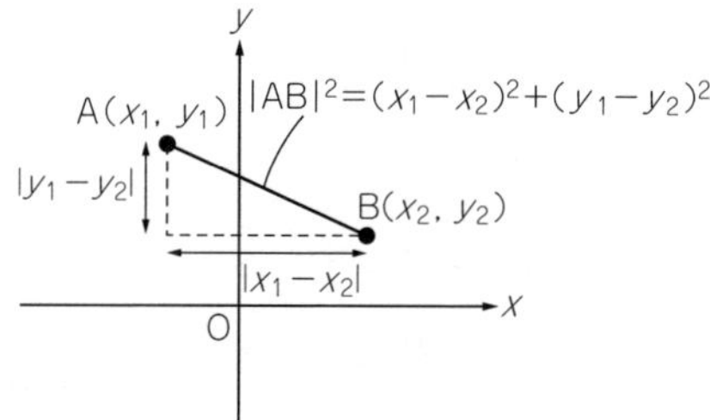

図44 座標上で三平方の定理を使ってAB間の距離を求める

加法定理の証明の準備

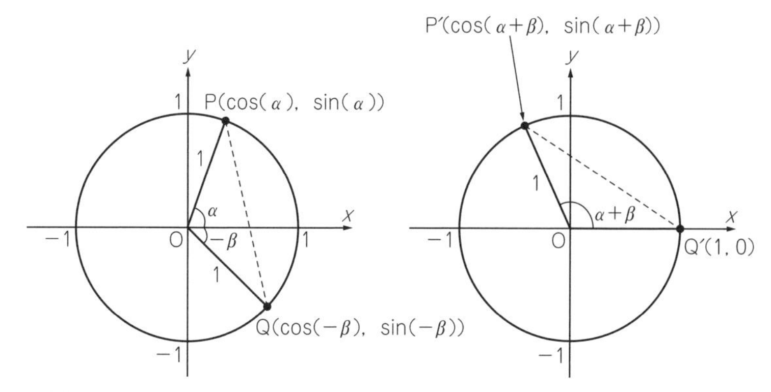

（a）x軸からαの点Pと−βの点Qを考える　（b）角度が同じだから三角形は合同

図45　加法定理の証明．三平方の定理を使ってPQとP'Q'の長さを求める

電気回路の計算では出番が多い定理

まずは**図45(a)**のように，角度αに対応する単位円上の点P，角度$-\beta$に対応する単位円上の点Qを考えます．

PおよびQの座標はsin，cosの定義から，

$$P(\cos(\alpha),\ \sin(\alpha))$$
$$Q(\cos(-\beta),\ \sin(-\beta))$$

となります．ここで，三平方の定理を使ってPQの長さを求めると次式のようになります．

$$\begin{aligned}|PQ|^2 &= \{\cos(\alpha)-\cos(-\beta)\}^2+\{\sin(\alpha)-\sin(-\beta)\}^2\\ &= \{\cos^2(\alpha)-2\cos(\alpha)\cos(-\beta)+\cos^2(-\beta)\}+\{\sin^2(\alpha)-2\sin(\alpha)\sin(-\beta)\\ &\quad +\sin^2(-\beta)\}\\ &=2-2\{\cos(\alpha)\cos(-\beta)+\sin(\alpha)\sin(-\beta)\}\end{aligned}$$

ここで，“$-\theta$”についての公式を使います．

$$\cos(-\beta)=\cos(\beta)$$
$$\sin(-\beta)=-\sin(\beta)$$

上式より，

$$|PQ|^2=2-2\{\cos(\alpha)\cos(\beta)-\sin(\alpha)\sin(\beta)\}$$

と整理できます．

次に，**図45(b)**のように，PとQの位置関係(角度)をそのまま保って，左回りに回転させます．点Qが位置(1，0)と一致するまで回転させ，この点をQ' (1，0)とします．また，このときのPの位置をP' とします．

点Pと点Qの間の位置関係はそのままなので∠P'OQ' = $(\alpha+\beta)$という角度を保持して

います．よってP' の座標はP' $(\cos(\alpha+\beta),\ \sin(\alpha+\beta))$となります．

この状態で，三平方の定理を使って線分P'Q' の長さを求めます．

$$|P'Q'|^2=\{\cos(\alpha+\beta)-1\}^2+\{\sin(\alpha+\beta)-0\}^2=2-2\cos(\alpha+\beta)$$

ここで，PQとP'Q' は同じ$(\alpha+\beta)$という円周角に対する弦なので，同じ長さになるはずです．すなわち，$|PQ|^2=|P'Q'|^2$が成り立っています．よって，次式が成り立ちます．

$$2-2\{\cos(\alpha)\cos(\beta)-\sin(\alpha)\sin(\beta)\}=2-2\cos(\alpha+\beta)$$

これを整理すると，次のcosに関する加法定理を導くことができます．

$$\cos(\alpha+\beta)=\cos(\alpha)\cos(\beta)-\sin(\alpha)\sin(\beta)$$

次に，このcosの加法定理を使ってsinの加法定理を導出します．まずは，前に導出していた次の公式を思い出しておきます．

$$\sin(-\theta)=-\sin(\theta)$$
$$\cos(-\theta)=\cos(\theta)$$
$$\sin(\pi/2-\theta)=\cos(\theta)$$
$$\cos(\pi/2-\theta)=\sin(\theta)$$

これらを使って$\sin(\alpha+\beta)$の加法定理を作ると，次のようになります．

$$\begin{aligned}&\sin(\alpha+\beta)\\&\quad=\cos\left\{\frac{\pi}{2}-(\alpha+\beta)\right\}=\cos\left\{\left(\frac{\pi}{2}-\alpha\right)-\beta\right\}\\&\quad=\cos\left(\frac{\pi}{2}-\alpha\right)\cos(-\beta)-\sin\left(\frac{\pi}{2}-\alpha\right)\sin(-\beta)\\&\quad=\sin(\alpha)\cos(\beta)+\cos(\alpha)\sin(\beta)\end{aligned}$$

さらに，sinとcosの加法定理を合わせて，tanに関する加法定理を作れます．

$$\tan(\alpha+\beta)=\frac{\sin(\alpha+\beta)}{\cos(\alpha+\beta)}=\frac{\sin(\alpha)\cos(\beta)+\cos(\alpha)\sin(\beta)}{\cos(\alpha)\cos(\beta)-\sin(\alpha)\sin(\beta)}$$

上式において，分母・分子を$\cos(\alpha)\cos(\beta)$で割ると，次のようになります．

$$\frac{\sin(\alpha)\cos(\beta)+\cos(\alpha)\sin(\beta)}{\cos(\alpha)\cos(\beta)-\sin(\alpha)\sin(\beta)}=\frac{\dfrac{\sin(\alpha)\cos(\beta)}{\cos(\alpha)\cos(\beta)}+\dfrac{\cos(\alpha)\sin(\beta)}{\cos(\alpha)\cos(\beta)}}{\dfrac{\cos(\alpha)\cos(\beta)}{\cos(\alpha)\cos(\beta)}-\dfrac{\sin(\alpha)\sin(\beta)}{\cos(\alpha)\cos(\beta)}}$$
$$=\frac{\tan(\alpha)+\tan(\beta)}{1-\tan(\alpha)\tan(\beta)}$$

以上で，加法定理の証明は終わりです．

3.2.20　倍角の公式…加法定理の特殊例

加法定理の応用として,「倍角の公式」というものがあります．もとの角度に関する三角関数の値だけを使って，2倍の角度における三角関数の値を求めるための公式です．

sinおよびcosに関する倍角の公式は，次のとおりです．

$$\sin(2a) = 2\sin(a)\cos(a)$$
$$\cos(2a) = 2\cos^2(a) - 1 = 1 - 2\sin^2(a)$$

これは，加法定理において，足し合わせる2つの角を同じものとすれば導出できます．

$$\begin{aligned}\sin(a+a) = \sin(2a) &= \sin(a)\cos(a) + \cos(a)\sin(a) \\ &= 2\sin(a)\cos(a)\end{aligned}$$

cosに関しても同様に，次のように導出できます．

$$\begin{aligned}\cos(a+a) = \cos(2a) &= \cos(a)\cos(a) - \sin(a)\sin(a) \\ &= \cos^2(a) - \{1 - \cos^2(a)\} = 2\cos^2(a) - 1\end{aligned}$$

もしくは，途中の式変形で$\sin^2(a)$にそろえて整理すると，次のような式が得られます．

$$\begin{aligned}\cos(2a) &= \cos^2(a) - \sin^2(a) = \{1 - \sin^2(a)\} - \sin^2(a) \\ &= 1 - 2\sin^2(a)\end{aligned}$$

3.2.21　半角の公式…sinの自乗やcosの自乗を置き換える

半分の角度の三角関数の値を，もとの角度から計算する公式です．雰囲気的に，倍角の公式とよく似ています．

$$\sin^2\left(\frac{a}{2}\right) = \frac{1 - \cos(a)}{2}$$

$$\cos^2\left(\frac{a}{2}\right) = \frac{1 + \cos(a)}{2}$$

やはりこの公式も，本質的な部分は加法定理から来ています．まずは，cosの「2倍角の公式」からスタートします．

$$\cos(2a) = 2\cos^2(a) - 1$$

ここで, $\cos(a)$について整理すると,次式となります．

$$\cos^2(a) = \frac{\cos(2a) + 1}{2}$$

これは，$a/2$とaの間に成り立つ公式ともみなせるので，上式においてaを$a/2$に，$2a$をaに置き換えてしまいます．

$$\cos^2\left(\frac{a}{2}\right) = \frac{\cos(a) + 1}{2}$$

これで，cosに関する半角の公式が導けました．

sinについては，途中で$\cos^2(\alpha)=1-\sin^2(\alpha)$の関係を使うことで導出できます．

$$\cos(2\alpha)=\cos^2(\alpha)-\sin^2(\alpha)$$
$$\cos(2\alpha)=1-2\sin^2(\alpha)$$
$$\sin^2(\alpha)=\frac{1-\cos(2\alpha)}{2}$$

αを$\alpha/2$に，2αをαに置き換えます．

$$\sin^2\left(\frac{\alpha}{2}\right)=\frac{1-\cos(\alpha)}{2}$$

以上で半角の公式を証明できました．

3.2.22　積和公式…三角関数同士の掛け算を置き換える

三角関数に関する公式として，最後に「積和公式」を紹介します．

$$\cos(\alpha)\cos(\beta)=\frac{1}{2}\{\cos(\alpha+\beta)+\cos(\alpha-\beta)\}$$
$$\sin(\alpha)\sin(\beta)=\frac{1}{2}\{\cos(\alpha-\beta)-\cos(\alpha+\beta)\}$$

sinやcosの「積」を，sinやcosの「和」に変換する公式です．ここでは，cosどうし，sinどうしの積に関する積和公式だけ紹介します．sin×cos型も，ここで紹介する方法と同様に加法定理から導出できます．

▶cos×cos型の積和公式の証明

cosの加法定理を並べて書くと,次のようになります．

$$\cos(\alpha+\beta)=\cos(\alpha)\cos(\beta)-\sin(\alpha)\sin(\beta)$$
$$\cos(\alpha-\beta)=\cos(\alpha)\cos(\beta)+\sin(\alpha)\sin(\beta)$$

ここで，2式の和をとると，次のようになります．

$$\cos(\alpha+\beta)+\cos(\alpha-\beta)=2\cos(\alpha)\cos(\beta)$$

両辺を2で割って，次の「積和公式」が導かれます．

$$\cos(\alpha)\cos(\beta)=\frac{\cos(\alpha+\beta)+\cos(\alpha-\beta)}{2}$$

上式はcosどうしの積を，cosどうしの和によって表した式です．逆に，cosどうしの和をcosどうしの積で表すために，xおよびyを次のように定義します．

$$x=\alpha+\beta$$
$$y=\alpha-\beta$$

上記のxおよびyを使うと，αおよびβは次のようになります．

$$\alpha = (x+y)/2$$
$$\beta = (x-y)/2$$

以上のx，yを先ほどのcosの積和公式に代入すると，次式が得られます．これも「積和公式」と呼ばれます．

$$\cos(x) + \cos(y) = 2\cos\left(\frac{x+y}{2}\right)\cos\left(\frac{x-y}{2}\right)$$

▶sin×sin型積和公式の証明

まず，cosの加法定理の2式の差をとることで，次の式が得られます．

$$\cos(\alpha-\beta) - \cos(\alpha+\beta) = 2\sin(\alpha)\sin(\beta)$$

上式の両辺を2で割って，「sin×sin」の積和公式が得られます．

$$\sin(\alpha)\sin(\beta) = \frac{\cos(\alpha-\beta) - \cos(\alpha+\beta)}{2}$$

cosの場合と同様に$x=\alpha+\beta$および$y=\alpha-\beta$を導入すれば，次式が得られます．

$$\cos(y) - \cos(x) = 2\sin\left(\frac{x+y}{2}\right)\sin\left(\frac{x-y}{2}\right)$$

*

以上で三角関数に関する解説は終わりです．電気回路の計算をしていると，いろいろな場面で三角関数の公式を利用します．現場では「公式に当てはめて計算するだけ」というケースのほうが多いかもしれませんが，できれば「なぜその定理が導出できるのか」というところまで意識しておきたいものです．本質的な部分まで考える癖をつけておけば，間違いが少なくなったり，記憶しやすくなったりする効果もあります．

三角関数の定義や定理などを理解するためには，図形的な性質まで立ち戻って考える必要も出てきます．

ここでは，図形(幾何学)的な性質の証明も含めて触れました．もし三角関数にまつわる計算でしっくりこない点が出てきた場合は，本節の内容を復習してみてください．

3.3 逆三角関数

3.3.1 「逆関数」とは？

電気回路の計算でしばしば使われる「逆三角関数」について解説します．まずは，一般的な「**逆関数**」(inverse function)の定義から確認しましょう．

簡単な例として，“$f(x)=2x$”という関数を考えます．当然，関数$f(x)$に“x”を入力すると，出力として“$2x$”が得られます．

この関数$f(x)$に対して，別の関数“$g(x)=(1/2)x$”を用意します．この関数$g(x)$に，先ほ

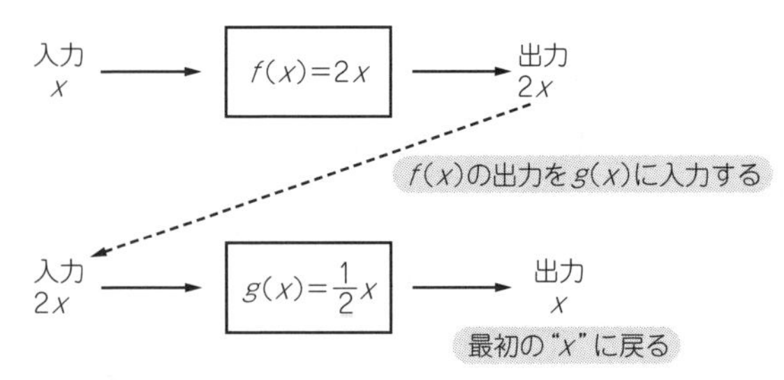

図46 関数$f(x)=2x$と関数$g(x)=1/(2x)$は，互いに「逆関数」の関係にある

$f(x)$の結果を$g(x)$に入れても，$g(x)$の結果を$f(x)$に入れても，元の値xが得られる

ど関数$f(x)$の出力として得られた"$2x$"を入力すると，$g(x)$の出力は"x"となります(図46)．この"x"という値は，最初に関数$f(x)$に入力した値と一致しています．

関数$f(x)=2x$と関数$g(x)=(1/2)x$のように，ある関数の入力-出力の関係とちょうど逆の演算をする関数のことを「逆関数」と呼びます．

一般的に，関数$f(x)$の逆関数は"$f^{-1}(x)$"と表記されます．関数$f(x)$とその逆関数$f^{-1}(x)$の間には，次式の関係が成り立ちます．これが，逆関数の定義です．

$$f(f^{-1}(x))=f^{-1}(f(x))=x$$

3.3.2 逆関数を持つには「単射」という条件が必要

関数とその逆関数の例をもうひとつ挙げます．元となる関数$f(x)$は，次のような「$x≧0$の範囲に限定した2次関数」とします．

$$f(x)=x^2 \quad (x≧0)$$

上記の$f(x)$の逆関数は，次のようになります．

$$f^{-1}(x)=\sqrt{x} \quad (x≧0)$$

$f(x)$の出力を$f^{-1}(x)$へ入力してみると，確かに"$f^{-1}(f(x))=x$"が成り立つことを確認できます．

$$f^{-1}(f(x))=f^{-1}(x^2)=\sqrt{(x^2)}=x$$

ここではxの範囲を"$x≧0$"としています．仮にこの制限を加えずに，xが負の値をとることを許してしまうと，次のような問題が起こります．

$x=-2$の場合も$f(x)=4$となる．このときの逆関数の値を計算すると$f^{-1}(f(-2))=\sqrt{4}=2$となり，逆関数の定義である"$f^{-1}(f(x))=x$"が成り立たない

上記の問題が生じるのは，$f(x)=x^2$という関数が，$x=2$の場合も$x=-2$の場合も，同じ$f(2)=f(-2)=4$という値をとってしまうことが原因です．

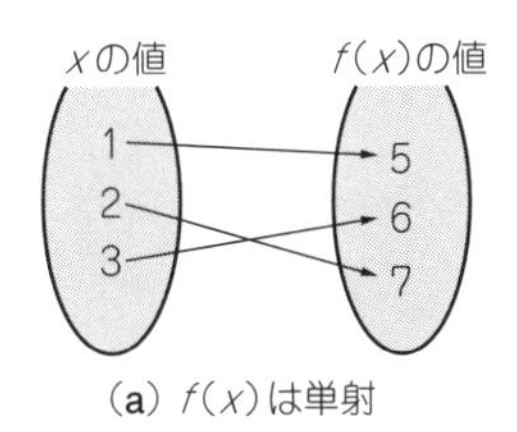

(a) $f(x)$は単射

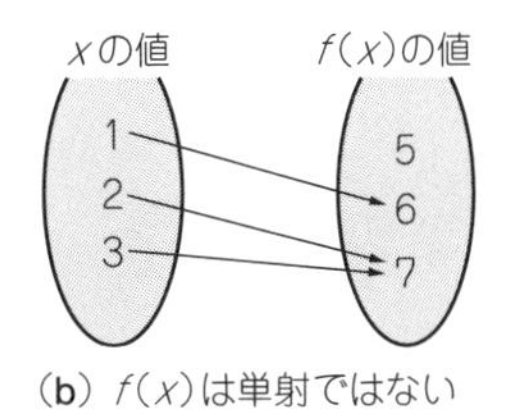

(b) $f(x)$は単射ではない

図47 逆関数を定義するには，関数$f(x)$が「単射」であることが条件になる

関数単体では単射でなくても，定義域を決めて単射になるなら逆関数を定義できる

一般に，関数$f(x)$が異なるxの値に対して同じ値をとってしまう場合，逆関数を定義できません．**図47(a)**のように，異なるxの値に対して，$f(x)$が同じ値をとらない，すなわち$f(x)$の値がダブらない場合，関数$f(x)$は「**単射**」(injection)である，と言います．関数$f(x)$が単射であれば，その逆関数を定義できます．

元の$f(x)=x^2$という関数は単射ではありませんが，“$x \geqq 0$”と定義域に制限を加えることで，その定義域内では単射と見なせるようにしていたのです．

以下，単射でない関数$f(x)$の逆関数を考える場合，変数xの範囲(定義域)に適切な制限を加えて，関数$f(x)$が単射と見なせるように工夫することにします．

3.3.3 逆関数をグラフでイメージする

先ほど例として挙げた関数$f(x)=2x$と，その逆関数$f^{-1}(x)=(1/2)x$について，それぞれのグラフを描いてみます．これらのグラフは，**図48**のように「直線“$y=x$”に関して対称な形」となります．

互いに逆関数の関係にある関数のグラフが，なぜ直線“$y=x$”に関して対称となるのかを考えてみましょう．

何らかの適当な値“x”に対応する関数$f(x)=2x$の値を，グラフによって求める様子をイメージします．この場合，**図49(a)**のような「目の動き」をするはずです．すなわち，「何

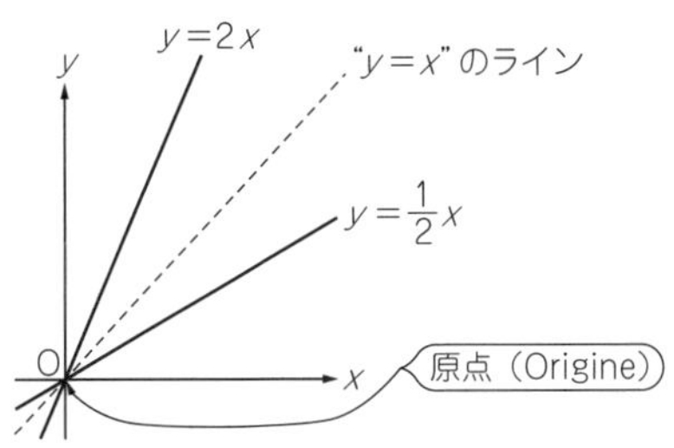

図48 互いに逆関数の関係にある関数のグラフは，直線“$y=x$”に関して対称

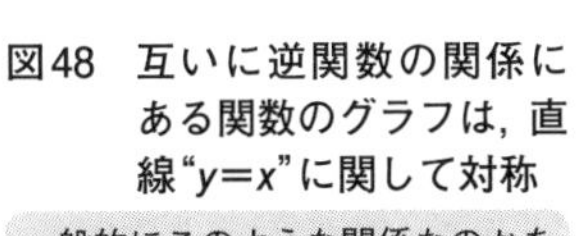
一般的にこのような関係なのかを確認してみる

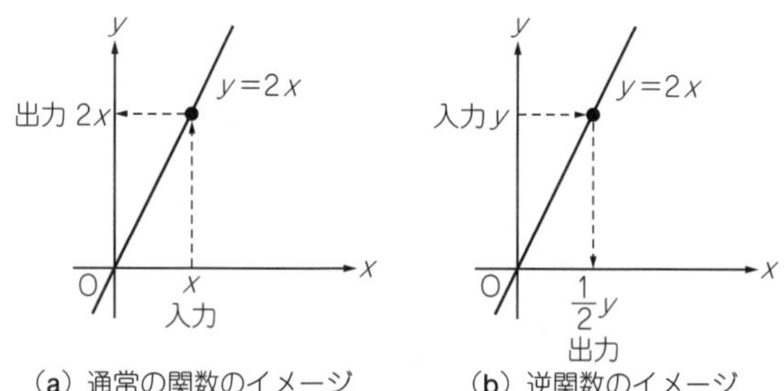

図49 同じグラフを，通常の関数$f(x)$として見る立場と，その逆関数$f^{-1}(x)$として見る立場で考える

逆関数とは，入力と出力の関係が逆になった関数だと考えてもよい

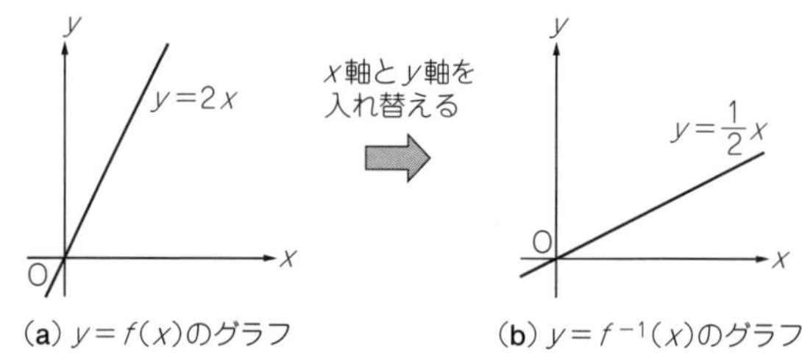

図50 逆関数のグラフは「x軸とy軸をひっくり返す」という操作で描ける

そのため，元の関数のグラフと逆関数のグラフは，直線y=xに関して対称になる

らかのxの値(x軸上)→直線上$y=2x$の点→対応するyの値(y軸上)」という具合です．これに対して，逆関数$f^{-1}(x)$の場合は，入力と出力の関係がちょうど逆になるのでした［**図49(b)**］．これは，次式の逆関数の定義式からも理解できます．

$$f^{-1}(f(x))=f^{-1}(y)=x$$

「入力と出力が逆になる」ということは，もともとの関数$f(x)$の「入力」だったもの，すなわち“x”が，逆関数$f^{-1}(x)$の「出力」となります．一方，もともとの関数$f(x)$で「出力」だった“y”は，逆関数$f^{-1}(x)$のグラフでは「入力」となるはずです．確かに，上式はそのような意味合いの式となっています．

グラフ上で「入力と出力を入れ替える」ことは，**図49**のイメージに従うと「x軸とy軸を入れ替える」ことに相当します(**図50**)．よって，逆関数$f^{-1}(x)$のグラフは，元の関数$f(x)$のグラフにおいてx軸とy軸を入れ替えることで得られる，と考えられます．

「x軸とy軸を入れ替える」ということを図形的に考えると，グラフ全体を$y=x$の直線を中心軸として反転させることに相当します．このことから，関数$f(x)$と逆関数$f^{-1}(x)$のグラフは，直線“$y=x$”に対して対称な形になっているのだと解釈できます．

▶グラフのイメージを持てるようにしておくと役立つ

逆関数は，数式だけを見ていても，直感的にわかりづらい場合があります．そういった場合，グラフを描いてイメージすると，逆関数の形を容易に把握できます．逆関数をグラフの形でイメージできるようにしておくと，定義域［独立変数x(入力値)が取り得る値の範囲］や，値域［従属変数y(出力値)が取り得る値の範囲］を考える際に便利です．

3.3.4 逆三角関数$\sin^{-1}(x)$

本題の「**逆三角関数**」(inverse trigonometric function)について説明します．その名前のとおり，sinやcosなどの三角関数に対する逆関数です．

$\sin(x)$の逆関数は"$\sin^{-1}(x)$"と表記し，次式を満たします．

$$\sin(\sin^{-1}(x)) = \sin^{-1}(\sin(x)) = x$$

グラフを描くときのイメージに近づけるために，変数"y"および"θ"を使って2つの式に分けて書くと，次のようになります．

$$\sin(\theta) = y$$
$$\sin^{-1}(y) = \theta$$

図形的な意味を考えると，$\sin(x)$は「角度を，長さ(の比)に変換する関数」でした．これに対して$\sin^{-1}(x)$は，「長さ(の比)を，角度に変換する関数」だと言えます．もちろん「角度」や「長さ」という意味にとらわれず，単なる「関数」であると考えても結構です．

逆三角関数の表記について，少し気をつけておきたいポイントがあります．"$\sin^{-1}(x)$"は上の定義のとおり，$\sin(x)$の逆関数を意味します．これに対して，"$\{\sin(x)\}^{-1}$"は$\sin(x)$の逆数であり，

$$\{\sin(x)\}^{-1} = \frac{1}{\sin(x)}$$

を意味します．両者はまったく違う関数なので，混同しないように注意が必要です．

このような混同を避けるために，$\sin(x)$の逆関数を"$\arcsin(x)$"と表記する場合もあります．$\arcsin(x)$は「アーク・サイン・エックス」と読みます．プログラムなどでは，略して"asin(x)"と書くことが多いようです(通常はmath.asin(x)という具合に，mathライブラリを参照して使う)．

"arc"というのは「弧」のことで，$\arcsin(x)$すなわち$\sin^{-1}(x)$の表す値が「弧度法による角度」であることから名づけられているようです．確かに，半径1の円を考えれば，角度θ［rad］は角度θが張る弧の長さそのものです．

逆関数の表記法はどちらを使っても構わないのですが，本書では"$\sin^{-1}(x)$"という書き方に統一します．

▶定義域と値域

次は，$\sin^{-1}(x)$のグラフの形を確認します．**図51**のように，$\sin(x)$のグラフのx軸とy軸を入れ替えることで$\sin^{-1}(x)$のグラフを作ります．

$\sin(x)$のグラフは，単調減少もしくは単調増加する関数ではありません．波打つような形をしています．このことから，異なるxの値に対して$\sin(x)$の値が同じになってしまう場合が多々あります．すなわち，関数$y=\sin(x)$は単射ではありません．

よって，$\sin(x)$のグラフのx軸とy軸を単純に入れ替えただけの「$y=\sin^{-1}(x)$のグラフ」は，1つのxの値に対して無限に多くの値が対応するような状態になってしまいます．そこで，$\sin(x)$が単射になるように$y=\sin(x)$の定義域を制限することにします．今回はわかりやすく，次のように決めます．

$$-\pi/2 \leqq x \leqq \pi/2$$

一方で，逆関数$\sin^{-1}(x)$の定義域にも注意が必要です．元の関数$\sin(x)$は，いかなるxの値に対しても$-1 \leqq \sin(x) \leqq 1$の範囲の値しかとりません．これは，暫定的に作った$y=\sin^{-1}(x)$のグラフからも理解できます．$-1 \leqq x \leqq 1$の範囲外には，$y=\sin^{-1}(x)$のグラフが存在しません．よって，$\sin^{-1}(x)$の定義域は次のように定まります．

$$-1 \leqq x \leqq 1$$

この定義域に対して，$\sin^{-1}(x)$の値域は次のようになります．これは，先ほど考えた「$\sin(x)$の定義域」に由来します．

$$-\pi/2 \leqq \sin^{-1}(x) \leqq \pi/2$$

以上のように，$\sin^{-1}(x)$の定義域および値域を制限することで，**図52**のようにグラフを

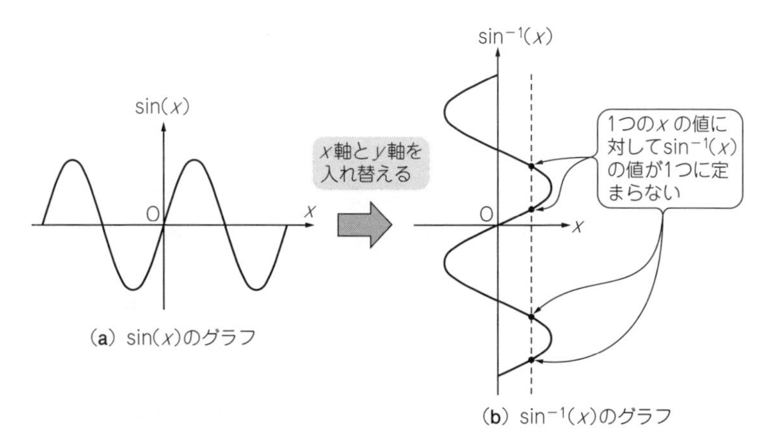

図51　$\sin(x)$の逆関数$\sin^{-1}(x)$を考えようとグラフを描くと，1つのxに対して無数の値を持つ

$y=\sin(x)$が単射(図47)ではないことによる．このような場合は定義域を定める

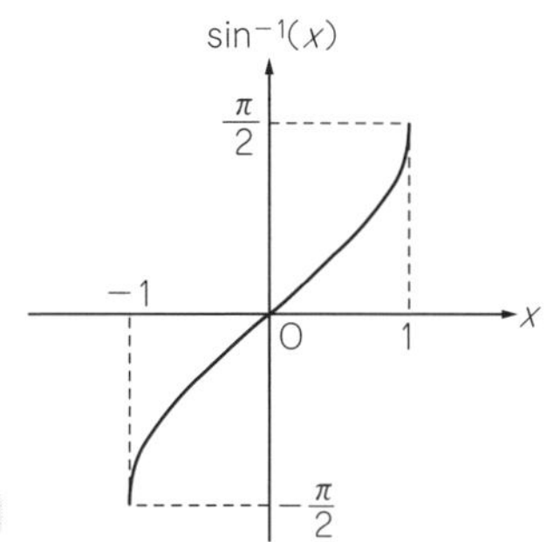

図52 $y=\sin^{-1}(x)$のグラフ
定義域は$-1 \leqq x \leqq 1$とする

描けます.

▶値域を制限せずに扱うこともある

なお, 本質的には$\sin^{-1}(x)$は“多価関数”であり, $-1 \leqq x \leqq 1$の範囲のxに対して, 無限個の$\sin^{-1}(x)$の値が存在します. これは**図51**でグラフを描いて確認したとおりです. 今回のように定義域を限定することは, 多価関数に対して“主値”を考えていることに相当します. 詳しくは後の「複素関数論」で解説しますが, 念のため頭の中に入れておくことをお勧めします.「複素関数論」では, 逆三角関数がとり得るすべての値の範囲を考察の対象とします. 今は変数xが実数であるとしていますが, これを複素数に拡張することで, より広い範囲の値を扱うことができるようになります.

3.3.5 逆三角関数$\cos^{-1}(x)$

$\sin^{-1}(x)$の逆関数に続いて, ここでは$\cos(x)$の逆関数を扱います. 考え方は$\sin^{-1}(x)$の場合と同様です. $\cos(x)$の逆関数“$\cos^{-1}(x)$”は, 次式で定義されます.

$$\cos(\cos^{-1}(x)) = \cos^{-1}(\cos(x)) = x$$

また, 変数“y”および“θ”を使って, 次のように書くこともできます.

$$y = \cos(\theta)$$
$$\theta = \cos^{-1}(y)$$

やはり, $\cos^{-1}(x)$は長さ(の比)を角度に戻す関数というイメージです. このことから, $\cos^{-1}(x)$の別表記として“$\mathrm{arccos}(x)$”が用いられます. これは「アーク・コサイン・エックス」と読みます.

▶$\cos^{-1}(x)$のグラフ

$\cos^{-1}(x)$のグラフについても確認しておきましょう. sinのときと同様に, 基本的な形は$y=\cos(x)$のグラフのx軸とy軸を入れ替えることで得られます. ただし$y=\cos(x)$も単射ではないので, $\cos(x)$におけるxの定義域を次のように限定しておきます. これでxの値と$\cos(x)$の値が1対1で対応するようになります.

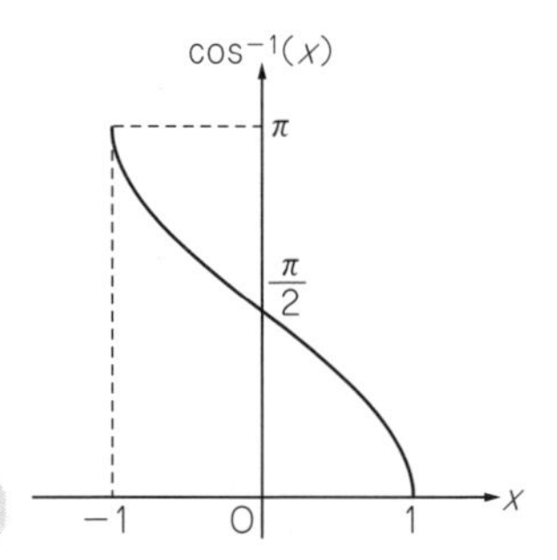

図53　$y=\cos^{-1}(x)$のグラフ
定義域は$\sin^{-1}(x)$と同様に$-1≦x≦1$

$$0≦x≦\pi$$

このことから，$\cos^{-1}(x)$の値域も上記と同様に次式で表されます．

$$0≦\cos^{-1}(x)≦\pi$$

$\cos(x)$は$-1≦\cos(x)≦1$の範囲の値しかとらないので，$\sin^{-1}(x)$の場合と同様に，$\cos^{-1}(x)$におけるxの定義域は次のようになります．

$$-1≦x≦1$$

以上のことから，$y=\cos^{-1}(x)$のグラフは**図53**のようになります．

3.3.6　逆三角関数$\tan^{-1}(x)$

$\tan(x)$の逆関数についても確認しておきましょう．$\tan(x)$の逆関数“$\tan^{-1}(x)$”は，次式で定義されます．

$$\tan(\tan^{-1}(x))=\tan^{-1}(\tan(x))=x$$

また，変数“y”および“θ”を使って2式に分けて書けば，次のようになります．

$$y=\tan(\theta)$$
$$\theta=\tan^{-1}(y)$$

$\tan^{-1}(x)$は，“$\arctan(x)$”とも表記されます．読み方は「アーク・タンジェント・エックス」です．プログラムを書く場合は，略して“atan(x)”と書かれることが多いようです．当然，この引数(ひきすう)xは三角比(タンジェント)の値であり，“atan(x)”の値(戻り値)は角度(単位はラジアン)となります．

▶数学の定義と違うatanもよく使われる

一般的なプログラミング言語(C，Java，Pythonなど)で用意されているmathライブラリには“atan2$(y,\ x)$”という関数も用意されています．この関数に直角三角形の寸法(yは対辺の長さ，xは隣辺の長さ)を入力すると，その比に対応した直角三角形の角度θが出力されます．数学的な「逆関数」とは少し違いますが，非常に便利な関数です．なお，この関数を使うときは引数がy，xの順になっていることに注意が必要です．

▶$\tan^{-1}(x)$のグラフ

$\tan^{-1}(x)$のグラフについても考えてみましょう．まずは，例によって$y=\tan(x)$のグラフのx軸とy軸を入れ替えたところを想像します．元の$\tan(x)$は1周期の間で$-\infty$から$+\infty$までの値をとるので，逆関数$\tan^{-1}(x)$の定義域は次のようになります．

$$-\infty<x<\infty$$

また，$\tan(x)$は$\sin(x)$や$\cos(x)$とは異なり，1周期(例えば$-\pi/2<x<\pi/2$の区間など)の中で単調増加する関数となっています．すなわち，1周期の区間中だけを見れば単射です．よって，$\tan(x)$の定義域を次のように限定することにします．

$$-\pi/2<x<\pi/2$$

上記のことから，$\tan^{-1}(x)$の値域は次式となります．

$$-\pi/2<\tan^{-1}(x)<\pi/2$$

以上より，$y=\tan^{-1}(x)$のグラフは**図54**になります．

$\tan^{-1}(x)$は，$\sin^{-1}(x)$や$\cos^{-1}(x)$と同様に,「長さ(の比)から，角度を求める関数」であると考えることができます. $\tan^{-1}(x)$はもともとの関数$\tan(x)$の定義より, 入力として$-\infty$から$+\infty$までの値を受け付けることができます. あらゆる入力値は$-\pi/2(-90°)$から$+\pi/2(+90°)$までのいずれかの角度に変換されます(単射)．$\tan^{-1}(x)$のこの性質は非常に便利で，さまざまなところで用いられています．

電気回路における利用としては，インピーダンスの位相角を求める場合に使われています．正弦波信号と電気回路との関わりは非常に本質的であり,「電気回路を通過する前後における正弦波信号の位相差」，すなわち「正弦波の位相の回り具合」は，回路網の特性を評価するための重要なパラメータです．この「位相の回り具合」を表現するために$\tan^{-1}(x)$が使われています．

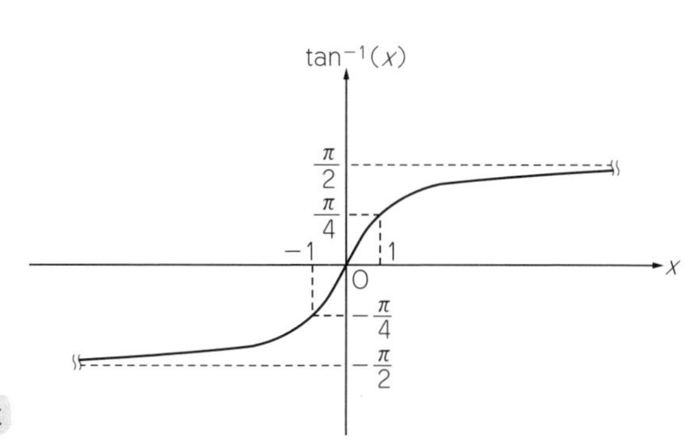

図54　$y=\tan^{-1}(x)$のグラフ

定義域は$-\infty<x<+\infty$，つまり実数

3.4 指数関数

3.4.1 電気回路と指数関数

次は，「**指数関数**」(exponential function)について解説します．

指数関数の中でも特に，自然対数の底"e"を用いた指数関数は，微分や積分の計算において非常に素直な性質を持っています．この性質から「オイラーの公式」が導かれ，さらにオイラーの公式を元にして「複素正弦波」の表現が導かれます．複素正弦波は，電気回路のインピーダンスなどを定式化する上で重要な役割を果たします．こういった理由から，電気回路の計算を扱う上で指数関数の理解は必要不可欠だと言えます．

微分・積分やオイラーの公式についての解説は後で行うことにして，ここでは指数関数の基本的な性質について紹介します．

3.4.2 累乗と指数関数

一般に，定数"a"を何回も掛け算する場合，

$$a^1 = a$$
$$a^2 = a \times a$$
$$a^3 = a \times a \times a$$

という具合に，数の右肩に「指数」を書くことで同じ数を掛け算する回数を表します．これを一般化して「n回」掛け合わせる場合は，次のように表記します．

$$\overbrace{a \times a \times a \times \cdots \times a}^{n\text{回}} = a^n$$

ここで，掛け算される値"a"を「**底**(てい)」(base)と呼び，右肩の数"n"を「**指数**」(exponent)と呼びます．aに関するこのような計算を「**累乗**(るいじょう)」(power)と言います．

「指数」の部分を変数"x"とした次のような関数のことを，「指数関数」と呼びます．

$$f(x) = a^x$$

電気回路では，次式のような「自然対数の底"e"」を使った指数関数が多く用いられます．

$$f(x) = e^x$$

自然対数の底"e"については第4章「極限と微分」の4.4.6項で解説します．本節ではこれ以降，一般の実数"a"を底として解説を進めます．

3.4.3 指数法則

累乗の計算において成り立つ「**指数法則**」(exponent laws)について確認します．

▶指数の足し算

"m"と"n"を正の整数とし，a^mとa^nの積をとることを考えます．合計で"$m+n$"回だけaを掛け合わせることになるので，次の指数法則が成り立ちます．

$$a^m \times a^n = a^{m+n}$$

上記の指数法則を具体的な計算に適用すると，次のようになります．

$$2^3 \times 2^2 = (2\times2\times2)\times(2\times2) = 2^5 = 2^{(3+2)}$$

▶指数の掛け算

次に，a^mをn乗することを考えます．"a^m"はaをm回掛け合わせたものであり，そのa^mをさらにn回掛け合わせたものが"$(a^m)^n$"になるので，次の指数法則が成り立ちます．

▶指数の掛け算

$$(a^m)^n = (a^m)\times(a^m)\times\cdots\times(a^m) = a^{mn}$$

この指数法則を実際の計算に適用すると，次のようになります．

$$\begin{aligned}(3^2)^4 &= (3\times3)^4\\ &= (3\times3)\times(3\times3)\times(3\times3)\times(3\times3)\\ &= 3^8\\ &= 3^{(2\times4)}\end{aligned}$$

あらためて，2つの指数法則を並べておきます．

$$a^m \times a^n = a^{m+n}$$

$$(a^m)^n = a^{mn}$$

これから解説する指数関数の性質は，すべてこの2式から導出できます．

3.4.4 指数がゼロの場合，指数が負になる場合

▶指数がゼロの場合

次のような計算を考えます．

$$a^m = a^{(m+0)} = a^m a^0$$

これは，指数法則"$a^{(m+n)} = a^m a^n$"に従っています．上式において"$a^m = a^m \times a^0$"が成り立つためには，「実数の0乗」を次のように定義する必要があります．

$$a^0 = 1$$

よって，今後は指数がゼロの項があった場合，その項は底の値によらず'1'であるとします．

▶指数が負の場合

次式も，指数法則"$a^{m+n} = a^m a^n$"に従っています．

$$a^m \times a^{-m} = a^0 = 1$$

もう1つ，次のような式を考えます．

$$a^m \times \frac{1}{a^m} = 1$$

2式を比較すると，“a^{-m}”という項に関して次式が成り立つことがわかります．

$$a^{-m} = \frac{1}{a^m}$$

3.4.5　指数が分数になる場合

指数法則“$(a^m)^n = a^{mn}$”より，次式の計算が成り立ちます．

$$(a^m)^{\frac{1}{m}} = a^{\left(m \cdot \frac{1}{m}\right)} = a^1 = a$$

例えば$m=2$の場合を考えると，次式が得られます．

$$(a^2)^{\frac{1}{2}} = a$$

さらに，平方根の定義より，次式が得られます．

$$\sqrt{a^2} = a$$

上の2式を比較すると“$a^{(1/2)}$”という部分はaの平方根を表していることがわかります．さらに，この流れから類推すると“$a^{(1/3)}$”はaの3乗根$\sqrt[3]{a}$を表し，“$a^{(1/4)}$”はaの4乗根$\sqrt[4]{a}$を表していると考えられます．以上のことを一般化すると，次のようになります．

$$a^{\frac{1}{n}} = \sqrt[n]{a}$$

上式は「n乗根」を表しています．これらをまとめて「**累乗根**（るいじょうこん）」と呼びます．

ここまでの話の自然な拡張を考えると，指数が有理数“n/m”の形の場合は，次のように計算するものと考えられます．

$$a^{\frac{m}{n}} = \sqrt[n]{a^m}$$

ここで，指数が有理数となる場合，すなわち「累乗根」を考える場合は，底の符号について注意が必要です．簡単な例として，次の2つの計算を見てみます．

$$(1)^2 = 1 \quad \cdots\cdots Ⓐ$$
$$(-1)^2 = 1 \quad \cdots\cdots Ⓑ$$

上式の各項を“1/2乗”すると，それぞれ次の式のようになります．

Ⓐから　$\{(1)^2\}^{\frac{1}{2}} = 1^1 = 1 = 1^{\frac{1}{2}}$

Ⓑから　$\{(-1)^2\}^{\frac{1}{2}} = (-1)^1 = -1 = 1^{\frac{1}{2}}$

同じ“$1^{(1/2)}$”，すなわち“$\sqrt{1}$”の値として，1と-1の両方が存在することになり，$1=\sqrt{1}$

$=-1$, という矛盾した関係式が出てきてしまいます.

以上から, xが有理数の範囲において指数関数“$f(x)=a^x$”を定義する場合は, その底aが“$a>0$”の範囲にある, と限定することにします. こうすることで, 上のような矛盾が生じることを防げます.

ここまでは指数xを「有理数の範囲」と限定して考えてきました. 実際は指数xを「実数の範囲」すなわち有理数と無理数を合わせた範囲に拡張しても, これまでの議論が成り立ちます. これは後に紹介する「極限」の考え方を使って示すことができます. xが何らかの無理数であるときに“a^x”を考えるには, まず「その無理数に限りなく近づく有理数の数列 $\{x_k\}$」を考えます. この数列 $\{x_k\}$ による値“a^{x_k}”の極限として,「aのx乗“a^x”」を定義します. この考え方は,「どんな無理数でも, それに限りなく近い場所に有理数が存在する」という事実によります.

▶先々で複素数を考えると制限は変わってくる

今回考えた指数関数$f(x)=a^x$において“$a>0$”とする条件は,「aおよびxを実数に限る」という制限の元で導入しています. 本書ではそこまで解説できませんが,「複素関数論」の分野では, aおよびxを複素数に拡張した場合について考えます. そのときは, 今回定めたような条件がなくなります. 考える数の範囲を複素数まで拡張することによって, 先ほどのような“$(1)^{\frac{2}{2}}=(-1)^{\frac{2}{2}}$”という矛盾した結果を回避できるようになります.

今回の目的は, 指数関数の基本を理解することです. よって対象とする範囲は実数に限り, 簡単のため, 底に関しては“$a>0$”という条件を付けることにします.

注意しておきたいのは, 常にこの条件が付いているわけではなく, 扱う数の範囲が実数なのか, 複素数なのかによって変化する, という点です. 電気回路の計算においても, 自分が解くべき問題, 自分で考えた回路モデルや物理モデルにおいて, どのパラメータが実数で, どのパラメータが複素数なのか, ということを常に確認することをお勧めします.

3.4.6 指数関数のグラフ

指数関数のグラフについて確認しておきます. 例として, $f(x)=2^x$を考えます.

xに具体的な値を代入して計算した結果を**表5**に, グラフを**図55**に示します. xの値が小さいうちは$f(x)$の「増加量」も小さいため, 小さな値のまま留まっています. しかし, xの増加に伴い関数の値が増加し始めると, 関数の「増加量」も大きくなり, どんどん関数の値が大きくなっていきます.

図55のグラフからもわかるように, 指数関数は「急激な変化」を示します. 言葉を換えれば, 指数関数は「増加率が大きい」関数であると言えます. 指数関数は, 初等関数(多項式関数, 三角関数, 対数関数など)の中でも最も大きい増加率を示す関数です.

何かの特性を表すときに, しばしば「指数関数的に増加する」という言い方をしますが,

表5　$f(x)=2^x$の値

x	−2	−1	0	1	2	3	4	5	6	7	8	9	10
$f(x)$	$\frac{1}{4}$	$\frac{1}{2}$	1	2	4	8	16	32	64	128	256	512	1024

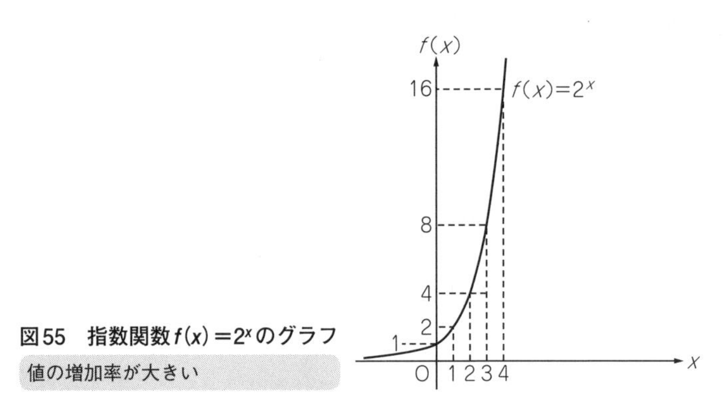

図55　指数関数$f(x)=2^x$のグラフ

値の増加率が大きい

表6　$f(x)=(0.5)^x$の値

x	−2	−1	0	1	2	3	4	5	6	7	8	9	10
$f(x)$	4	2	1	$\frac{1}{2}$	$\frac{1}{4}$	$\frac{1}{8}$	$\frac{1}{16}$	$\frac{1}{32}$	$\frac{1}{64}$	$\frac{1}{128}$	$\frac{1}{256}$	$\frac{1}{512}$	$\frac{1}{1024}$

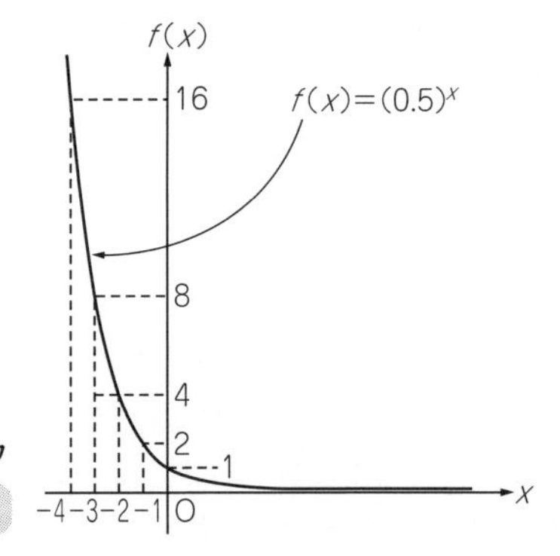

図56　指数関数$f(x)=(0.5)^x$のグラフ

$y=2^x$のグラフとy軸に関して対称

これはその特性が指数関数のカーブを描くという意味のほかにも，非常に大きな増加率を示すことを表現しています.「このフィルタの減衰特性は指数関数的だ」と言った場合，そのフィルタの特性がシャープである(フィルタとしてのキレが良い)という意味合いをもちます.

▶$0<a<1$は左右が逆になったようなグラフになる

次は，指数関数$f(x)=a^x$の底aが$0<a<1$の場合のグラフを描いてみます．この場合，指数関数の値はxの増加とともに小さくなります．ここでは，例として関数“$f(x)=(0.5)^x$”のグラフを描いてみましょう．値を**表6**に，グラフを**図56**に示します．

xの値が大きくなるほど，関数の値は小さくなっていきます．このグラフは，先ほど描いた“$y=2^x$”のグラフとy軸に関して対称な形になっています．これは，$f(x)=2^x$という関数において“x”を“$-x$”に書き換えたときに，次式のようになることからも理解できます．

$$f(x)=2^{-x}=\frac{1}{2^x}=\left(\frac{1}{2}\right)^x$$

$y=2^{(-x)}$のグラフは，$y=2^x$のグラフのx軸を反転させたものです．これはy軸を中心軸として反転させることに相当します．

3.5 対数関数

3.5.1 対数と電気回路

電気回路における対数の使いどころとしては，第一に「デシベル(dB)」の計算が挙げられます．ラジオやCDなどのオーディオ機器，携帯電話や無線機などの通信機器，さらには各種測定器に至るまで，電気回路が扱う「信号レベルの範囲」は非常に広くなっています．信号レベルの最大値と最小値は，文字どおり桁違いの差があります．

例えば，ラジオから聞こえてくる音の大きさ(エネルギ)は，「小さい音」と「大きい音」との間に差が100倍以上あります．ラジオのほかにも，大抵の音声を扱う機器は「桁違い」に大きい音から小さい音までを，忠実に扱えるように設計されています．これは，人間の耳が音の大きさに対して「対数的」な感度を持っていることに由来します．

音声信号に限らず，通信機器における電波信号や，測定器における計測信号など，電気回路内部で桁違いに異なるレベルの信号を同時に扱うことは，決してめずらしいことではありません．

電気回路の性能を評価する指標の1つとして，いわゆる「ダイナミック・レンジ」が挙げられます．ダイナミック・レンジは，その回路で扱う信号の最小レベルと最大レベルとの比であり，信号レベルの幅としてイメージすることができます．このダイナミック・レンジが大きいほど，良い回路であるといえます．

このような性能を追求するためには，設計の段階から「桁違いに大きさが異なる値」を手軽に扱うための数学的手法が必要不可欠となります．このような需要が，電気回路の設計に対数を導入するモチベーションの1つとなっています．

3.5.2　対数の基本

まずは対数の定義から確認しましょう．前提として，次のような関係が成り立っているとします．

$$y=a^x$$

ここで，対数の記号"log"(ログ)を使って上式を変形すると，次のようになります．

$$x=\log_a(y)$$

上式の"$\log_a(y)$"のことを，「**aを底とするyの対数(logarithm)**」といいます．"log"という記号は，元の指数関数における「指数の値」を表現するために使われます．"$\log_a(y)$"という式において，aのことを「**底**(てい)」(base)，yのことを「**真数**(しんすう)」(antilogarithm)と呼びます．

例えば$8=2^3$なので，$\log_2(8)=3$となります．この式は，「2を底とする8の対数は，3である」と読みます．$10000=10^4$ですから，$\log_{10}(10000)=4$となります．この式は「10を底とする10000の対数は4である」と読みます．対数が負になる場合も同様に扱えます．$1/4=2^{-2}$ですから，$\log_2(1/4)=-2$となります．

「底」は，指数関数の場合と同じく「累乗される数」です．底aをx乗した場合の値を求めるのが指数関数"$f(x)=a^x$"でした．これに対して，「**対数関数(logarithmic function)**」"$f(x)=\log_a(x)$"は「aとxは既知だが，aを何乗したらxになるのかを知りたい」という場合に使います．対数の値は，「底を何乗すれば真数になるのか」ということを示しています．

通常は底を固定とし，真数を変数とするのが対数関数の形式です．よって本書では，"$f(x)=\log_a(x)$"のように，真数の部分を括弧でくくって関数の「入力」であることを明示するようにしておきます．

3.5.3　対数の底の値には条件がある

対数の底として使える値には，ある条件があります．ここではその点について確認します．

まず，'1'を2乗，3乗，…，n乗(nは整数)した場合について考えます．

$$1^2=1$$
$$1^3=1$$
$$\vdots$$
$$1^n=1$$

上で列挙したそれぞれの式について対数を考えると，次のようになります．

$$\log_1(1)=2$$
$$\log_1(1)=3$$
$$\vdots$$
$$\log_1(1)=n$$

底を‘1’とした対数関数は，真数が同じ‘1’であるにもかかわらず，異なる対数の値をとるようになってしまいます．これでは「ある入力に対して，出力が1対1で対応する」という関数の性質がなくなってしまいます．このため，対数関数では「底として1以外の値を使う」ようにします．

もうひとつ,「底の正負」についても考えておきます．指数関数の「累乗根」のところでも触れましたが，“$(1)^2=1$”かつ“$(-1)^2=1$”となることから，特に何も考えずにこれらの平方根を計算すると，次のような結果になってしまうのでした．

$$(1)^{\frac{1}{2}}=\sqrt{(1)^2}=1$$

$$(1)^{\frac{1}{2}}=\sqrt{(-1)^2}=-1$$

この2式のように,「底の値および指数の値が同じであるにもかかわらず，累乗した結果が異なる」という状況を避けるために，指数関数$f(x)=a^x$では底aに関して“$a>0$”という条件を加えていました．この条件を対数の底aについても踏襲することにします．

以上の話をまとめると，対数関数の底aには以下の条件が課されることになります．

$$a \neq 1,\ a>0$$

特に明記しませんが, 今後, 対数の底は常に上記の条件を満たすものだけを選ぶとします．

3.5.4 指数法則から得られる対数の性質①

対数に慣れるために，logを使った特徴的な計算について，いくつかパターンを確認しておきます．ここで紹介する内容は，すべて対数の定義と指数法則から導くことができます．

▶真数が1の場合，対数の値は0

指数関数の性質より,「aの0乗」に対して次式が成り立ちます．

$$a^0=1$$

上式の対数をとると，次式が得られます．

$$\log_a(1)=0$$

すなわち，真数が1の場合は底の値によらず，対数の値がゼロになることがわかります．

▶底と真数が同じ値の場合，対数の値は1

次のように，底aを1乗する場合を考えます．

$$a^1=a$$

上式を対数の表現で書くと，次のようになります．

$$\log_a(a)=1$$

上式より，底と真数が一致する場合は対数の値が1になります．

▶対数の定義に慣れる

「底aを“x乗”したものがa^xである」という指数関数における当たり前の関係を，そのまま対数の言い方に改めると「aを底とし，真数をa^xとすると，その対数はxである」となります．これを式で書くと次のようになります．

$$\log_a(a^x)=x$$

さらに"$\log_a(X)$"というのは「底aを$\log_a(X)$乗したらXになる値」を意味しますから，これをそのまま式で書くと次のようになります．

$$a^{\log_a(X)}=X$$

3.5.5 指数法則から得られる対数の性質②

▶対数の和

ここでは，「対数の和」に関する性質を見ていきます．まずは，次の指数法則を思い出しておきます．

$$a^m\times a^n=a^{m+n}$$

ここで，次のように"X"および"Y"を定義します．

$$a^m=X,\ a^n=Y$$

適当な定数aを底として，XおよびYの対数をとります．

$$\log_a(X)=\log_a(a^m)=m$$
$$\log_a(Y)=\log_a(a^n)=n$$

また，a^mとa^nの積(つまりXとYの積)を計算すると，次式となります．

$$XY=a^m\times a^n=a^{m+n}$$

上式についても対数をとり，次式を得ます．

$$\log_a(XY)=m+n$$

ここで，"$m+n$"は"$\log_a(X)+\log a(Y)$"の値でもありました．このことから，「対数の和」に関して，次式が成り立つことがわかります．

$$\log_a(XY)=\log_a(X)+\log_a(Y)$$

▶対数の差

指数の性質より，次式が成り立ちます．

$$X/Y=XY^{-1}=a^m\times a^{-n}=a^{m-n}$$

適当な定数aを底として，上式の対数をとります．

$$\log_a\left(\frac{X}{Y}\right)=\log_a(a^{m-n})=m-n$$

一方で，XとYの定義から次式が得られます．

$$\log_a(X)-\log_a(Y)=\log_a(a^m)-\log_a(a^n)=m-n$$

以上のことから，「対数の差」に関しても次式の関係があることがわかります．

$$\log_a(X/Y)=\log_a(X)-\log_a(Y)$$

▶対数の性質は電気回路の計算に役立つ

対数の計算では,「真数の掛け算は，対数の足し算に変形できる」,「真数の割り算は，対数の引き算に変形できる」という性質があることがわかりました.

一般に，電気回路の特性は「入力信号が何倍されて出力に現れるか」という観点で表されます．この倍率をGain(ゲイン)と呼びます．ゲインは1より大きい場合(増幅回路)もあれば，1より小さくなる場合(フィルタや伝送回路，アッテネータなど)もあります.

1段だけの回路を扱うときは特に問題ありませんが，2段，3段と何段も電気回路をつなげる(縦続接続)場合は，回路全体のゲインを求めるために，各回路のゲインを掛け算する必要があります.「掛け算なんて，簡単にできるではないか」と思われるかもしれませんが，現場でさっと計算する場合は掛け算より足し算のほうが便利です.

そこで，回路のゲインを表すために対数を導入します．対数を使えば,「(真数の)掛け算を，(対数の)足し算にできる」のでした．よって，各回路ブロックごとのゲインを対数で表しておいて，それらを接続した場合の全体ゲインを「対数の足し算」によって求められるようにします．これで，開発現場で行う計算を足し算(もしくは引き算)だけにすることができます．後で解説する「デシベル」が開発現場でよく用いられるのは，こういった事情によります.

3.5.6 指数法則から得られる対数の性質③

ここでは,「指数の積」に関する次の指数法則から，対数の性質を導き出します.

$$(a^m)^n = a^{mn}$$

まず，“X”を次のように定義します.

$$X = a^m$$

底をaとすると，対数の定義より次式が得られます.

$$\log_a(X) = m$$

一方，底をaとして“$(a^m)^n$”について対数をとると，対数の定義より次式を得ます.

$$\log_a\{(a^m)^n\} = \log_a(a^{mn}) = mn$$

ここで，$m = \log_a(X)$を代入します.

$$\log_a\{(a^m)^n\} = n\log_a(X)$$

一方で，$a^m = X$でしたから，次式が成り立ちます.

$$\log_a\{(a^m)^n\} = \log_a(X^n)$$

以上のことから，次式が得られます.

$$\log_a(X^n) = n\log_a(X)$$

上式から「真数を“n乗”すると，元の対数が“n倍”される」ことがわかりました．この関係を使うと$\log_a(a^x) = x\log_a(a) = x$となることから,「指数関数$a^x$と対数関数$\log_a(x)$は互いに逆関数の関係にある」ことがわかります.

3.5.7 底の変換公式

対数"$\log_a(b)$"の計算において，次式のように新しい値"c"を導入して「底の変換」を行うことができます．これを「底の変換公式」といいます．

$$\log_a(b) = \frac{\log_c(b)}{\log_c(a)}$$

cは底なので，$c \neq 1$，$c > 0$の条件を満たす必要があります．以下，底の変換公式を証明します．まず，何らかの値mを用いて，aとbが次式で表せるとします．

$$a^m = b$$

上式において，aを底とする対数をとります．

$$\log_a(b) = m$$

一方，"$a^m = b$"の両辺に対して，cを底とする対数をとると次のようになります．

$$\log_c(a^m) = \log_c(b)$$

上式において"$\log_a(X^n) = n\log_a(X)$"の関係式を使います．

$$m\log_c(a) = \log_c(b)$$

上式をmについて整理します．

$$m = \frac{\log_c(b)}{\log_c(a)}$$

上式に対してmの定義"$m = \log_a(b)$"を代入すると，次のとおり「底の変換公式」を導出できます．

$$\log_a(b) = \frac{\log_c(b)}{\log_c(a)}$$

3.5.8 対数関数のグラフ

対数関数のグラフの形について確認します．1つめの例として，"$y = \log_2(x)$"を考えます．いくつかのxの値に対して具体的に計算した値を**表7**に示します．

表7をもとにしてグラフを書くと，**図57**のようになります．対数関数のグラフは，指数関数のグラフとは対照的で「増加率が小さい」関数であることがわかります．

2つめの例は，"$y = \log_{0.5}(x)$"です．具体的に値を考えると，**表8**のようになります．この表をもとにしてグラフを書くと，**図58**のようになります．

表7　$y=\log_2(x)$の値

x	$\frac{1}{4}$	$\frac{1}{2}$	1	2	4	8	16	32	64	128	256	512	1024
$f(x)$	−2	−1	0	1	2	3	4	5	6	7	8	9	10

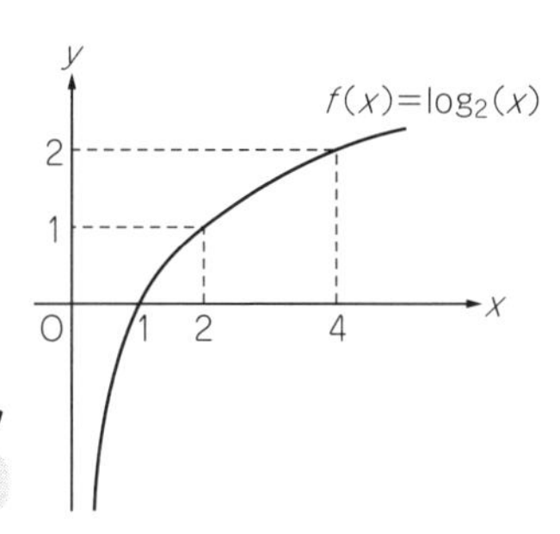

図57　$y=\log_2(x)$のグラフ

$x=1$においてゼロになる

表8　$y=\log_{0.5}(x)$の値

x	$\frac{1}{4}$	$\frac{1}{2}$	1	2	4	8	16	32	64	128	256	512	1024
$f(x)$	2	1	0	−1	−2	−3	−4	−5	−6	−7	−8	−9	−10

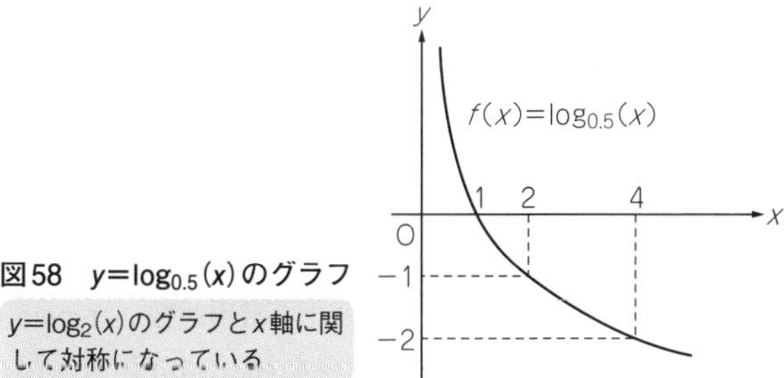

図58　$y=\log_{0.5}(x)$のグラフ

$y=\log_2(x)$のグラフとx軸に関して対称になっている

底の変換公式を使って$\log_{0.5}(x)$の底を“2”に変形すると，次のようになります．

$$\log_{0.5}(x)=\frac{\log_2(x)}{\log_2(0.5)}=\frac{\log_2(x)}{\log_2(2^{-1})}=\frac{\log_2(x)}{-1\cdot\log_2(2)}$$
$$=-\log_2(x)$$

上式より“$y=\log_{0.5}(x)$”のグラフは“$y=\log_2(x)$”のグラフの正負を反転させたものになることがわかります．言い換えると，「x軸に対して対称」ということになります．

“$\log_a(a^x)=x$”および“$a^{\log_a(x)}=x$”の関係が成り立つことから，「指数関数a^xと対数関数$\log_a(x)$は互いに逆関数である」ことがわかります．このことから，指数関数のグラフと対

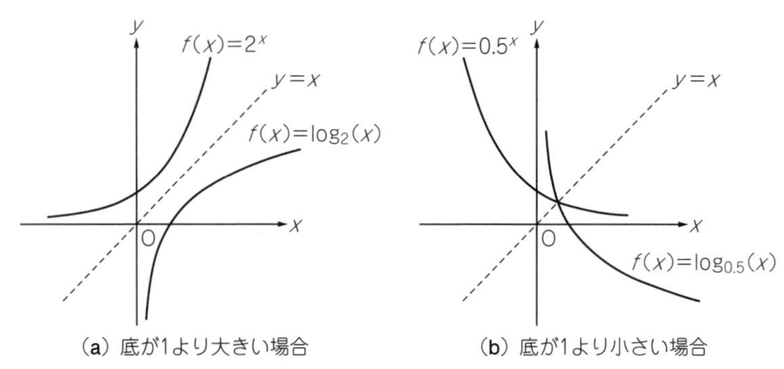

図59　指数関数と対数関数は互いに逆関数の関係にあるので，両者のグラフは $y=x$ のラインに対して対称になっている

数関数のグラフは“$y=x$”のラインに対して対称な形になります(**図59**).

3.5.9　常用対数

10, 100, 1000といった値について底を10とする対数を考えると，$\log_{10}(10)=1$，$\log_{10}(100)=2$，$\log_{10}(1000)=3$という具合に，対数の値が真数の「桁数」を表していることがわかります．もし何らかの対数“$\log_{10}(A)$”の値が1から2の間なら，「Aの値は10から100の間の数(オーダが10程度の数)」であるとわかり，2から3の間ならば「Aの値は100から1000の間の数(オーダが100程度の数)」であるとわかります．この情報は大雑把すぎると思われるかもしれませんが，回路の測定をする場合はこのような「データの桁数(オーダ)」を確認して，測定系が正常であるか，サンプルが正しく動作しているかをチェックすることがよくあります．

以上で考えたような，底を10とする対数のことを「**常用対数**」(common logarithm)と呼びます．常用対数は，電気信号のレベルなどを表現するときに用いられます(実際は，次に説明する“デシベル”が用いられる)．真数が100や1000などの場合は，上記のように暗算でも対数の値を求めることができます．一方で，2や3といった中途半端な数に対しては暗算が困難です．そういった場合，**表9**に示す「常用対数表」を使って対数の値を求めます．

$\log_{10}(9)=\log_{10}(3^2)=2\times\log_{10}(3)$などの対数の性質が現れていることが確認できます．また，10以上の整数についても，**表9**を使って対応できます．例えば“$\log_{10}(20)$”の値は次のように計算できます．

$$\log_{10}(20)=\log_{10}(2\times 10)=\log_{10}(2)+\log_{10}(10)=1.3010$$

1以下の数でも対応できます．例えば“$\log_{10}(0.5)$”は次のように計算できます．

$$\log_{10}(0.5)=\log_{10}(5/10)=\log_{10}(5)-\log_{10}(10)=-0.3010$$

表9 常用対数表

底を10とした対数の値．この表を元に，いろいろな値の対数値を求めることができる

真 数	常用対数の式	対数の対
10	$\log_{10}(10)$	1
9	$\log_{10}(9)$	0.9542
8	$\log_{10}(8)$	0.9031
7	$\log_{10}(7)$	0.8451
6	$\log_{10}(6)$	0.7782
5	$\log_{10}(5)$	0.6990
4	$\log_{10}(4)$	0.6021
3	$\log_{10}(3)$	0.4771
2	$\log_{10}(2)$	0.3010
1	$\log_{10}(1)$	0

表10 dB対応表

dB値は常用対数を10倍した値

真 数	dB値を求める計算式	dBの値	おおよそのdB値
10	$10\log_{10}(10)$	10	10
9	$10\log_{10}(9)$	9.542	9.5
8	$10\log_{10}(8)$	9.031	9.0
7	$10\log_{10}(7)$	8.451	8.5
6	$10\log_{10}(6)$	7.782	8
5	$10\log_{10}(5)$	6.990	7
4	$10\log_{10}(4)$	6.021	6
3	$10\log_{10}(3)$	4.771	5
2	$10\log_{10}(2)$	3.010	3
1	$10\log_{10}(1)$	0	0
$\frac{1}{2}$	$10\log_{10}\left(\frac{1}{2}\right)$	−3.010	−3
$\frac{1}{3}$	$10\log_{10}\left(\frac{1}{3}\right)$	−4.771	−5
$\frac{1}{4}$	$10\log_{10}\left(\frac{1}{4}\right)$	−6.021	−6
$\frac{1}{5}$	$10\log_{10}\left(\frac{1}{5}\right)$	−6.990	−7
$\frac{1}{6}$	$10\log_{10}\left(\frac{1}{6}\right)$	−7.782	−8
$\frac{1}{7}$	$10\log_{10}\left(\frac{1}{7}\right)$	−8.451	−8.5
$\frac{1}{8}$	$10\log_{10}\left(\frac{1}{8}\right)$	−9.031	−9
$\frac{1}{9}$	$10\log_{10}\left(\frac{1}{9}\right)$	−9.542	−9.5
$\frac{1}{10}$	$10\log_{10}\left(\frac{1}{10}\right)$	−10	−10

3.5.10 デシベル

常用対数は底が“10”の対数なので「常用対数の値が1なら，真数は10だ」，「常用対数の値が2なら，真数は100だ」という具合に「真数の桁数」が直感的にわかるというメリットがあります．このことから，電気回路のゲイン（入出力間の信号の倍率）を表す際に常用対数がよく用いられます．

しかし常用対数の値は，**表9**のとおり，真数が1から10の間では小数になっています．

すると，「このアンプは信号を5倍にする」などのように，電気回路のゲインが1から10の間の場合は，小数を扱うことになり不便です．

そこで，常用対数の値に「10を掛け算して使う」ことが考えられました．これならば，1から10の間の対数が小数になりません(1より小さくならない)．これが「**デシベル(dB)**」です．ゲインがA倍であるとき，それをdBに換算するには次式で計算します．

$$A[\mathrm{dB}] = 10 \times \log_{10}(A)$$

もともと，常用対数をとった値に対して「ベル(B)」という単位を使っていました．これに対して1/10だけ小さい値を基準としているので，「デシ(d)」を付けて“dB”となります．

真数に対するdB値の対応を**表10**に示します．

例えば，“2”が何デシベルであるかを計算すると，$10\log_{10}(2) = 3.010\cdots$となります．通常は，これを大雑把に見て「2は3dBである」とします．「ゲインが2倍のアンプ」は，「ゲインが3dBのアンプ」ということになります．同様に「ゲインが4倍のアンプ」をdBでいうと「ゲインが6dBのアンプ」となります．

「信号を半分(1/2)に減衰するアッテネータ」は，「−3dBアッテネータ」となります．1より小さい値の場合，dB値は負になります．ゲインが1倍の場合は“0dB”となります．

3.5.11 電圧ゲインと電力ゲイン

なお，電圧ゲインなのか，電力ゲインなのかによって値が変わるので注意が必要です．dB表示の場合，電力ゲインは電圧ゲインの2倍の値になります．これは，電力が電圧の2乗に比例するためです．

回路における入力電圧V_{in}と出力電圧V_{out}の比“V_{out}/V_{in}”が「電圧ゲイン」です．これを“A_V”と表記します．“V”は電圧(Voltage)の略です．

$$A_V = V_{out}/V_{in}$$

これに対して，回路における入力電力P_{in}と出力電力P_{out}の比“P_{out}/P_{in}”が「電力ゲイン」です．これを“A_P”とします．“P”は電力(Power)の略です．

$$A_P = P_{out}/P_{in}$$

電圧Vと電力Pの間には「$P = V^2/R$」の関係があります．Rはその電圧が印加される抵抗の大きさであり，これは入力側と出力側で同じ値であるとします(高周波回路の場合は一般的に50Ω)．A_Pをデシベル表示した式にこの関係式を代入すると次式を得ます．

$$10\log_{10}(A_P)=10\log_{10}\left(\frac{P_{out}}{P_{in}}\right)=10\log_{10}\left(\frac{\frac{{V_{out}}^2}{R}}{\frac{{V_{in}}^2}{R}}\right)$$

$$=10\log_{10}\left\{\left(\frac{V_{out}}{V_{in}}\right)\right\}^2=2\times10\log_{10}\left(\frac{V_{out}}{V_{in}}\right)$$

$$=2\times10\log_{10}(A_V)$$

以上から，電力ゲインのデシベル表示$10\log_{10}(A_P)$は電圧ゲインのデシベル表示$10\log_{10}(A_V)$の2倍になることがわかります．

3.5.12　デシベルは幅広いレンジの値をわかりやすく表現できる

信号を大きく増幅する回路(無線機のIFアンプなど)では，複数個の増幅回路を縦続接続して大きなゲインを実現します．このような場合，増幅回路全体のゲインが“100,000,000倍”(1億倍)を越えることもめずらしくありません．一方で，フィルタ回路などにおける不要な信号の減衰率は，“0.0001倍”(1万分の1)程度が求められます．

このように，1つのシステム上で小さい値から大きい値までを同時に扱うことがあり，「デシベル」を使って表すと計算が簡単になります．“100,000,000”をデシベルで表すと“80 dB”です．また，“0.0001”をデシベルで表すと“−40 dB”です．この80 dBの増幅回路で増幅した信号がフィルタで減衰されたとすると，トータルでは80 dB−40 dB＝40 dB，つまり信号が10,000倍されることになります．デシベルを使うと，1億や1万分の1といった桁数の大きい数でもコンパクトに扱えます．

第4章 極限と微分

4.1 微分・積分の解説の流れ

4.1.1 微分や積分の「考え方」を理解する

本章からは，フィルタ理論に限らず電気・電子工学の理論，さらに言えば自然科学全般において必要不可欠である「微分」と「積分」について解説します．

▶微積分の基礎から始める

最初にお断りしておきます．本書の「微分」と「積分」の項目で扱う議論は，あまり厳密ではありません．具体的には，収束の様子を定量的に扱う極限の定義(ε-N論法)を使用しません．極限の計算については後で簡単に触れますが，極限操作というものを厳密に考えようとすると少々面倒な手続きが必要になります．

よって本書では極限計算を「直感的な理解」に任せてしまい，厳密な証明までは行わないことにします．これは，いわゆる高校数学として習う微積分に相当します．

本書の「微分」と「積分」における第一の目的は，基本的な回路理論を扱う際に不自由しない程度に，微分および積分の「考え方」を理解することです．本書の内容だけでも，回路理論の基礎を扱うだけならば十分に対応できるのでご安心ください．

後の「オイラーの公式」や，本書では扱いませんが「フーリエ解析」といった項目でも，微積分を大いに活用します．それらの項目で微積分に関して新たに理解すべき箇所が出てきた場合は，その場で適宜補足説明を加えるようにします．

▶より厳密な微積分の理論は複素関数論で扱う

微積分に関する厳密な内容をまったく扱わないわけではありません．数列の極限から話を始めるような微積分学(大学で習う解析学に相当します)は，本書には含みませんが「複素関数論」について解説する際に扱います(**図1**)．

なお，より厳密な理論を使うと，本書では「直感的に成り立つことがわかります」と言って済ませている内容，例えば「はさみうちの原理」などをきちんと証明できるようになります．

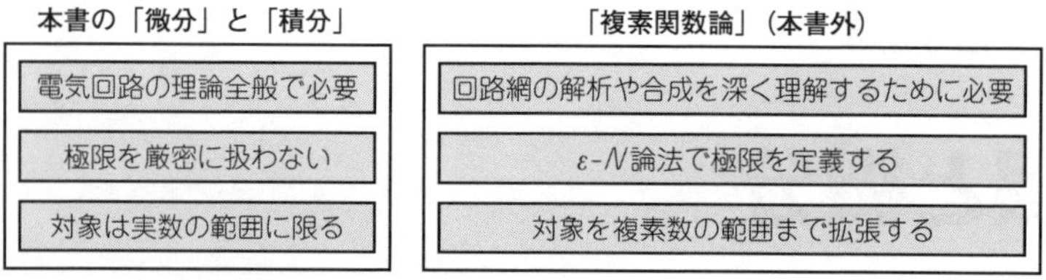

本書の「微分」と「積分」

電気回路の理論全般で必要

極限を厳密に扱わない

対象は実数の範囲に限る

「複素関数論」(本書外)

回路網の解析や合成を深く理解するために必要

ε-N論法で極限を定義する

対象を複素数の範囲まで拡張する

図1 本書では微積分の基本的な考え方を扱う

微分や積分に関する，より深い内容は「複素関数論」で扱う

4.1.2 大きく分けて4つの内容で構成される

今後のおおまかな流れを**図2**に示します．本書の「微分」および「積分」の章は大きく分けて「極限の計算」，「微分」，「積分」，「微分方程式」の4つの部分から構成されます．

▶極限の考え方と計算方法

最初に，微分と積分の議論で常に必要となる「極限」の考え方について簡単に解説します．微分や積分の計算や証明を扱う前に，「無限大」が関わる計算に慣れておくとその後の理解がスムーズです．

▶微分

次は，関数の挙動を解析するための道具として「微分」を導入します．微分の解説は三角関数や指数関数，対数関数といった「初等関数」を十分に理解している前提で進めますので，不安な場合は初等関数を復習しておくことをお勧めします．

実際のところ，微分の考え方の本質はそれほど難解なものではありません．微分がよくわからず困っている方の大半は，微分そのものがわからないというよりも，「初等関数」の理解が不足しているか「極限」について正しいイメージができていないかのいずれかのようです．

▶積分

続いて，各点ごとの関数の値をすべて足し算する，すなわち「関数のグラフで囲われた部分の面積を求める」という切り口で「積分」を導入します．積分の基本的な考え方は紀元前の時代に生み出されたものです．これに対して，微分の考え方は中世から近代にかけて生まれました．このように微分と積分の間には歴史的な隔たりがあります．

一見するとまったく別物の演算に見える微分と積分ですが，この2つを見事に結び付けるのが「微積分学の基本定理」です．この定理によって，「微分と積分は互いにちょうど逆の演算である」ということが導かれます．ここが「微積分学」のクライマックスです．この微積分学の基本定理のおかげで，関数の積分を「微分の逆演算」として求めることができるようになります．

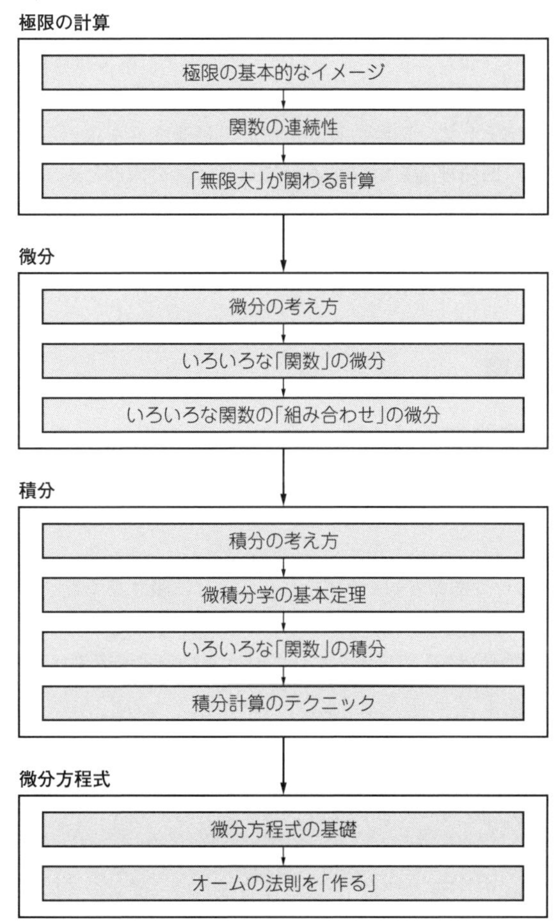

図2　本章と次章の流れ．電気回路の理解に不自由がない程度に，微分や積分を使えるようにする
なお微分方程式については軽く触れる程度にとどめる

▶微分方程式

微分と積分の基本的な内容を解説し終えたところで，最後に「微分方程式」を扱います．微分方程式はそれだけで何冊も本が出ているような広大かつ深い内容のものですが，本書では微分方程式の雰囲気を感じていただく程度の解説にとどめます．もちろん，微分方程式を理解することは電気系の技術者にとっても非常に重要です．しかしフィルタ設計に関わる「回路網理論」を扱う場合は，微分方程式を直接解くことはほとんどありません．

その理由は，本書外ですが「フーリエ解析」の項目で解説する「ラプラス変換」を使って，微分方程式をより簡単に解ける形に変形してしまうからです．ラプラス変換で対応しきれない微分方程式も存在しますが，アナログ・フィルタ設計で扱う回路理論の範囲(線形回路網理論)ならば十分にカバーできます．

微分方程式の応用例として，回路方程式を解いて過渡応答を求める方法を取り上げようとも思ったのですが，回路理論を解説する前に過渡応答を扱うと順序がおかしくなり混乱を招く恐れがあるのでやめました．その代わり，古典的なモデルを用いて「オームの法則を自分で作る」という経験をしていただこうと思います．これはこれで，電気屋さんにとって興味深いテーマであると思います．

4.2 極限の計算

4.2.1 極限の基本的なイメージ

今後の微積分の解説では，いたるところで「**極限**」(limit)を求める操作が出てきます．このことから，最初に「関数の極限」について直感的なイメージを作っておくことが非常に重要となります．

まず関数の極限とは，「ある変数xの値を，ある値aに限りなく近づけた」ときの関数の状態を表すものです．例として$f(x)=2x+1$という関数を考えます．xの値が限りなく1に近づいた場合の$f(x)$の値は“3”となります．このことを数式で表すには“lim”という記号を使って次のように書きます．

$$\lim_{x \to 1} f(x) = 3$$

もしくは，簡単に矢印を使って次のように書く場合もあります．

$$f(x) \to 3 \quad (x \to 1)$$

上式からわかるとおり，“変な関数”を扱わない限りは，関数の極限を求める操作は単なる「代入操作」となります(“変な関数”についてはすぐ後に解説)．

4.2.2 極限がいつも存在するとは限らない

先ほどの例では，関数$f(x)=2x+1$に対して$x=1$を代入した値が，$x \to 1$に対する極限と一致していました．基本的には，極限の計算はこのような代入計算で対応できます．しかし，この方法が通用しない場合もあります．次のような「変な関数」を扱う場合は注意が必要です．

$$\begin{cases} f(x)=0 & (x<1) \\ f(x)=2 & (x \geq 1) \end{cases}$$

この関数$f(x)$のグラフを書くと，**図3**のようになります．このグラフは$x=1$の点におい

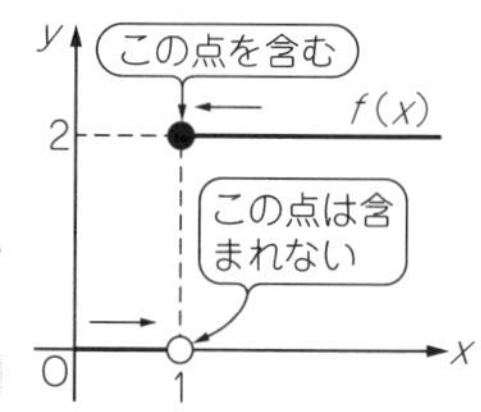

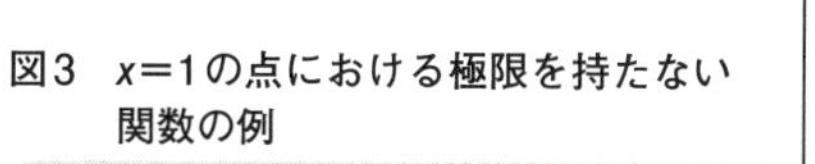
図3 x=1の点における極限を持たない関数の例

ただし「片側極限」は存在する

て「途切れている」ような形になっています．

この関数$f(x)$において，「xの値を1に限りなく近づける」という操作を考えます．グラフの左側から$x=1$に近づくときは，極限として“0”が見えます．一方でグラフの右側から$x=1$の点に近づく場合は，極限として“2”が見えます．

このように，その点に対して近づく方向によって極限の値が変わってしまう場合，その点における極限は「**存在しない**」と言います．今回の$f(x)$に関して言えば，「$x=1$における極限は存在しない」ということになります．このように，極限はいつでも存在するとは限りません．

いま考えている関数$f(x)$は$x\to 1$に対する極限を持ちませんが，前述のとおり右側および左側から，限りなく$x=1$に近づいた場合の$f(x)$の値を考えることならできます．このことを表すために用いられるのが「**片側極限**」(one-sided limit)という考え方です．

関数$f(x)$の$x=1$の点に「左側から」すなわち$x=1$よりも小さいところから近づいていく場合は，“$x\to 1-0$”という書き方をします．このときの極限を「左側極限」と呼びます．次式は，$f(x)$の$x=1$における左側極限を表したものです．

$$\lim_{x\to 1-0} f(x)=0$$

一方で，$x=1$の点に「右側から」すなわち$x=1$よりも大きいところから近づいていく場合は，“$x\to 1+0$”と書き，このときの極限を「右側極限」と呼びます．今回の関数$f(x)$の右側極限は次のように書くことができます．

$$\lim_{x\to 1+0} f(x)=2$$

ある点における極限が存在することは，「**右側極限と左側極限が一致する**」ことと等価です．

4.2.3 関数の連続性

ここでは，関数のグラフが「つながっている」ことを数式で表現する方法を考えます．これは，後で微分や積分の計算が実行可能であるか否かを判定するために重要となります．

図4の“Ⅰ”では，関数$f(x)$が点$x=a$において明らかに「つながっている」ように見えます．これがどういった状態なのか詳しく考えてみましょう．

まず関数$f(x)$は$x=a$において定義されていて，値として$f(a)=b$を持ちます．さらに$x=a$における右側極限と左側極限は同じ値で

$$\lim_{x\to a-0} f(x) = \lim_{x\to a+0} f(x) = b$$

なので，関数$f(x)$は$x\to a$における極限を持つことになります．以上をまとめると，次式が成り立ちます．

$$f(a) = \lim_{x\to a} f(x) = b$$

上式のように

$$f(a) = \lim_{x\to a} f(x)$$

が成り立つとき，**「関数$f(x)$は点$x=a$において連続である」**と言えます．この**「連続」**(continuous)および**「連続性」**(continuity)という考え方は，微積分を扱う上で頻繁に出てくる重要なものです．

図4のⅠ以外，ⅡからⅤはすべて**「不連続」**(discontinuous)な関数の例です．

Ⅱは$f(a)$の値が定義されていて，さらに左右の片側極限が一致するので極限$\lim_{x\to a} f(x)$も存在します．

しかし，

$$f(a) = \lim_{x\to a} f(x)$$

を満たさないので不連続です．

Ⅲはそもそも$f(a)$が定義されていないので不連続です．ただし極限$\lim_{x\to a} f(x)$は存在します．

Ⅳは$f(a)$の値が定義されているものの，左右の片側極限が一致しないので極限$\lim_{x\to a} f(a)$が存在しません．よって不連続です．

Ⅴは$f(a)$の値が定義されていない上に，極限$\lim_{x\to a} f(x)$も存在しません．よって不連続です．

4.2.4 無限大の扱い

微積分の文脈では，極限の考え方に基づいた「限りなく……する」という言い回しがよく出てきます．ここでは，何らかの値を「限りなく大きくする」という場合について考えます．

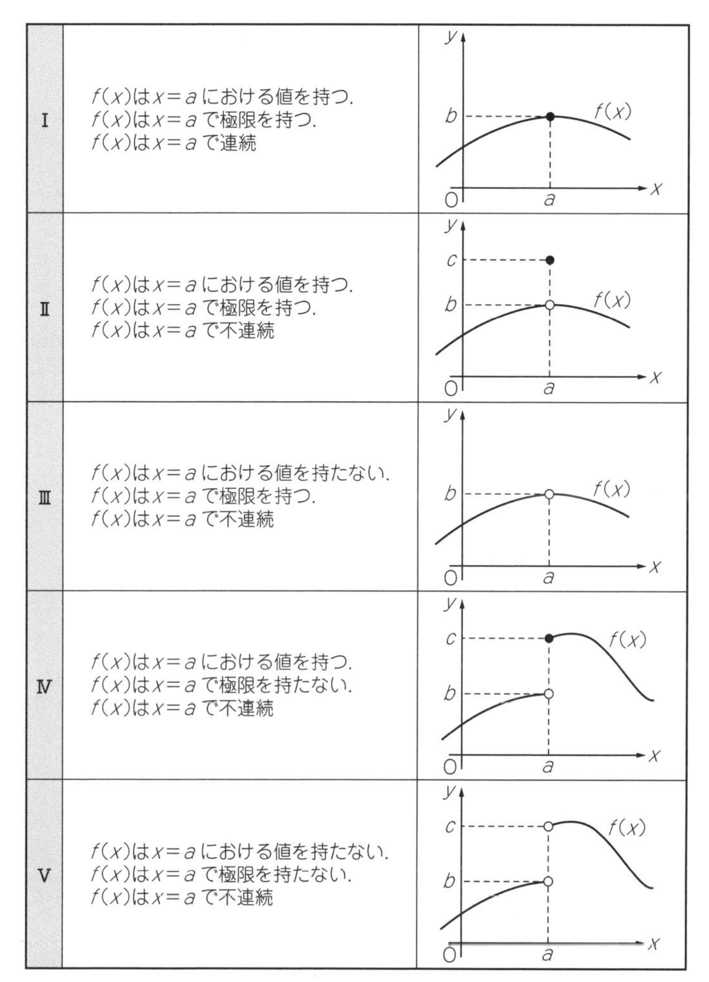

図4　関数の連続性．Iの場合だけ，関数$f(x)$が$x=a$の点で連続となっている

すなわち，$f(a)$と$\lim_{x\to a} f(x)$の両方が存在して，かつ“$f(a)=\lim_{x\to a} f(x)$”を満たす

関数$f(x)$において$x\to a$としたときに，$f(x)$の値が限りなく大きくなったとします．このとき，「**$x\to a$における関数$f(x)$の極限は∞(無限大：infinity)である**」という言い方をします．数式で書くと次のようになります．

$$\lim_{x\to a} f(x)=\infty$$

一方で，$x\to a$において関数$f(x)$の値が限りなく小さくなる場合は，“$-\infty$”を使って次のように表します．

$$\lim_{x \to a} f(x) = -\infty$$

例えば，関数$f(x)=1/x^2$を考えます．xの値を小さくすればするほど，$f(x)$の値は大きくなります．ここでxの値を限りなくゼロに近づけると，$f(x)$の値は限りなく大きくなるだろうと予想できます．これを式で表すと，次のようになります．

$$\lim_{x \to 0} \frac{1}{x^2} = \infty$$

なお，極限が無限大になることを「**発散する**」(diverge)と言います．上記の関数$f(x)=1/x^2$は$x \to 0$において発散することになります．逆に，極限の値が無限大ではなく何らかの有限値になる場合は「**収束する**」(converge)と言います．

4.2.5 無限大が関わる計算

一般の極限計算において，「無限大」と「ゼロ」が関わる計算には特徴的なルールもしくは“癖”のようなものがあります．

いかなる計算も「足し算」，「引き算」，「割り算」，「掛け算」のいずれかに分類することができます．ここでは無限大が関わる各パターンについて，四則演算の結果を確認していきます．

4.2.6 無限大と定数の組み合わせ

$a>0$を定数とします．

[足し算] $\infty + a = \infty$

[引き算] $\infty - a = \infty$, $a - \infty = -\infty$

[掛け算] $\infty \times a = \infty$

[割り算] $\dfrac{a}{\infty} = 0$, $\dfrac{\infty}{a} = \infty$

足し算と引き算に関しては，直感的にわかりやすいと思います．“$a+b$”という「足し算」は，数直線上で“a”の位置からプラスの方向へ“b”だけ進んだ位置の値を指します．よって，“$a+\infty$”によって表される位置は「正の無限大」ということになります．

逆に，“$a-b$”という「引き算」は数直線上で“a”の位置からマイナスの方向へ“b”だけ進んだ位置の値を指します．よって“$a-\infty$”によって表される位置は「負の無限大」であると理解できます(**図5**)．

掛け算については難しいことはないと思います．割り算については，分数の分母が無限大である場合はゼロになり，分数の分子が無限大である場合は無限大となります．これは

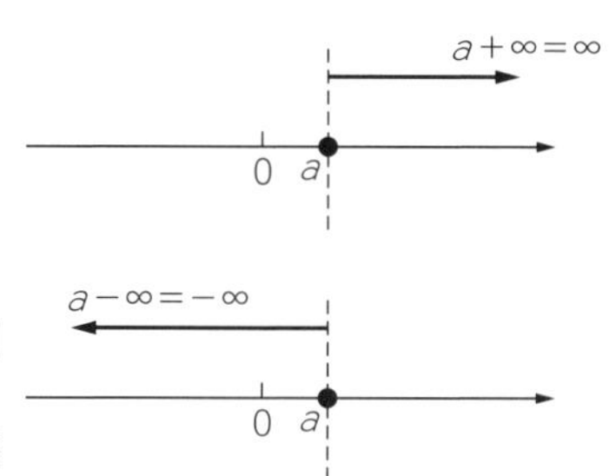

図5　足し算と引き算の本質は「数直線上の移動」として考えることができる

これは「無限大」を扱う場合も同じ

分数の性質からも納得できると思います.

4.2.7　ゼロと定数の組み合わせ

$a>0$を定数とします.

［足し算］$0+a=a$

［引き算］$0-a=-a$, $a-0=a$

［掛け算］$0\times a=0$

［割り算］$\dfrac{a}{0}=\infty$, $\dfrac{0}{a}=0$

これも, 特に難しいことはないと思います. 分数における考え方は無限大の場合と同様です.

4.2.8　無限大と無限大の組み合わせ

これは少々やっかいです.

［足し算］$\infty+\infty=\infty$

［引き算］$\infty-\infty$：不定形

［掛け算］$\infty\times\infty=\infty$

［割り算］$\dfrac{\infty}{\infty}$：不定形

2つ以上の無限大の記号“∞”が式中にある場合, それらの間には大小関係を定めることができません. そのため,「無限大同士の引き算」というものがどのような値になるのかを定めることはできないのです.

同様に, 割り算“∞/∞”についても分母と分子のどちらが大きいのかを定めることができないので, この値も一概には何とも言えないのです.

このように, 値が定まらない極限のことを「**不定形**」(indeterminate form)と言います. 微積分に関わる証明問題では, 極限計算の結果が不定形にならないようにするための工夫を求められることがよくあります．

4.2.9 ゼロとゼロの組み合わせ

ここで言うゼロは，「極限としてのゼロ」を指していることに注意が必要です．

［足し算］$0+0=0$

［引き算］$0-0=0$

［掛け算］$0\times 0=0$

［割り算］$\dfrac{0}{0}$：不定形

ゼロとゼロの割り算"0/0"が不定形になる理由を説明します．何らかの関数$f(x)$および$g(x)$があり，これらは$x\to 0$の極限として

$$\lim_{x\to 0} f(x)=0$$

および

$$\lim_{x\to 0} g(x)=0$$

を満たすとします．すると，今考えている"0/0"という形の極限は，次式のような状態となります．

$$\lim_{x\to 0}\frac{g(x)}{f(x)}$$

ここで，仮に$f(x)=x$，$g(x)=x^2$とすると，これらは前提条件である

$$\lim_{x\to 0} f(x)=0$$

および

$$\lim_{x\to 0} g(x)=0$$

を満たします．そこで"$g(x)/f(x)$"の極限を求めると次のようになります．

$$\lim_{x\to 0}\frac{g(x)}{f(x)}=\lim_{x\to 0}\frac{x^2}{x}=\lim_{x\to 0} x=0$$

一方で，$f(x)=x^2$，$g(x)=x$とすると，"$g(x)/f(x)$"の極限は次式のようになります．

$$\lim_{x\to 0}\frac{g(x)}{f(x)}=\lim_{x\to 0}\frac{x}{x^2}=\lim_{x\to 0}\frac{1}{x}=\infty$$

このように，$f(x)$と$g(x)$が同じ「ゼロに収束する関数」だとしても，その割り算の結果は関数の中身次第で変わってしまいます．このことから"0/0"という形の極限は一概に定

表1 xとx^2では，x^2のほうが速くゼロに収束する

x	x^2
1.0	1.0
0.9	0.81
0.8	0.64
0.7	0.49
0.6	0.36
0.5	0.25
0.4	0.16
0.3	0.09
0.2	0.04
0.1	0.01

まらないため，「不定形」ということになります．

なお，いま例として取り上げた“x”と“x^2”のそれぞれに対して$x=1$，$x=0.9$，$x=0.8$，…と代入していき，具体的に$x\to 0$の極限計算をやってみると，x^2がゼロに収束するスピードのほうが速いことがわかります．このように，関数ごとに「関数の値が極限に対して近づく速さ」は異なります．これが“0/0”型の極限を不定形にしている理由の本質です．

また，一見して“0/0”という形の極限計算だったとしても，**表1**のように分母および分子の関数の中身がわかる場合は，それぞれの関数が極限に近づく速さを比較することで収束値を定めることができます．基本的なルールは「速いほうが勝つ」ということになります．

4.2.10 無限大とゼロの組み合わせ

掛け算だけ注意が必要です．

［足し算］$\infty+0=\infty$

［引き算］$\infty-0=\infty$，$0-\infty=-\infty$

［掛け算］$\infty\times 0$：不定形

［割り算］$\dfrac{0}{\infty}=0$，$\dfrac{\infty}{0}=\infty$

上記の“$\infty\times 0$”という形だけが不定形になります．これも“0/0”という形の極限と同じ考え方でアプローチすることができます．

1つめの関数の値が無限大に発散する速さと，2つめの関数がゼロに収束する速さのどちらが大きいかによって，この計算の値は変わってしまいます．そのため一概に極限の値を定めることはできず，不定形ということになります．

*

以上で極限計算についての解説は終わりです．やや感覚的な説明になっているので，厳

密な証明をしようとすると不足を感じるかもしれません.

しかし，後で極限を厳密に定義した後も，ここで解説したイメージに従って考察を進めることに変わりはありません．厳密であることと本質をとらえていることは，必ずしも一致しないのです.

4.3　微分の考え方

4.3.1　「設計」は未来を予想する作業

それでは,「微分」の解説に入ります．まずは微分の必要性と使いどころについて考えてみましょう.

これから微分を学ぶのは，電気回路を「設計」するために必要だからです．では，そもそも設計の本質とは何でしょうか．それは,「まだ作っていない回路の特性を予想する」ことです．正しい方法で設計していれば，回路自体がまだ完成していなくとも要求仕様を満たす性能を実現できることや，誤動作しないことを保証できるのです.

このように考えてみると，設計というのはすごい作業です．まるで「未来を予想している」かのようです．このように言ってしまうと，非常に困難な作業であるように感じてしまうかもしれませんが，決してそのようなことはありません．例えば，誰でも一度は使ったことがあるであろう「オームの法則」を考えます．“$V=RI$”という式です．オームの法則を使えば，1kΩの抵抗に5Vの電圧を印加したときに流れる電流は5V÷1000Ω＝5mAであると予想できます．そして，実験を行えばそのとおりになっていることでしょう(電流計の誤差や配線の寄生抵抗などは考えないものとします)．このように，オームの法則をはじめとした「物理法則」は未来を予想するための道具であると言えます.

4.3.2　予想に使う道具「物理法則」は微分で表現されることが多い

物理法則は電気の分野に限らず多くの種類があり，それらは数式の形で表されます．そして，そのほとんどは「微分」を使った形で書かれています．未来を予想する作業と微分という演算の間には，非常に重要なつながりがあります．なお，先ほど取り上げたオームの法則は簡単な掛け算の式であって，微分など使われていないように見えます．しかし，オームの法則が成り立つ理由を解釈するためには，やはり微分の考え方が必要となります．その内容については次章で解説します.

微分というのは物理法則を記述する上でなくてはならないものであること．そして，物理法則を応用して「設計」を行うのが電気工学や機械工学といった「工学」であること．このことを，ぜひ覚えておいてください.

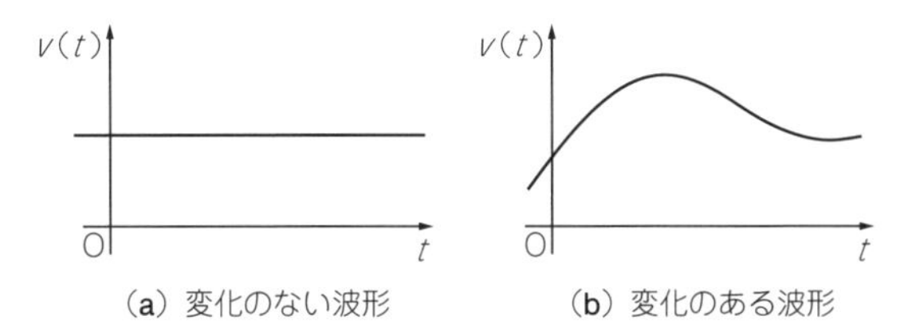

図6 変化しない波形を相手にするならば，未来における状態を予想することが簡単になる
逆に，時間変化がある波形は扱いが難しい

4.3.3 「変化」について考える

通常，電気回路を設計するときに第一に注目するのは「回路各部に現れる信号波形」です．電気回路の動作を理解するためには，その回路中に現れる波形を詳細に把握することが不可欠です．また，その回路の動作をおおまかに理解したい場合にも，「入力信号と出力信号の波形を比較する」といった手法が用いられます．以上のことから，さまざまな「波形」を数学的に扱うことは，設計を行うための基礎となることがわかります．

電気回路が扱う波形としてはさまざまなものが考えられますが，まずはその中でも特別なものとして「変化しない波形」を考えます．いわゆる「直流」です［**図6(a)**］．直流を扱う場合，回路各部の電圧は永遠に一定であり，電流も同じく永遠に一定です（過渡状態は考えないものとします）．

よって，回路内部には時間経過に伴う変化がありません．ずっと同じ状態ですから，未来の状態を予想することも容易です．しかし電圧や電流が変化しない回路は，音声信号を増幅したり計算処理を実行したりできません．いくら未来の状態を予想しやすくても，実用的な動作ができなければ意味がありません．

これに対して，「変化のある波形」を扱う場合は未来を予想することが難しくなります［**図6(b)**］．回路の状態は時々刻々と変化していくため，仮にある時点における状態がわかったとしても，その後の挙動を予想することは困難です．とはいえ，現実の電気回路はすべてこのような状態にあります．実用的な回路設計を行うためには，次々と生じる「変化」を予測していかなければなりません．よって，数学的に「**物事の変化をわかりやすく扱う手法**」を考案する必要があります．

4.3.4 「変化率」という考え方

まずは，どのような場合なら「変化」を簡単に扱えるのか考えてみましょう．最初に最も単純な場合における考え方を整理しておき，その後で複雑なケースにも対応できるように考え方を拡張していくという方針でいきます．

さまざまな変化の中でも最もわかりやすいのは，「直線形の変化」です（いわゆる「線

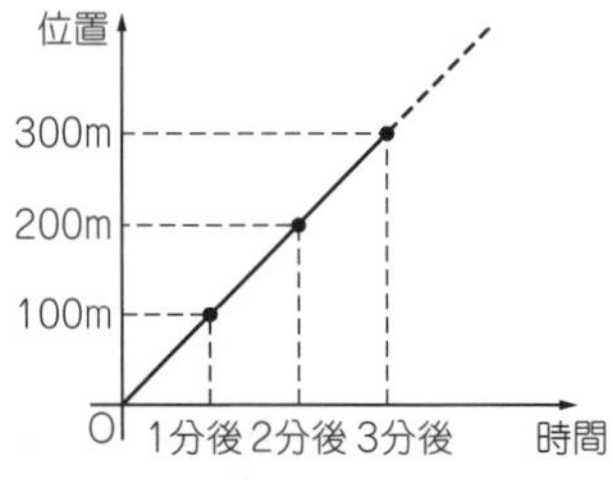

図7 一定の速さで歩き続ける人の未来の位置は, 簡単に予想できる

すなわち「変化率」が一定ならば未来を予想しやすい

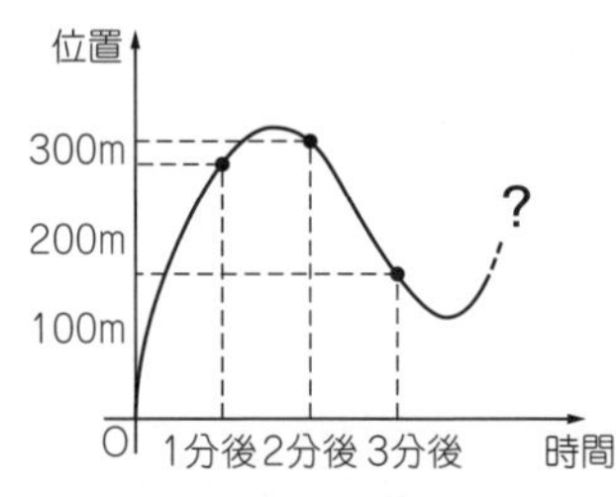

図8 対象がランダムに動き回る場合, 未来における位置はなかなか予想できない

すなわち「変化率」が変動する場合は未来の予想が難しいと言える

形」). この変化を表す関数としては, 1次関数が該当します. 例えば, 時間を“t”, 時間に対応して変化する何らかの「出力値」を“y”としたときに, 両者の間に“$y=at$”という簡単な1次関数の式で表される関係性があったとします. この場合, 時間経過に対する出力値の変化量を求める方法は, 「時間の変化量に定数“a”を掛け算するだけ」という非常に簡単なものになります. これならば, 未来を予想することも容易です.

一般に, この定数“a”は入力値の変化量(今の例でいうとtの変化量)と出力値の変化量(今の例ではyの変化量)を結び付ける重要な値であり, 「**変化率**」(rate of change)と呼ばれます. 変化率は, その関数のグラフを書いたときの「傾き」と一致します. 比例や1次関数のグラフは直線ですから, グラフの傾き, すなわち関数の変化率は一定であり, まったく変化しません(**図7**).

以上のことをまとめると, 「**変化率が一定ならば, 未来を予想しやすい**」と言うことができます. このことを具体例で確認してみましょう. まず, 一定の速さでまっすぐに歩いている人がいるとします. この人が今から5分後にいる位置は, おおよそ予想できます. これに対して, ランダムに動き回る元気な子供が5分後にいる位置は, なかなか予想できません. 前者は「位置の変化率」すなわち「速さ」が一定なので, 簡単に未来を予想できるのです. 後者の場合は「位置の変化率」が時々刻々と変化するので, 未来における位置の予想が困難となります(**図8**).

なお，物事が「変化しない」ということを別の言葉で表現すると，「常に変化率がゼロのままである」となります．すなわち「まったく変化しないもの」と「変化率が一定であるもの」は，本質的によく似ているのです．

4.3.5 曲線の一部だけを見れば直線に見える

変化が直線的であれば，未来を予想しやすいことがわかりました．しかし，世の中に広く存在する波形は基本的に「曲線」です．これは電気回路中の信号も例外ではありません．実用的な回路設計で重要となるのは，曲線の変化率をわかりやすく扱う方法です．

ここで，曲線の一部分を拡大することを考えます．曲線の中の非常に微小な部分に注目すれば，その部分は「ほとんど直線に見える」ことがイメージできると思います．もちろん，直線に見えるかどうかは曲線の部位にもよりますし，感じ方には個人差もあると思います．もし直線に見えない場合は，さらに微小な区間を拡大して見ることにします．さらに拡大，もっと拡大……と限りなく繰り返せば，最終的には「完全な直線」と言ってもよい形状になっているはずです(**図9**)．以上の考察から，「**曲線を限りなく微小な区間に分割すると，その1つ1つは直線に見える．直線ならば，変化を扱いやすい**」という発想に至ります．これが「微分」の考え方の本質です．

以上のように，微分というものは「限りなく微小な区間に着目する」および「限りなく拡大する」といった，極限操作が関わるような考え方に基づいています．このことからも，微分について深く考察するためには極限に関する理解が必要不可欠であることが納得できると思います．特に数式で微分を扱うためには，極限の計算によく慣れておく必要があります．

上で説明した「微小区間における変化率」というのは，曲線上のある1点だけで通用するような「非常にローカルな情報」であると言えます．よって曲線全体をカバーするためには，曲線上のすべての場所ごとに傾き(変化率)を考える必要があります．この考察は，あとで解説する「導関数」の内容につながります．

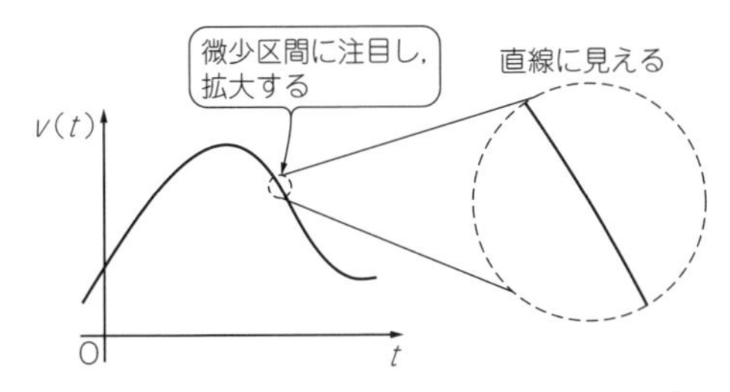

図9 曲線の中の限りなく微小な部分に注目すると，それは「直線」に見える

4.3.6 直線の傾き

微分の基本的な考え方は,「曲線も微小区間に注目すれば直線である」ということに尽きます. 直線にこだわる理由は, その変化率が一定でわかりやすいからです. ここではすべての基礎として,「直線の変化率」すなわち「直線の傾き」を数式で扱う方法について確認します.

直線において, x方向の変化量を“Δx”, それにともなうy方向の変化量を“Δy”と書くことにします. このとき,「直線の傾き」は次式で定義されます.

$$直線の傾き=直線の変化率=\frac{\Delta y}{\Delta x}$$

なお, ギリシャ文字“Δ”(デルタ)は, 何らかの値の「変化量」や「変化幅」を表すときによく使われます(**図10**).

上式がなぜ「傾き」を意味するのか, 考えてみましょう. **図11**のように傾きの異なる2つの直線において, x方向の変化量“Δx”に対するy方向の変化量“Δy”を考えます. Δxの大きさは, 両者でそろえるものとします.

このとき, Δyが小さいグラフは傾きが小さいことがわかります. 逆に, Δyが大きい場合はグラフの傾きが大きくなります. このことから, 同じΔxに対するΔyの大きさを比べれば, グラフの傾きの大小を評価できると考えられます. ΔyをΔxで割った“$\Delta y/\Delta x$”という値は, その直線におけるx方向の変化量を1とした場合のy方向の変化量を表します. よって, この値が大きいほど直線の傾きが大きくなることになりますから,「直線の傾き」の定義として妥当であると理解できます.

なお**図12**のように角度θをとると, 三角関数のtanの定義より, 直線の傾きは“$\tan(\theta)$”と等しくなることがわかります.

$$\tan(\theta)=\frac{\Delta y}{\Delta x}$$

このように傾きと$\tan(\theta)$を結び付けて考えることで, 問題を図形的にとらえて直感的に

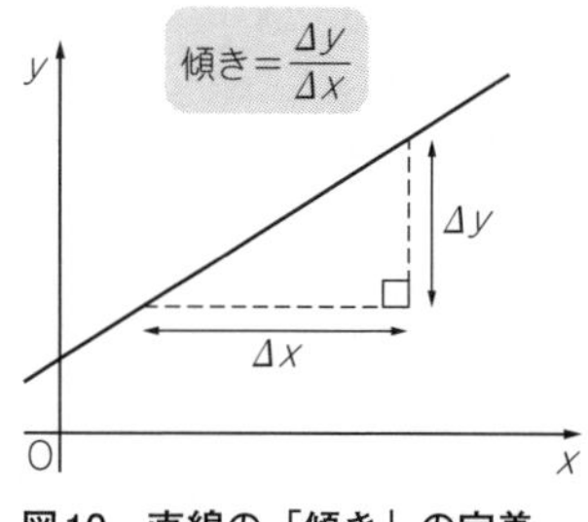

図10　直線の「傾き」の定義

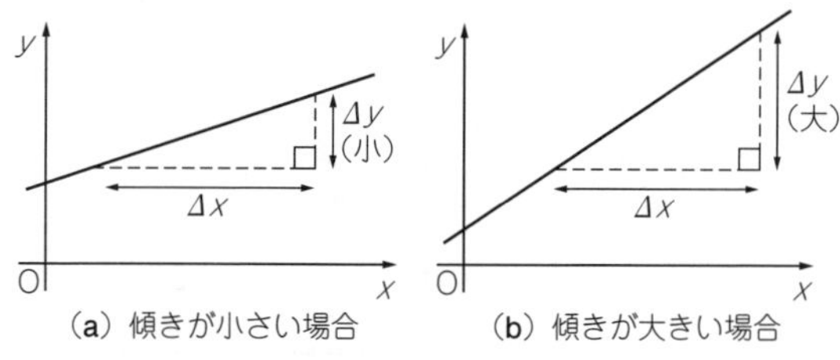

図11　同じ大きさのΔxに対してΔyが大きいほど, 直線の傾きは大きくなる

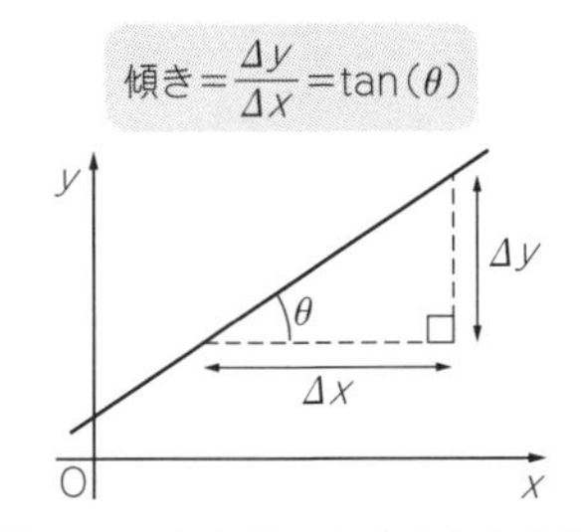

図12　このように角度θをとると，直線の傾きは“tan(θ)”の値に等しい

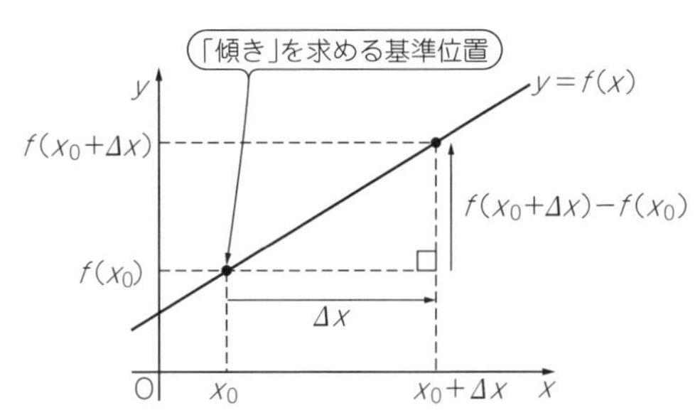

図13　点$(x_0,\ f(x_0))$における直線の傾きを考える

解決できることがあります.

4.3.7 「場所ごとの傾き」を考える

一般的な曲線の傾きは場所によって異なるので,「場所ごとの傾き」を扱う方法が重要となります．ここでは場所ごとの傾きを扱う準備として，簡単な1次関数のグラフを使って考えを進めます.

まずは，図13のような1次関数$f(x)$を考えます．今回の目的は「場所ごとの傾き」を考えることなので，傾きを求める位置を直線上の点$(x_0,\ f(x_0))$と決めます．この位置からxを“Δx”だけ増加させた場合の関数の変化量“$\Delta f(x_0)$”は，次のように表すことができます.

$$\Delta f(x_0)=f(x_0+\Delta x)-f(x_0)$$

なお，上式においてΔxはどのような値でも構いません．傾きの定義は「x方向の変化量に対するy方向の変化量」でしたから，x方向の変化量“Δx”とy方向の変化量“$\Delta f(x_0)$”とを使って，傾きの値は次式で表されます.

$$\frac{\Delta f(x_0)}{\Delta x}=\frac{f(x_0+\Delta x)-f(x_0)}{(x_0+\Delta x)-x_0}=\frac{f(x_0+\Delta x)-f(x_0)}{\Delta x}$$

いま扱っている関数$f(x)$は1次関数ですから，上式で表される傾きはx_0(傾きを求める位置)およびΔx(x_0からの変化量)によらず，常に一定の値となります.

4.3.8 微分係数

次は本題の,「曲線における場所ごとの傾き」について考えます.

今度は関数$f(x)$が図14のように何らかの「曲線」を表すものとします．先ほど扱った直線の場合と同様の考え方をすると，「関数$f(x_0)$の点$(x_0,\ f(x_0))$における傾き」は次式で表されます.

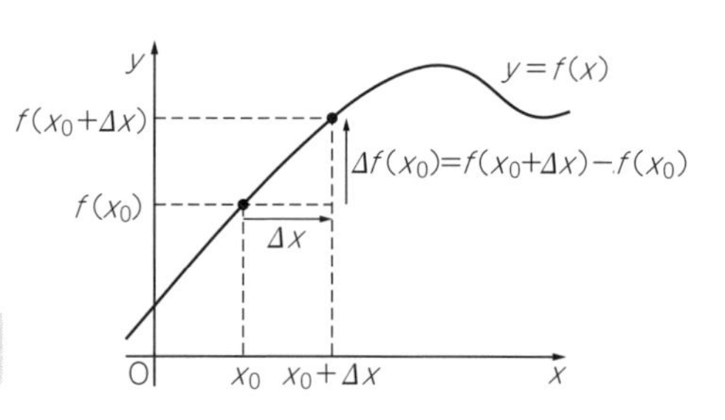

図14　曲線の傾きは場所によって異なるが，「限りなく微小な区間」では直線に近似できる

これは“Δx”を限りなく小さくすることで表現できる

$$\frac{\Delta f(x_0)}{\Delta x}=\frac{f(x_0+\Delta x)-f(x_0)}{\Delta x}$$

いま考えている関数$f(x)$は曲線なので，上式の値は点$(x_0,\ f(x_0))$の位置を固定したとしても“Δx”の値によって変化してしまいます．そこで，微分の本質である「**曲線の限りなく微小な区間は，直線になっていると見なせる**」という発想を使います．すなわち，“Δx”を限りなくゼロに近づければ，本当の意味で「点$(x_0,\ f(x_0))$における傾き」を求めることができるはずです．これを数式で表すと，次のようになります．

$$\lim_{\Delta x\to 0}\frac{\Delta f(x_0)}{\Delta x}=\lim_{\Delta x\to 0}\frac{f(x_0+\Delta x)-f(x_0)}{\Delta x}$$

こうして出来上がった上の式こそ，「ある一点$(x_0,\ f(x_0))$における関数$f(x)$の傾き」を表す式であり，この極限の値を関数$f(x)$の点$(x_0,\ f(x_0))$における「**微分係数**」(differential coefficient)と呼びます．微分係数とは「局所的な傾き」であると考えることができます．

4.3.9　導関数

先ほど「微分係数」を考えたときは，ある一点$(x_0,\ f(x_0))$だけに注目していました．これに対して，一般的な関数$f(x)$の傾きはxの値によって変化します．よって，先ほど一点に固定していた定数“x_0”を変数“x”に置き換えることにします．これは，「**変数xの値と関数f(x)の傾きを結び付ける関数**」を新しく作ることに相当します．この新しい関数を“$df(x)/dx$”という記号を使って，次のように表記することにします．

$$\frac{df(x)}{dx}=\lim_{\Delta x\to 0}\frac{\Delta f(x)}{\Delta x}=\lim_{\Delta x\to 0}\frac{f(x+\Delta x)-f(x)}{\Delta x}$$

上式は，もともと「差分」を表していた“Δ”という文字が，限りなく微小な区間における差分ということで“d”に置き換わったものと見ることができます．上式の関数“$df(x)/dx$”は各xの値に対応した関数$f(x)$の傾きを表す関数であり，「**導関数**」(derivative)と呼ばれます．なお，導関数は簡単に“$f'(x)$”と書くこともあります．

$$f'(x)=\frac{df(x)}{dx}=\lim_{\Delta x\to 0}\frac{f(x+\Delta x)-f(x)}{\Delta x}$$

関数$f(x)$の導関数$f'(x)$を求めることを，関数$f(x)$を「**微分する**」(differentiate)といいます．上式における“d/dx”の部分を「微分せよ」という意味の演算子であると解釈して，次のように書くこともあります．

$$\frac{d}{dx}f(x)=\lim_{\Delta x\to 0}\frac{f(x+\Delta x)-f(x)}{\Delta x}$$

関数を微分する方法は，上式の極限計算を実行する以外にありません．この極限計算は，関数$f(x)$が初等関数の範囲であれば比較的簡単に実行することができます．具体的にさまざまな関数を微分する方法は，次節で紹介します．

なお，導関数$f'(x)$は各点における関数$f(x)$の傾きを表す関数ですから，$x=x_0$を代入すれば点$(x_0,\ f(x_0))$における$f(x)$の傾き，すなわち「微分係数」を得ることができます．これは，次式のように表現します．

$$f'(x_0)=\left.\frac{df(x)}{dx}\right|_{x=x_0}=\lim_{\Delta x\to 0}\frac{f(x_0+\Delta x)-f(x_0)}{\Delta x}$$

*

関数を微分する方法を説明するときに，「導関数の形を暗記すればよい」と言って済ませてしまう場合がありますが，それでは暗記していない関数が出てきたときに微分できなくなってしまいます．また，測定データとして得られた曲線のように，そもそも数式の形で表しづらいような場合も手に負えなくなってしまいます．上式の定義が本質であると理解していれば，こういった問題でつまずく心配もなくなります．

なお，電気信号波形の測定データのような一般的な「データ列」を微分する場合は，極限の計算ができません．よって，xデータの列$\{x_1,\ x_2,\ x_3,\ \cdots\}$(例えば「測定時刻」など)および$y$データの列$\{y_1,\ y_2,\ y_3,\ \cdots\}$(例えば「測定した電圧」など)を用いて次のように各点における「傾き」を求めていき，その一連の傾きのデータ全体を導関数として扱います．

$$f'(x_n)=\frac{y_n-y_{n-1}}{x_n-x_{n-1}}$$

*

「導関数」(derivative)という言葉には，元の関数$f(x)$から「導かれたもの」，「派生したもの」という意味合いがあります．

また，微分するという動詞の“differentiate”には「差分をとる」という意味もあります．これは，微分の定義式が「直線の傾きの式」に由来したものであり，分母および分子がそれぞれx方向の差分，y方向の差分になっていることを考えれば納得できると思います．微分の計算の本質は「引き算と割り算」であると言えます．なお，後で解説する積分の計算の本質は「足し算と掛け算」です．

4.3.10　導関数のグラフ

関数$f(x)$とその導関数$f'(x)$との関係をより具体的にイメージするために，ここでは導関数のグラフをいくつか見てみましょう．

まずは簡単な1次関数について考えます．1次関数$f(x)$とその導関数$f'(x)$の対応関係は，**図15**のようになります．1次関数の傾きは常に一定ですから，$f(x)$の傾きが正の場合は$f'(x)$の値は正の一定値となります．$f(x)$の傾きが負の場合，$f'(x)$は負の一定値となります．

次は，関数$f(x)$が2次関数である場合について考えます．**図16**では，簡単な2次関数の例として$f(x)=ax^2$のグラフを書いています．$a>0$の場合，2次関数のグラフは下に凸(と

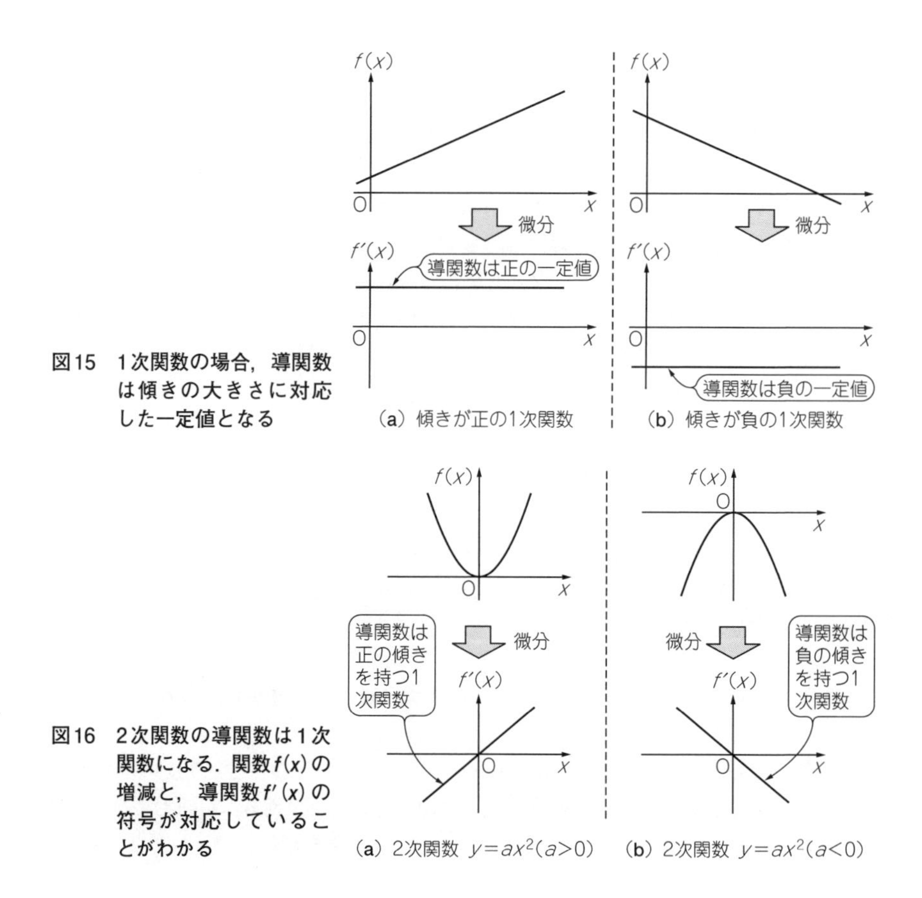

図15　1次関数の場合，導関数は傾きの大きさに対応した一定値となる

図16　2次関数の導関数は1次関数になる．関数$f(x)$の増減と，導関数$f'(x)$の符号が対応していることがわかる

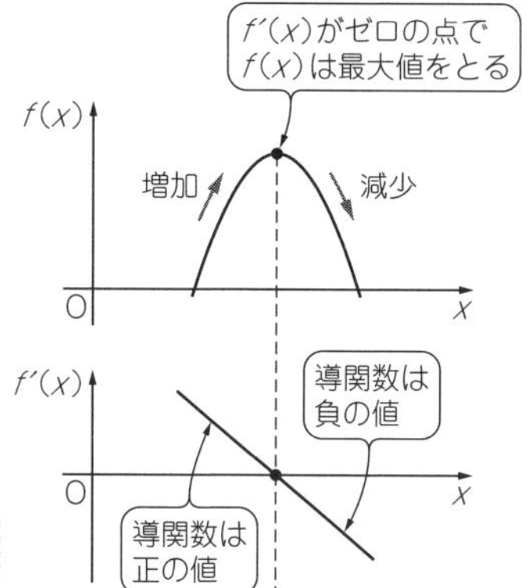

図17 関数$f(x)$が最大値をとる点は「増加」と「減少」のちょうど境目であり，傾きはゼロになる

$f'(x)=0$となる点を探すことで，関数$f(x)$の挙動が変化する点を発見することができる

つ）となります．このときの導関数$f'(x)$は，正の傾きをもつ1次関数となります．一方で$a<0$の場合，2次関数のグラフは上に凸となります．このときの導関数は，負の傾きをもつ1次関数となります．なお，「2次関数の導関数は1次関数である」という事実は，次節で解説する簡単な計算によって示せます．ここでは具体的な関数の形というよりも，$f(x)$と$f'(x)$の関係に対する直感的な解釈について言及します．

2次関数$f(x)$のグラフが，**図17**のように上に凸である場合について考えます．$f(x)$の動きを，xが小さいところから大きいところへ向かって見ていきます．最初は$f(x)$の値は増加していくので，$f(x)$の傾きは正です．その後$f(x)$の傾きは減少していき，あるところで$f(x)$の傾きは完全にフラット，すなわち傾きの値がゼロになります．この点において，$f(x)$は最大値をとります．最大値の点を超えると，$f(x)$の値は減少していきます．このときの傾きは負の値です．その後$f(x)$の傾きは急になっていき，$f(x)$の値はどんどん減少していきます．

図17における導関数$f'(x)$の挙動は，「最初は正で，途中でゼロになり，その後は負になる」ということで，$f(x)$の傾きの変化の様子を正しく表していることがわかります．また，符号だけでなくその「絶対値」も$f(x)$の傾きの大小に対応しています．

4.3.11 $f'(x)=0$となる点に注目する

導関数$f'(x)$の値がゼロになる点は，関数$f(x)$の挙動が変化する重要な点です．例えば$f(x)$が最大値をとる点は，$f(x)$が「増加」から「減少」に転じる境目の点です．このとき，$f'(x)$の値は正から負に切り替わる途中で“$f'(x)=0$”となります．また，$f(x)$が最小値をとる点では，$f(x)$が「減少」から「増加」に転じる途中でやはり$f'(x)=0$を満たします．以上のことから，“$f'(x)=0$”となる点を探せば，関数$f(x)$が最大値や最小値をとり得る点を見つけ出すことができます．

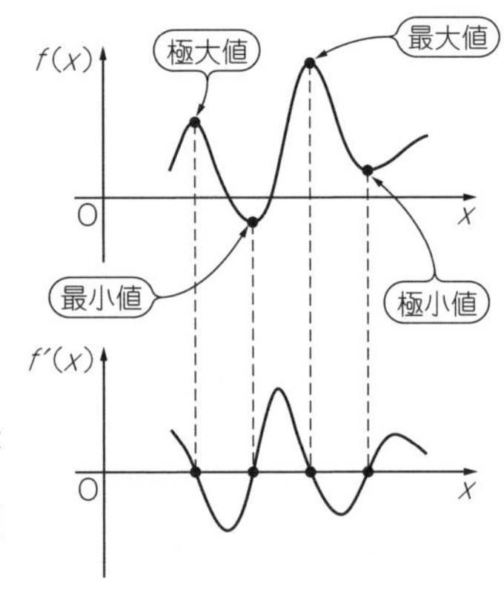

最大，最小，極大，極小の各点で導関数 $f'(x)$ の値はゼロになる

図18　$f'(x)=0$ となっても，最大値や最小値を取るとは限らない．「極大値」や「極小値」である可能性もある

しかし，$f'(x)=0$ の点において常に関数 $f(x)$ が最大値や最小値をとるとは限りません．**図18**のように $f'(x)=0$ を満たす点において $f(x)$ が「山の頂点」に相当する値をとっていても，それが $f(x)$ 全体の最大値ではない場合があります．このような点における $f(x)$ の値のことを「**極大値**」(local maximum)と呼びます．同様に，$f'(x)=0$ となる点において $f(x)$ が「谷の底」に相当する値をとったとしても，それが最小値ではない場合があります．このような値のことを「**極小値**」(local minimum)と呼びます．

さらに，$f'(x)=0$ を満たしていても，その点が最大値，最小値，極大値，極小値のいずれでもない場合もあります．$f'(x)=0$ から得られる情報は，「その点において $f(x)$ の傾きはゼロである」ということだけです．よって，**図19**のように関数の値が増加し続ける途中のある一点において，「単に傾きがゼロになるだけ」ということもあり得ます．

関数 $f(x)$ が最大値や最小値をとる点では，必ず $f'(x)=0$ を満たします．しかし $f'(x)=0$ というだけでは，その点が最大値なのか最小値なのか，もしくはどちらでもないのかを判断することができません．最大値や最小値，極大値や極小値を詳細に調べるためには，$f'(x)$ の符号を確認したり定義域の端における $f(x)$ の極限を調べたりして，$f(x)$ のグラフの形を具体的にイメージする必要があります．

ただし，$f'(x)$ が単調増加(常に増加)する場合は簡単で，$f'(x)=0$ を満たす点において $f(x)$ は最小値をとります．また，$f'(x)$ が単調減少(常に減少)する場合は，$f'(x)=0$ を満たす点において $f(x)$ は最大値をとります($f(x)$ ではなく"$f'(x)$"のグラフが単調増加・減少であることに注意)．これらのことは，$f(x)$ および $f'(x)$ のグラフの形を具体的にイメージすれば納得できるかと思います．

4.3.12　関数のグラフの接線

関数 $f(x)$ の導関数 $f'(x)$ によって，関数 $f(x)$ の各点における傾きを知ることができます．

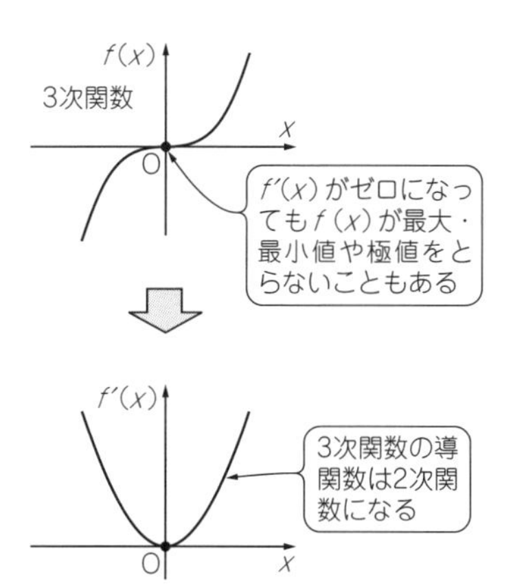

図19 f′(x)=0が意味するのは，あくまで「f(x)の傾きがフラットである」ということだけ

f′(x)=0であっても最大，最小，極大，極小のいずれにも当てはまらない場合もある

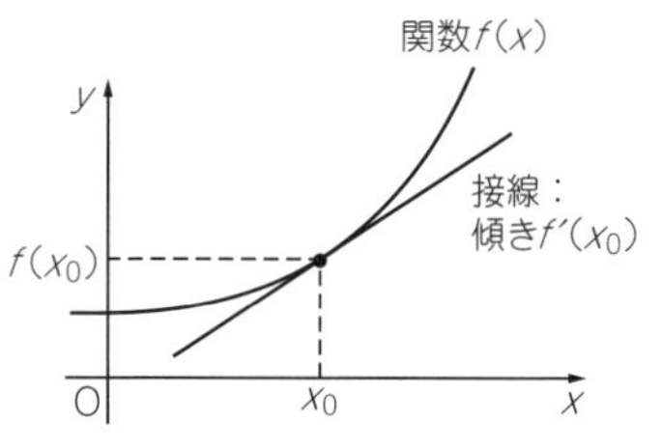

図20 関数f(x)上の点(x0，f(x0))における接線

ここでは導関数$f'(x)$を利用して，グラフの「接線」を表すことについて考えます．

関数$f(x)$のグラフ上の点で，そのグラフと接する直線のことを「**接線**」(tangent line)と呼びます(**図20**)．また，関数$f(x)$のグラフとその接線が接する点のことを「**接点**」(point of tangency)と呼びます．

ここでは接点の座標を$(x_0,\ f(x_0))$として，接線を表す式を導出してみます．まず，接線の傾きは点$(x_0,\ f(x_0))$における関数$f(x)$の傾きと一致しますから，“$f'(x_0)$”となります．原点を通り，傾きが$f'(x_0)$である直線の式は次式で表されます．

$$y=f'(x_0)\cdot x$$

いま求めたいのは点$(x_0,\ f(x_0))$を通る直線の式ですから，上式をx方向およびy方向に平行移動させることを考えます．すなわち，次式のようになります．

$$y-f(x_0)=f'(x_0)\cdot(x-x_0)$$

上式に$y=f(x_0)$，$x=x_0$を代入すると，両辺ともゼロになり等号を満たすことが確認できます．よって，上式が点$(x_0,\ f(x_0))$における「**接線の式**」となります．

「微分」というのは曲線を局所的に直線と見なし，その変化率(傾き)を考えるものです．そういった意味で，微分の本質とは「曲線を局所的に1次関数で近似すること」であると言えます．そして，「接線」こそが「曲線を近似した1次関数」そのものということになります．

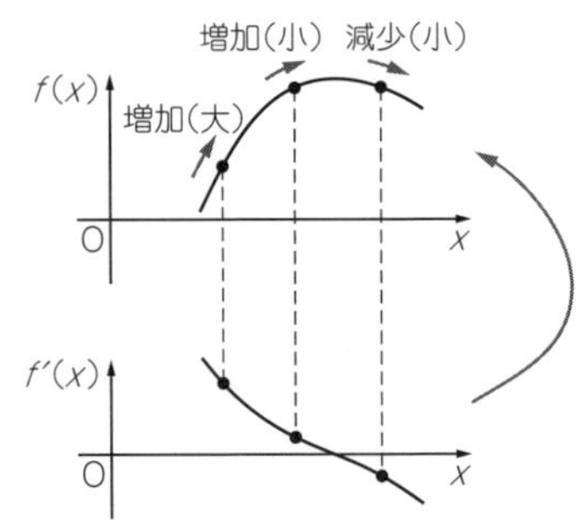

図21　導関数$f'(x)$は，関数$f(x)$の「変化の様子」に関する情報をすべて持っている
先に$f'(x)$が与えられている場合，$f'(x)$を「積分」することで関数$f(x)$を構築できる

4.3.13　導関数が持っている情報

いままでは，導関数について説明するために「先に関数$f(x)$が与えられ，それを微分して導関数$f'(\mathrm{x})$を得る」という順番で考えてきました．ここでは逆に，先に導関数$f'(x)$が与えられたときに関数$f(x)$を作り出す方法について考えます．

導関数$f'(x)$は関数$f(x)$の傾き，すなわち「変化率」に関する情報を持っています．この変化率という情報は，「関数$f(x)$が次にどう動くか」ということを予想する手掛かりになります．先ほど考えた「接線」をイメージすると，曲線を表す関数$f(x)$のことを「微小な直線(線分)を大量につなぎ合わせたもの」と考えることができます．この線分1本1本の傾きの情報が，導関数$f'(x)$に含まれているのです．

ここで，関数$f(x)$があるスタート地点において何らかの値を持つとします．その地点における導関数$f'(x)$の値を確認すれば，その直後に(つまりxの値をわずかに増加させた地点において)関数$f(x)$が増加するのか，減少するのか，さらにその変化の大きさはどれくらいなのかといった情報が得られます．この情報を元にして，次に関数$f(x)$がとる値を予想できます．次はその地点を新しいスタート地点にして，同様の手順によって直後の関数$f(x)$の値を予想します．

以上の流れを繰り返すことで，スタート地点から始まる関数$f(x)$の動きを完全に再現できます．この方法の本質は，「導関数$f'(x)$によって直後の$f(x)$の動きを予想する」という点です(**図21**)．このことから，「導関数$f'(x)$は未来に関する情報を持っている」と考えることができます．

4.3.14　微分と物理法則

一般的な物理や工学の分野では，関数$f(x)$は考えている対象の「物理量」を表します．物理量とは，電圧，電流，電界，磁界，温度，物体の位置などです．この関数$f(x)$の未来の値，すなわち興味がある物理量の未来の様子は，すべて導関数$f'(x)$によって表現されます．そのため，さまざまな物理現象を説明する「**物理法則**」(physical law)には，頻繁に微分の式が登場します．

例えば，もっとも有名な物理法則の1つである「**運動方程式**」(equation of motion)について見てみましょう．運動方程式は，物体の「**運動量**」(momentum)“p”と，物体に印加される「**力**」(force)“F”との関係を表す法則です．なお運動量pは，「**質量**」(mass)“m”と「**速度**」(velocity)“v”との積です($p=mv$)．また，時間(time)を“t”と表すことにします．このとき，運動方程式は次式で表されます．

$$\frac{d}{dt}p=F$$

上式を解釈すると，「運動量の時間変化は，力の大きさで決まる」という具合になります．例えば物体を「手で押す」などの方法で力を印加すると，物体の速度が徐々に大きくなることが想像できると思います．氷のように表面がツルツルした床の上で物体をちょっと押すと，物体の速度が大きくなり，手をはなすとそのまま滑っていきます．もし床がザラザラしている場合は，「摩擦力」という別の力がはたらくせいで物体の速度は徐々に小さくなり，いずれ止まります．いずれにしても，物体の動きは「力」によって支配されていることになります．このことを表しているのが，上記の運動方程式です．

運動方程式には，“dp/dt”という微分の形が入っています．このように微分の形が入った方程式のことを「**微分方程式**」(differential equation)といいます．未来の様子を表す物理法則はそのほとんどが「微分方程式」として表現されますが，その理由も今なら納得できるのではないかと思います．

物理法則を表す微分方程式がわかれば，先ほど説明した「関数$f(x)$の直後の動きを予想することを繰り返し続ける」という方法によって，$f(x)$の全体像を作り出せます．この一連の計算は，後で解説する「積分」に相当します．

また，この方法によって関数$f(x)$を作り出すには「スタート地点における関数$f(x)$の値」の情報が別途必要になります．その理由は，「スタート地点における値を基準にして」直後の値を予想することを繰り返すからです．この「スタート地点における値」のことを，関数$f(x)$の「**初期値**」(initial value)といいます．初期値という言葉を使わずに，「**初期条件**」(initial condition)と言う場合もあります．

関数$f(x)$に関する微分方程式と初期値を知っていれば，元の関数$f(x)$を完全に再現できます．その具体的な方法については，後で「微分方程式」の節で解説します．

4.3.15　微分可能性と連続性

「微分」の本質的な考え方とその重要性は，以上で説明したとおりです．ここから先は，少し細かい内容について説明します．

まずは，「微分できる」とはどういうことなのか考えてみましょう．

点$x=x_0$における関数$f(x)$の「微分係数」の定義式は，次のとおりでした．

$$f'(x_0)=\lim_{\Delta x\to 0}\frac{f(x_0+\Delta x)-f(x_0)}{\Delta x}$$

上式を見ると，分母は$\Delta x\to 0$という極限になっており，分子も$f(x_0+\Delta x)-f(x_0)\to 0$という極限になっていることがわかります．このことから，一見すると"0/0"という形の不定形になっており，この極限値が存在するのか不安に思うかもしれません．実際のところ，微分係数が有限の値に収束することもあれば，無限大に発散してしまうこともあります．また，そもそも1つの値に確定しない場合もあり得ます．

点$(x_0,\ f(x_0))$における微分係数が存在する場合，関数$f(x)$は点$(x_0,\ f(x_0))$において「**微分可能**」(differentiable)であるといいます．少なくとも電気信号を表すために用いられる関数は，ほぼすべてがあらゆる点において微分可能です．これは，次節でいくつかの関数を見れば実感できると思います．

微分係数の分子"$f(x_0+\Delta x)-f(x_0)$"が$\Delta x\to 0$の極限でゼロにならずに何らかの値"A"($A>0$)となった場合，次のように微分係数の値は無限大に発散してしまいます．

$$\lim_{\Delta x\to 0}\frac{f(x_0+\Delta x)-f(x_0)}{\Delta x}=\frac{A}{0}=\infty$$

$A<0$の場合は負の無限大に発散するので，やはり微分係数は存在しません．よって，微分係数が有限の値として存在するためには，以下の式を満たす必要があります．

$$\lim_{\Delta x\to 0}\{f(x_0+\Delta x)-f(x_0)\}=0$$

ここでx_0は定数です．よって，上式は次のように書き換えることができます．

$$\lim_{\Delta x\to 0}f(x_0+\Delta x)=f(x_0)$$

上式の左辺において"$x_0+\Delta x\to x_0$"が成り立ちますから，極限計算の部分に対して新しい変数"x"を導入して，"$x\to x_0$"と書きなおすことにします．

$$\lim_{x\to x_0}f(x)=f(x_0)$$

こうして見ると，上式は「関数$f(x)$が$x=x_0$で連続である」ことの定義そのものです．

以上のことから，関数$f(x)$が$x=x_0$において微分可能であるためには，その点で連続である必要があることがわかります．逆に関数$f(x)$が$x=x_0$で連続だったとしても，微分係数の定義式で表される極限の値が一定値に収束するか否かはまた別の問題です．よって，「連続」であることは「微分可能」であるための必要条件であるということになります(**図22**)．

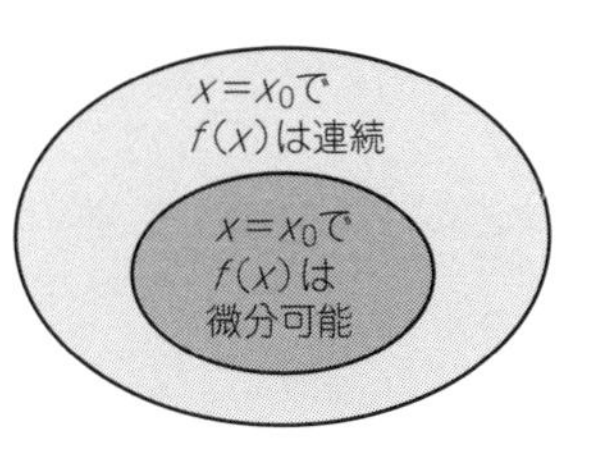

図22 関数$f(x)$が$x=x_0$で微分可能であるためには，その点で連続である必要がある

微分可能な関数はその点において連続だと言えるが，連続だからといって微分可能とは限らない

4.3.16 高階導関数

関数$f(x)$を微分して得られた導関数$f'(x)$が「微分可能」であるならば，再び微分することができます．$f'(x)$を微分して得られる関数を"$f''(x)$"と表記し，これを「**2階の導関数**」(second order derivative)もしくは「**第2次導関数**」などと呼びます．$f''(x)$の定義式は以下のとおりです．

$$f''(x) = \lim_{\Delta x \to 0} \frac{f'(x+\Delta x) - f'(x)}{\Delta x}$$

2階の導関数は"$f^{(2)}(x)$"と表記することもあります．

一般に，n回微分して得られる導関数のことを「n階の導関数」(n-th order derivative)といい，"$f^{(n)}(x)$"と表します．また，2階以上の導関数をまとめて「**高階導関数**」(higher order derivative)といいます．

さて，"d/dx"という記号は「微分せよ」という演算子と見なせるのでした．このことから，2階の導関数のことを次のように書くことができます．

$$f''(x) = \frac{d}{dx}\left\{\frac{d}{dx}f(x)\right\} = \frac{d^2}{dx^2}f(x)$$

"$f''(x)$"と書いても"$d^2f(x)/dx^2$"と書いても同じことですが，後者のほうが好まれる場合もあります．

4.3.17 「運動方程式」の2階微分による表現

前に紹介した「運動方程式」は"$dp/dt=F$"という式で表されるのでした．また，運動量pは，質量mと速度vの積で$p=mv$と表されます．ここで，速度vというのは「位置xの時間経過にともなう変化率」(つまり位置xの時間微分)ですから，次のように書くことができます．

$$v = \frac{dx}{dt}$$

上式を運動方程式に代入すると，次式が得られます．なお，質量mは一定であるものとします．

$$\frac{dp}{dt}=\frac{d}{dt}(mv)=\frac{d}{dt}\left(m\frac{dx}{dt}\right)=m\frac{d^2}{dt^2}x=F$$

以上のことから，2階微分を使って運動方程式を書き表すと次のようになります．

$$m\frac{d^2x}{dt^2}=F$$

基本的に，運動方程式といえば上式の表現のほうがよく使われます．ただし，これは質量mが時間的に変化しないという仮定の上で成り立つもので，質量mが時間的に変化する場合は“$dp/dt=F$”と書かなければなりません．

なお，位置xを2回微分した“d^2x/dt^2”は速度vを1回微分した“dv/dt”であり「速度の時間変化率」を表します．一般的にこの物理量は「**加速度**」(acceleration)と呼ばれます．加速度のことを，その頭文字をとって“a”と書くと，運動方程式は次のように書き表されます．

$$ma=F$$

上式は簡潔なように見えますが，「時間変化率」すなわち「時間tによる微分」を表す部分が隠されてしまっているので，本質を伝えるという意味ではあまり親切な表現とは言えません．

4.3.18　複数の変数を持つ関数の微分

一般的に考えると，関数が持つパラメータが1個だけであるとは限りません．

$$f(x, y)=2x+y-1$$

上式のように，関数がxおよびyという2つの変数を持つ場合もあります．このような場合に「関数$f(x,\ y)$の変化量」を考えたい場合は，「“x”だけを変化させたときの$f(x,\ y)$の変化量」と，「“y”だけを変化させたときの$f(x,\ y)$の変化量」を別々に考えた方がわかりやすくなります．

よって，xだけに対する関数$f(x,\ y)$の「感度」を求めるには，次式のような極限を考えればよいことになります．次式においてyは固定されており，定数として扱います．

$$\lim_{\Delta x\to 0}\frac{f(x+\Delta x, y)-f(x, y)}{\Delta x}$$

上式を，関数$f(x,\ y)$のxに関する「**偏導関数**」(partial derivative)と呼び，“$\partial f(x,\ y)/\partial x$”と表記します．

$$\frac{\partial f(x, y)}{\partial x}=\lim_{\Delta x\to 0}\frac{f(x+\Delta x, y)-f(x, y)}{\Delta x}$$

同様に，xを固定してyに関して微分すればyに関する偏導関数が得られます．これは次式で表されます．

$$\frac{\partial f(x, y)}{\partial y} = \lim_{\Delta y \to 0} \frac{f(x, y+\Delta y) - f(x, y)}{\Delta y}$$

偏導関数を求めることを,「偏微分する」と言います．微分の場合は記号“d”を使いましたが，偏微分の場合は“∂”を使います．

本稿では具体的に偏微分の計算を扱いませんが，基本的な考え方は通常の微分と同じなのでここで紹介しました．一般的な物理量はただ1つのパラメータだけに依存することは稀で,「位置と時間」のように複数のパラメータを持ちます．そのような物理量を記述するための微分方程式は，必然的に偏微分の形を使って書かれることになります．このような微分方程式のことを「偏微分方程式」と呼びます．

例えば，電磁気学の法則をまとめた「マクスウェル方程式」(Maxwell's equations)は偏微分方程式の形で記述されます．これは，電場や磁場といったものが位置(位置だけでもx，y，zの3個のパラメータがある)と時間をパラメータに持つ「多変数関数」だからです．このように，偏微分の形は物理法則の中に頻繁に出てきます．

4.4　いろいろな関数の微分

4.4.1　微分の計算で扱う関数

本節では，具体的な微分の計算について解説します．微分する対象は，べき関数，三角関数，対数関数，指数関数などの代表的な初等関数です(**図23**)．基本的な電気回路の設計を行う場合は，これだけで十分に対応できます．

4.4.2　$f(x)=x^n$の微分

まずは，一般的な多項式関数を構成する要素である「べき関数」“x^n”(nは整数)の微分を扱います．極限の計算練習も兼ねて，$n=0$，1，2，…と，具体的な数を当てはめて計算してみましょう．

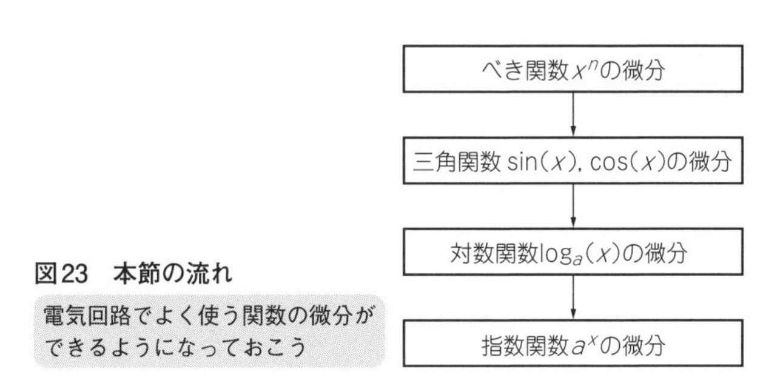

図23　本節の流れ

▶$f(x)=a$(定数)の場合

まずは$n=0$の場合です．このときは$x^0=1$より，関数の値は常に定数となります．

よって，ここでは一般の場合として定数関数"$f(x)=a$"の微分について考えることにします．微分の定義に従って導関数を求めると次のようになります．

$$\frac{df(x)}{dx}=\lim_{\Delta x\to 0}\frac{a-a}{\Delta x}=\lim_{\Delta x\to 0}0=0$$

定数関数$f(x)=a$の場合，そもそも分子にΔxが含まれません．分子は"$a-a=0$"という一定値となります．よって，式の値はΔxの動きに関わらずゼロになります．

以上のことから，定数関数の傾きは常にゼロということがわかります．定数関数は「変化しない」ので，変化率はゼロです．よって，導関数の値が常にゼロになることも直感的に理解できると思います．

▶$f(x)=x$の場合

続いて$n=1$の場合，"$f(x)=x$"の微分です．微分の定義にしたがって導関数を求めると次のようになります．

$$\frac{df(x)}{dx}=\lim_{\Delta x\to 0}\frac{(x+\Delta x)-(x)}{\Delta x}=\lim_{\Delta x\to 0}\frac{\Delta x}{\Delta x}=\lim_{\Delta x\to 0}1=1$$

$\Delta x\to 0$の極限をとる前に分母・分子のΔxが約分されて"1"となるので，極限操作とは無関係に上式の値は"1"になります．

以上のことから，1次関数$f(x)=x$を微分すると導関数は「定数」になることが確認できました．1次関数は「直線」ですから，傾きの値は場所によらず常に一定値です．このことが，いま求めた導関数に表れています．

▶$f(x)=x^2$の場合

続いて$n=2$, xの2次関数を微分します．やはり微分の定義式に従って導関数を求めます．

$$\frac{df(x)}{dx}=\lim_{\Delta x\to 0}\frac{(x+\Delta x)^2-x^2}{\Delta x}=\lim_{\Delta x\to 0}\frac{x^2+2x\cdot\Delta x+\Delta x^2-x^2}{\Delta x}$$

$$=\lim_{\Delta x\to 0}(2x+\Delta x)=2x$$

以上のことから，「2次関数の微分は1次関数になる」ことがわかりました．2次関数とその導関数がどのような関係になっているのかは，前節でグラフを描いて確認したとおりです．

▶$f(x)=x^3$の場合

$n=3$の場合，3次関数$f(x)=x^3$についても同様に微分します．

表2 べき関数$f(x)=x^n$を微分した結果のまとめ

関数$f(x)$	導関数$f'(x)$
定数関数 $f(x)=x^0$	0
1次関数 $f(x)=x^1$	定数関数 $f(x)=1$
2次関数 $f(x)=x^2$	1次関数 $f(x)=2x$
3次関数 $f(x)=x^3$	2次関数 $f(x)=3x^2$

$$\frac{df(x)}{dx}=\lim_{\Delta x\to 0}\frac{(x+\Delta x)^3-x^3}{\Delta x}=\lim_{\Delta x\to 0}\frac{x^3+3x^2\cdot\Delta x+3x\cdot\Delta x^2+\Delta x^3-x^3}{\Delta x}$$

$$=\lim_{\Delta x\to 0}(3x^2+3x\cdot\Delta x+\Delta x^2)=3x^2$$

以上のことから，「3次関数を微分すると2次関数になる」ことが確認できました．

▶$f(x)=x^n$の場合(nは整数)

ここまでの流れをまとめると，**表2**のようになります．

表2の規則性から考えると，一般的に整数nに対するn次関数“$f(x)=x^n$”を微分すると，その導関数は“$f'(x)=n\cdot x^{n-1}$”になりそうだと予想できます．次は，これを証明してみましょう．例によって微分の定義に従って計算を進めます．

$$\frac{df(x)}{dx}=\lim_{\Delta x\to 0}\frac{(x+\Delta x)^n-x^n}{\Delta x}$$

ここで，上式における“$(x+\Delta x)^n$”を展開するために「2項定理」(COLUMN 13参照)を使います．

$$(x+\Delta x)^n={}_nC_0\cdot x^n+{}_nC_1\cdot x^{n-1}\cdot\Delta x+{}_nC_2\cdot x^{n-2}\cdot\Delta x^2+\cdots+{}_nC_{n-1}\cdot x\cdot\Delta x^{n-1}+{}_nC_n\cdot\Delta x^n$$

$$=x^n+n\cdot x^{n-1}\cdot\Delta x+\frac{n(n-1)}{2}x^{n-2}\cdot\Delta x^2+\cdots+n\cdot x\cdot\Delta x^{n-1}+\Delta x^n=\mathrm{A}$$

この多項式Aを元の式に代入して，次式を得ます．

$$\frac{df(x)}{dx}=\lim_{\Delta x\to 0}\frac{\mathrm{A}-x^n}{\Delta x}$$

$$=\lim_{\Delta x\to 0}\left(n\cdot x^{n-1}+\frac{n(n-1)}{2}x^{n-2}\cdot\Delta x+\cdots+n\cdot x\cdot\Delta x^{n-2}+\Delta x^{n-1}\right)$$

$$=nx^{n-1}$$

$(x+\Delta x)^n$を展開すると全部で$(n+1)$個の項が出てきますが，分母と約分した後に“Δx”を含む項は$\Delta x\to 0$の極限操作によってすべてゼロになってしまうので，結局“nx^{n-1}”だけが残ります．これで，最初の予想が正しかったことが証明できました(※ただし，ここで証明したのはnが自然数1，2，3，…の場合だけであることに注意が必要です)．

2項定理

2項定理(binomial theorem)は2つの値aおよびbからなる2項式"$a+b$"のべき乗"$(a+b)^n$"について，その展開計算の規則性を表したものです．式で書くと次のようになります．

$$(a+b)^n={}_nC_0a^n+{}_nC_1a^{n-1}b+{}_nC_2a^{n-2}b^2+\cdots+{}_nC_{n-1}ab^{n-1}+{}_nC_nb^n$$
$$=\sum_{k=0}^{n}{}_nC_ka^{n-k}b^k$$

上式によると，"$(a+b)^n$"を展開すると一般的に"$a^{n-k}\cdot b^k$"$(0\leq k\leq n)$で表される項が現れ，その係数は，"${}_nC_k$"になる，というのが2項定理の主張です(なお「組み合わせパターン」の総数を表す記号"${}_nC_k$"については，COLUMN 14で解説します)．

まずは具体例を計算して，感覚をつかむことにしましょう．簡単な例として"$(a+b)^2$"を展開してみます．

$$(a+b)^2=a^2+2ab+b^2={}_2C_0a^2+{}_2C_1ab+{}_2C_2b^2$$

コンビネーションの記号${}_nC_k$の定義より，"${}_2C_0=1$"，"${}_2C_1=2$"および"${}_2C_2=1$"が成り立ちます．よって，$(a+b)^2$を展開した結果はたしかに2項定理と合致しています．

さらに，"$(a+b)^3$"も展開してみます．

$$(a+b)^3=a^3+3a^2b+3ab^2+b^3={}_3C_0a^3+{}_3C_1a^2b+{}_3C_2ab^2+{}_3C_3b^3$$

やはり，$(a+b)^3$を展開したものも2項定理の式と合致します．

2項定理は，$(a+b)$を任意のn回だけ掛け算した場合における式の形を示しています．特に，各項の係数を"${}_nC_k$"という形で一般化して表すことができている点が重要です．

以下，2項定理を証明します．

2項定理は，「組み合わせ」の考え方に基づいています．$(a+b)^n$を計算するときの様子を具体的に書き下すと，次のようになります．

$$(a+b)^n=\underbrace{(a+b)\cdot(a+b)\cdots(a+b)}_{n\text{個の項がある}}$$

上式では，$(a+b)$というまとまりがn個かけ合わされています．このときに現れる項を具体的に書き出すと，"a^n"，"$a^{n-1}\cdot b$"，"$a^{n-2}\cdot b^2$"，…，"b^n"となります．

ここで各項の次数を見ると，aの次数とbの次数を足し合わせた値は常に"n"になっています．このことから，$(a+b)^n$を展開することは，掛け算する値として「"a"または"b"のいずれかを選ぶ作業」をn回だけ繰り返すことに相当します．ただし，その「選び方」すなわち「組み合わせのパターン」は1パターンだけとは限らず，何種類も考えられる場合があります．その組み合わせパターン数こそが，$(a+b)^n$を展開したときに現れる各項の係数とな

COLUMN 13

ります．

つまり，2つある物から1つを選ぶ操作をn回繰り返し，合計n個のものを選び出すときの「組み合わせパターン」の議論こそ，2項定理の本質であると言えます．

具体的に考えてみましょう．$(a+b)^n$を展開した式における"a^n"という項は，掛け合わせるn個の項としてすべて"a"を選んだものを指します．「aかbを選ぶ」という二択をn回繰り返すときに，すべてaを選ぶ場合の数は1通りだけです．これは，"${}_nC_n=1$"という計算に相当します．

同じことを"b"の立場になって考えてみると，n回だけ2択を繰り返したときにbはまったく選ばれないわけですから，その場合の数は"${}_nC_0=1$"となります．以上のことから"a^n"の係数は"${}_nC_0=1$"として表されることになります．

次に"$a^{n-1}b$"という項について考えます．これは，$(a+b)^n$を展開したときにaを$(n-1)$回，bを1回だけ選び出して掛け算を行った場合に得られる項です．

ここで，このような選び方をするパターンの数について考えてみると，"a or b"の選択をn回繰り返すときに$\{b, a, a, a, \cdots, a\}$という順序で選ぶ場合，$\{a, b, a, a, \cdots, a\}$という順序の場合，$\{a, a, b, a, \cdots, a\}$とする場合などが考えられ，いずれの場合も"$a^{n-1}b$"という掛け算の結果が得られます．

このパターンの総数を求めるには「n回だけ"a or b"の二択を繰り返して，結果的にaを$(n-1)$個，bを1個選び出す組み合わせの数」を考えればよく，その値は"${}_nC_{n-1}={}_nC_1=n$"となります．よって，$(a+b)^n$を展開したときに"$a^{n-1}b$"という項は${}_nC_1=n$個だけ出てくることになります．このことから，"$a^{n-1}b$"の係数は"${}_nC_1$"となります．

以上の考察を，一般の項"$a^{n-k}\cdot b^k$"に対しても適用します．$(a+b)^n$を展開したときにこの項が現れる回数は，「n回だけ$\{a, b\}$のいずれかを選択することを繰り返すときに，aを$(n-k)$回，bをk回だけ選ぶ場合の数」に等しく，その値は"${}_nC_{n-k}={}_nC_k$"となります．すなわち，この値が一般化した項"$a^{n-k}b^k$"の係数ということになります．

$(a+b)^n$を展開すると，一般項$a^{n-k}b^k$に対して$k=0$から$k=n$までを代入したすべての形の項が現れるので，これらにの各項に対して係数"${}_nC_k$"を掛け算してすべて足し合わせれば，展開した式を得ることができます．

$$(a+b)^n=\sum_{k=0}^{n} {}_nC_k a^{n-k}b^k$$

4.4.3　$f(x) = \sin(x)$の微分

次は，三角関数の微分を扱います．

まずは$\sin(x)$から考えます．例によって，微分の定義式に$f(x) = \sin(x)$を代入して導関数を求めます．

$$
\begin{aligned}
\frac{df(x)}{dx} &= \lim_{\Delta x \to 0} \frac{f(x+\Delta x) - f(x)}{\Delta x} \\
&= \lim_{\Delta x \to 0} \frac{\sin(x+\Delta x) - \sin(x)}{\Delta x} \\
&= \lim_{\Delta x \to 0} \frac{\{\sin(x)\cdot\cos(\Delta x) + \cos(x)\cdot\sin(\Delta x)\} - \sin(x)}{\Delta x} \\
&= \lim_{\Delta x \to 0} \left\{\frac{\cos(\Delta x) - 1}{\Delta x}\cdot\sin(x) + \frac{\sin(\Delta x)}{\Delta x}\cdot\cos(x)\right\}
\end{aligned}
$$

上式の途中で，加法定理“$\sin(x+\Delta x) = \sin(x)\cos(\Delta x) + \cos(x)\sin(\Delta x)$”を使っています．また，最後の式では次の2つの極限計算が現れています．

$$
\lim_{\Delta x \to 0} \frac{\sin(\Delta x)}{\Delta x}
$$

$$
\lim_{\Delta x \to 0} \frac{\cos(\Delta x) - 1}{\Delta x}
$$

上の2式は分母・分子がともにゼロに収束するため，不定形となります．よって，このままでは極限値を求めることができません．そこで，**図24**のように図形的に考えることで極限値を求めることにします．

まず，角度“x”を中心角とする半径1の扇形OABを考えます．また，この扇形の弦ABと頂点Oによる△OABを用意します．さらに，底辺を線分OBとして，扇形OABを囲うように作った直角三角形△OBCも用意します．この3つの図形について，それぞれ面積を求めていきます．

まずは，最も面積が小さい△OABから考えます．**図24**のように補助線を入れて考えると，底辺の長さは“$2\sin(x/2)$”，高さは“$\cos(x/2)$”となるので，面積は次式で表されます．なお，次式ではsinに関する2倍角の公式“$\sin(2x) = 2\sin(x)\cos(x)$”を使っています．

$$
S = \frac{1}{2}\cos\left(\frac{x}{2}\right)\cdot 2\sin\left(\frac{x}{2}\right) = \sin\left(\frac{x}{2}\right)\cos\left(\frac{x}{2}\right) = \frac{1}{2}\sin(x)
$$

続いて，扇形OABの面積を求めます．扇形の面積は「半径1の円全体の面積×(xラジアン/2π)」の計算より，次式のように求められるのでした．

$$
S = (\pi\cdot 1\cdot 1)\cdot\frac{x}{2\pi} = \frac{1}{2}x
$$

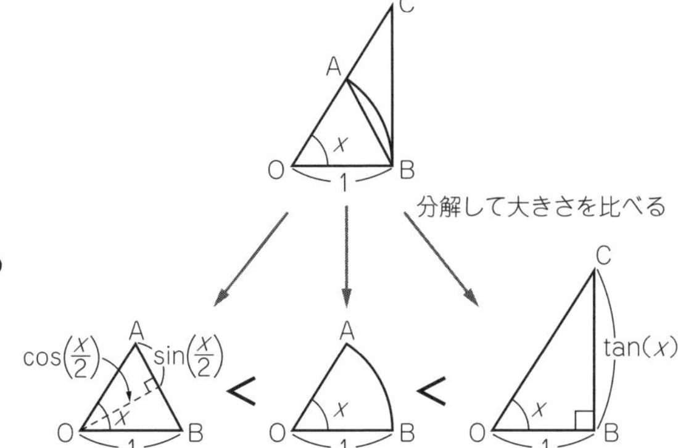

図24 角度"x"に対する扇形の面積を考える

扇形の弦ABを含む△OAB，扇形，そして扇形を囲む大きい△OCBの大きさを比較すると，上のような関係になる

最後に，△OCBの面積は次式で求められます．

$$S=\frac{1}{2}\tan(x)$$

以上の式と，これら3つの図形の面積の大小関係を用いて，次の不等式が得られます．

$$\sin(x)<x<\tan(x)$$

上式の"$\sin(x)<x$"の部分から，次式が得られます．

$$\frac{\sin(x)}{x}<1$$

また，"$x<\tan(x)$"の部分からは次式が得られます．

$$\cos(x)<\frac{\sin(x)}{x}$$

この2式を合わせると，次の不等式が得られます．

$$\cos(x)<\frac{\sin(x)}{x}<1$$

ここで$x\to 0$の極限を考えると，$\cos(x)\to 1$と収束することから次式が得られます．

$$1<\lim_{x\to 0}\frac{\sin(x)}{x}<1$$

上式より，$x\to 0$の極限をとると"$\sin(x)/x$"という値は「1より大きく，1より小さい」という関係を満たすことになります．これを満たす極限値は，直感的には"1"以外にあり得ません．よって，"$\sin(x)/x$"の極限は次のように書くことができます．

$$\lim_{x\to 0}\frac{\sin(x)}{x}=1$$

なお，このように「極限計算の結果，不等式の両側から同じ値ではさまれた」という場

COLUMN 14

「順列」と「組み合わせ」の考え方

2項定理の解説で出てきたコンビネーション“${}_nC_k$”，すなわち「n個のものからk個を選ぶ組み合わせ」の考え方について復習しておきます．

まずは「順列」の問題，すなわち「n個のものからk個を選び出して並べる」ときの場合の数(パターンの総数)について考えます．最初の1個目を選ぶときはn通りの選択肢があり，次の2個目は$(n-1)$通りの選択肢があり……ということをk個目まで繰り返すので，トータルの場合の数は次式で表されます．

「n個からk個を選び出して並べる場合の数」

$$=n\cdot(n-1)\cdot(n-2)\cdots\{n-(k-1)\}$$

上式の値は「順列」(permutation)の場合の数と呼ばれ，記号“${}_nP_k$”で表されます．

通常，順列の計算式はnの「階乗」(factorial)の表記法“$n!=n\cdot(n-1)\cdot(n-2)\cdots 1$”を使って，次のように書かれます．

$$\begin{aligned}{}_nP_k&=n\cdot(n-1)\cdot(n-2)\cdots\{n-(k-1)\}\\&=\frac{n\cdot(n-1)\cdot(n-2)\cdots 2\cdot 1}{(n-k)\cdot(n-k-1)\cdots 2\cdot 1}=\frac{n!}{(n-k)!}\end{aligned}$$

次は本題の，「組み合わせ」の場合の数について考えます．先ほどの「順列」の場合は，「n個の中からk個を選んで並べる」ということで，「選ぶ」作業と「並べる」作業の両方を行っていました．これに対して，単なる「組み合わせ」のパターンを数えたい場合は「並べる順序」を考える必要がありません．

順列の場合，「k個のものを並べる」というパターンの総数は，ちょうど“$k!$”だけあります．そのため順列の場合の数というのは，n個の中からk個を選んだ各組み合わせパターンの総数に“$k!$”を掛け算した値になっています．よって，順列の場合の数を$k!$で割り算すれば，「組み合わせ」だけの場合の数が求まります．これは「組み合わせ」(Combination)の記号“${}_nC_k$”を使って，次式のように表されます．

$${}_nC_k=\frac{{}_nP_k}{k!}=\frac{n!}{(n-k)!\cdot k!}$$

また，上の定義式より，

$${}_nC_k={}_nC_{n-k}$$

が成り立つことがわかります．

合に，その極限値は不等式の両側の値に等しいとする考え方を**「はさみうちの原理」**（**squeeze theorem**）といいます．

続いて，“$\sin(x)/x \to 1$”という極限を利用して，次の極限の値も求めます．

$$\lim_{x \to 0} \frac{\cos(x) - 1}{x}$$

上式も“0/0”形の不定形になっています．そこで，上式の分母・分子に“$\cos(x) + 1$”を掛け算して次のように変形します．

$$\begin{aligned}
\lim_{x \to 0} \frac{\{\cos(x) - 1\}\{\cos(x) + 1\}}{x\{\cos(x) + 1\}} &= \lim_{x \to 0} \frac{\cos^2(x) - 1}{x\{\cos(x) + 1\}} \\
&= \lim_{x \to 0} \frac{-\sin^2(x)}{x\{\cos(x) + 1\}} \\
&= \lim_{x \to 0} \left\{ -\left(\frac{\sin(x)}{x}\right)^2 \cdot x \cdot \frac{1}{\cos(x) + 1} \right\} \\
&= -(1)^2 \cdot 0 \cdot \frac{1}{1 + 1} = 0
\end{aligned}$$

上式より，次の結果が得られます．

$$\lim_{x \to 0} \frac{\cos(x) - 1}{x} = 0$$

以上で準備が整ったので，あらためて$\sin(x)$の微分計算について考えることにします．

$x \to 0$の極限において“$\sin(x)/x \to 1$”および“$\{\cos(x) - 1\}/x \to 0$”となることから，次のように計算することができます．

$$\begin{aligned}
\frac{d}{dx}\{\sin(x)\} &= \lim_{\Delta x \to 0} \frac{\sin(x + \Delta x) - \sin(x)}{\Delta x} \\
&= \lim_{\Delta x \to 0} \frac{\{\sin(x) \cdot \cos(\Delta x) + \cos(x) \cdot \sin(\Delta x)\} - \sin(x)}{\Delta x} \\
&= \lim_{\Delta x \to 0} \left\{ \frac{\cos(\Delta x) - 1}{\Delta x} \cdot \sin(x) + \frac{\sin(\Delta x)}{\Delta x} \cdot \cos(x) \right\} \\
&= 0 \cdot \sin(x) + 1 \cdot \cos(x) \\
&= \cos(x)
\end{aligned}$$

よって，$\sin(x)$の導関数は“$\cos(x)$”ということになります．

$$\frac{d}{dx}\{\sin(x)\} = \cos(x)$$

4.4.4 $f(x)=\cos(x)$の微分

$\cos(x)$についても，同様に導関数を求めます．三角関数の公式を使いつつ，微分の定義に従って計算すると次のようになります．

$$
\begin{aligned}
\frac{df(x)}{dx} &= \lim_{\Delta x \to 0} \frac{f(x+\Delta x)-f(x)}{\Delta x} \\
&= \lim_{\Delta x \to 0} \frac{\cos(x+\Delta x)-\cos(x)}{\Delta x} \\
&= \lim_{\Delta x \to 0} \frac{\{\cos(x)\cos(\Delta x)-\sin(x)\sin(\Delta x)\}-\cos(x)}{\Delta x} \\
&= \lim_{\Delta x \to 0} \left\{\frac{\cos(\Delta x)-1}{\Delta x}\cdot\cos(x)-\frac{\sin(\Delta x)}{\Delta x}\cdot\sin(x)\right\}
\end{aligned}
$$

ここで，前に考えていた極限計算の結果を使います．

$$\lim_{\Delta x \to 0} \frac{\sin(x)}{\Delta x}=1$$

$$\lim_{\Delta x \to 0} \frac{\cos(\Delta x)-1}{\Delta x}=0$$

上式を先ほどの$f(x)=\cos(x)$の導関数を求める途中式に代入すると，次のようになります．

$$
\begin{aligned}
&\lim_{\Delta x \to 0} \left\{\frac{\cos(\Delta x)-1}{\Delta x}\cdot\cos(x)-\frac{\sin(\Delta x)}{\Delta x}\cdot\sin(x)\right\} \\
&=0\cdot\cos(x)-1\cdot\sin(x)=-\sin(x)
\end{aligned}
$$

以上のことから，次式が得られます．

$$\frac{d}{dx}\{\cos(x)\}=-\sin(x)$$

$\cos(x)$の導関数は“$-\sin(x)$”であることがわかりました．$\sin(x)$および$\cos(x)$を微分すると，ぐるぐると循環するような形になります(**図25**)．

三角関数としては，まだ“$\tan(x)$”の微分が残っています．これは，4.5.5項「商の微分」で解説します．

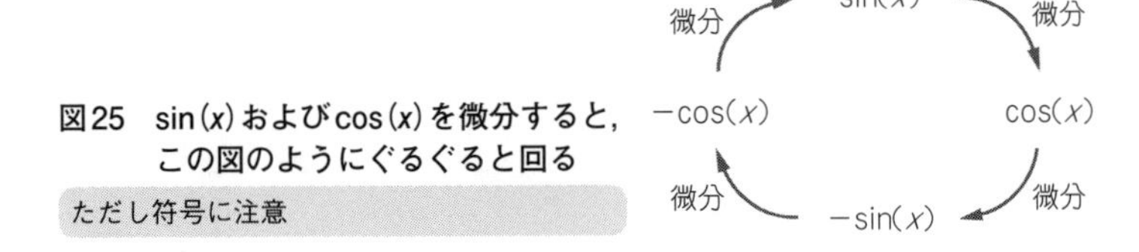

図25 sin(x)およびcos(x)を微分すると，この図のようにぐるぐると回る

ただし符号に注意

4.4.5 $f(x)=\log_a(x)$ の微分

次は，対数関数の微分を扱います．対数関数の微分を計算していく途中で，「自然対数の底（てい）」"e"を導入します．これは今後の電気回路理論の計算になくてはならない，非常に重要な数です．

まずは関数$f(x)$として，底が"a"である対数関数を考えます．

$$f(x)=\log_a(x)$$

微分の定義に従って，導関数を求めます．

$$\frac{df(x)}{dx}=\lim_{\Delta x\to 0}\frac{\log_a(x+\Delta x)-\log_a(x)}{\Delta x}=\lim_{\Delta x\to 0}\frac{1}{\Delta x}\cdot\log_a\left(\frac{x+\Delta x}{x}\right)$$
$$=\lim_{\Delta x\to 0}\log_a\left\{\left(1+\frac{\Delta x}{x}\right)^{\frac{1}{\Delta x}}\right\}$$

上式では，"$\log_a(A)-\log_a(B)=\log_a(A/B)$"および"$n\cdot\log_a(x)=\log_a(x^n)$"といった対数の性質を使っています．

ここで，式を見やすくするために新しい変数"t"を導入し，"$t=\Delta x/x$"とします．すると，$\Delta x\to 0$のとき$t\to 0$が成り立ちます．

$$t=\frac{\Delta x}{x}\to 0 \quad (\Delta x\to 0)$$

また，先ほどの導関数の式中に現れる"$1/\Delta x$"の部分を上のtを使った式で表すと，次のようになります．

$$\frac{1}{\Delta x}=\frac{1}{x}\cdot\frac{1}{t}$$

以上のことを用いて，$f(x)=\log_a(x)$の導関数の式において，"Δx"に関する極限計算を行っていたものを，"t"に関する極限計算に置き換えます．

$$\frac{d}{dx}\{\log_a(x)\}=\lim_{\Delta x\to 0}\log_a\left\{\left(1+\frac{\Delta x}{x}\right)^{\frac{1}{\Delta x}}\right\}=\lim_{t\to 0}\log_a\left\{(1+t)^{\frac{1}{t}\cdot\frac{1}{x}}\right\}$$
$$=\frac{1}{x}\cdot\lim_{t\to 0}\log_a\left\{(1+t)^{\frac{1}{t}}\right\}$$

上式において，$\log$の中には次のような極限が現れています．

$$\lim_{t\to 0}(1+t)^{\frac{1}{t}}$$

ここでさらに"$n=1/t$"と変数を置き換えると，$t\to 0$のとき$n\to\infty$ですから，上式の極限計算は次のように書くことができます．

$$\lim_{n\to\infty}\left(1+\frac{1}{n}\right)^n$$

この極限の値を具体的に考えてみましょう．nが限りなく大きくなるとき，括弧内の値は“1”に限りなく近づいていきます．一方で，括弧部分の指数である“n”は限りなく大きくなるため，最終的にこの極限がどういった値に収束するのか，直感的にはわかりません．

“$(1+1/n)^n$”に対して，具体的に$n=1$，2，3，…と代入して値を計算すると**表3**のようになります．

この表より，$(1+1/n)^n$の極限はおおよそ「2より少し大きい値」になることが予想できます．さらにnの値を大きくしていき，$n=1{,}000{,}000$（百万）まで大きくしたときの様子をグラフに書くと，**図26**のようになります．

このグラフより，極限計算の結果として次式が得られます．

$$\lim_{t\to 0}(1+t)^{\frac{1}{t}}=\lim_{n\to\infty}\left(1+\frac{1}{n}\right)^n=2.718281828\cdots=e$$

結局，この極限の値は「およそ2.7」ということがわかりました．この値は一般的に“e”と表記され，「**自然対数の底**（てい）」(the base of the natural logarithm)や「**ネイピア数**」(Napier's constant)，もしくは「**オイラー数**」(Euler's number)などと呼ばれます．NapierやEulerというのは数学者の名前です．本書では「自然対数の底」という表記に統一することにします．

それでは，もともと考えていた「対数関数の微分」の話に戻ります．自然対数の底“e”を利用すると，対数関数の微分の式は次のように変形できます．

$$\frac{d}{dx}\{\log_a(x)\}=\frac{1}{x}\cdot\lim_{n\to\infty}\log_a\left\{\left(1+\frac{1}{n}\right)^n\right\}=\frac{1}{x}\cdot\log_a(e)$$

さらに，対数関数の底を“e”に変換します．「底の変換公式」“$\log_a(b)=\log_c(b)/\log_c(a)$”を使うと，次のようになります．

表3　$(1+1/n)^n$の値

$n=1$	$\left(1+\frac{1}{1}\right)^1=2^1=2$
$n=2$	$\left(1+\frac{1}{2}\right)^2=1.5^2=2.25$
$n=3$	$\left(1+\frac{1}{3}\right)^3=\left(\frac{4}{3}\right)^3=2.37\cdots$
$n=4$	$\left(1+\frac{1}{4}\right)^4=1.25^4=2.44\cdots$
$n=5$	$\left(1+\frac{1}{5}\right)^5=1.2^5=2.48\cdots$

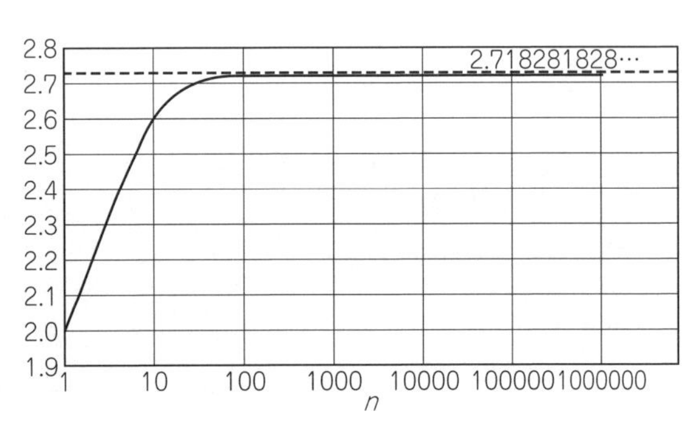

図26　$\lim_{n\to\infty}\left(1+\frac{1}{n}\right)^n$が収束する様子

2.718281828…という値に収束する

$$\frac{d}{dx}\{\log_a(x)\}=\frac{1}{x}\cdot\log_a(e)=\frac{1}{x}\cdot\frac{\log_e(e)}{\log_e(a)}=\frac{1}{x}\cdot\frac{1}{\log_e(a)}$$

上式が，「対数関数$f(x)=\log_a(x)$の導関数」として一般的な式です．

4.4.6 自然対数

ここまでは対数関数の底として一般の定数“a”を考えてきましたが，ここでは底として「自然対数の底」“e”を使うことにします．

“e”を底とした対数関数$f(x)=\log_e(x)$を微分すると，次のように非常にすっきりとした形になります．

$$\frac{d}{dx}\{\log_e(x)\}=\frac{1}{x}\cdot\log_e(e)=\frac{1}{x}$$

上式のように自然対数の底を使った対数関数のことを，「**自然対数**」(natural logarithm)といいます．自然対数は微分したときの形がわかりやすいだけでなく，物理学や科学技術計算においてなくてはならない非常に重要なものです．

自然対数を表記する場合，通常は底の“e”を省略して“$\log(x)$”と書きます．もしくは，“$\ln(x)$”と表記する場合もあります．

$$\log_e(x)=\log(x)=\ln(x)$$

あらためて“$\log(x)$”の微分について式を書くと，次のようになります．

$$\frac{d}{dx}\{\log(x)\}=\frac{1}{x}$$

本書で用いる対数の計算は，ほとんどが自然対数によるものです．よって，本書では特に断りなく“$\log(x)$”と書いた場合は自然対数を指すものとします．

この他に電気回路の計算でよく出てくる対数として，デシベル計算のときに使う「常用対数」が挙げられます(3.5.9項を参照)．常用対数を扱うときは，その底が10であることを明示して“$\log_{10}(x)$”と書くようにします．

4.4.7 $f(x)=a^x$の微分

ここでは，指数関数の微分について考えます．これ以降，指数関数の底“a”は$a>0$を満たすものとします．指数関数$f(x)$を次のように定めます．

$$f(x)=a^x$$

微分の定義に従って，指数関数の導関数を求めます．

$$\frac{df(x)}{dx} = \lim_{\Delta x \to 0} \frac{f(x+\Delta x) - f(x)}{\Delta x} = \lim_{\Delta x \to 0} \frac{a^{x+\Delta x} - a^x}{\Delta x} = \lim_{\Delta x \to 0} \frac{a^x(a^{\Delta x} - 1)}{\Delta x}$$

$$= a^x \cdot \lim_{\Delta x \to 0} \frac{a^{\Delta x} - 1}{\Delta x}$$

上式の最後に出てきた極限は，“0/0”形の不定形です．よって，さらに計算を進めるために次のような変形を施します．

まず，分子の“$a^{\Delta x} - 1$”を“t”と置き換えます．すると，$\Delta x \to 0$としたときに$t \to 0$となることがわかります．

$$t = a^{\Delta x} - 1$$

上式を変形して，Δxについて整理します．

$$\Delta x = \log_a(1+t)$$

これを，先ほどの$f(x) = a^x$の導関数を求める途中の式に代入します．

$$\frac{d}{dx}\{a^x\} = a^x \cdot \lim_{\Delta x \to 0} \frac{a^{\Delta x} - 1}{\Delta x} = a^x \cdot \lim_{t \to 0} \frac{t}{\log_a(1+t)} = a^x \cdot \lim_{t \to 0} \frac{1}{\frac{1}{t} \cdot \log_a(1+t)}$$

$$= a^x \cdot \lim_{t \to 0} \frac{1}{\log_a\left\{(1+t)^{\frac{1}{t}}\right\}}$$

上式のlogの中には，自然対数の底“e”に収束する極限計算が現れています．

$$\lim_{t \to 0} (1+t)^{\frac{1}{t}} = e$$

よって，指数関数$f(x) = a^x$の導関数は次のように求まります．

$$\frac{d}{dx}\{a^x\} = a^x \cdot \lim_{t \to 0} \frac{1}{\log_a\left\{(1+t)^{\frac{1}{t}}\right\}} = a^x \cdot \frac{1}{\log_a(e)} = a^x \cdot \frac{1}{\frac{\log_e(e)}{\log_e(a)}} = a^x \cdot \log(a)$$

なお上式によれば，底をeとした指数関数“$f(x) = e^x$”を微分すると次のようになります．

$$\frac{d}{dx}\{e^x\} = e^x \cdot \log(e) = e^x$$

上式より，「指数関数$f(x) = e^x$を微分すると，自分自身と同じ形になる」ということがわかります．このように，自然対数の底“e”が関わる指数関数や対数関数は，その導関数が非常に簡単な形になるという特徴があります．

4.5　いろいろな関数の「組み合わせ」の微分

4.5.1　「組み合わせ」を扱う

複数の関数を組み合わせて作られた関数の微分を扱います．まずは簡単に関数どうしの四則演算，すなわち「和」，「差」，「積」，「商」の形に対する導関数の計算方法を考えます．さらに，それに続いて「合成関数の微分」，「逆関数の微分」と進みます(図27)．

4.5.2　和の微分

2つの関数$f(x)$および$g(x)$の和“$f(x)+g(x)$”の微分計算について考えます．微分の定義に従って計算すると，次のようになります．

$$\begin{aligned}\frac{d}{dx}\{f(x)+g(x)\} &= \lim_{\Delta x\to 0}\left\{\frac{\{f(x+\Delta x)+g(x+\Delta x)\}-\{f(x)+g(x)\}}{\Delta x}\right\}\\ &= \lim_{\Delta x\to 0}\left\{\frac{f(x+\Delta x)-f(x)}{\Delta x}+\frac{g(x+\Delta x)-g(x)}{\Delta x}\right\}\\ &= \frac{d}{dx}f(x)+\frac{d}{dx}g(x)\end{aligned}$$

上式をまとめると，次のようになります．

$$\{f(x)+g(x)\}'=f'(x)+g'(x)$$

以上のことから，「2つの関数の和を微分したものは，それぞれの導関数の和と一致する」ということがわかりました．

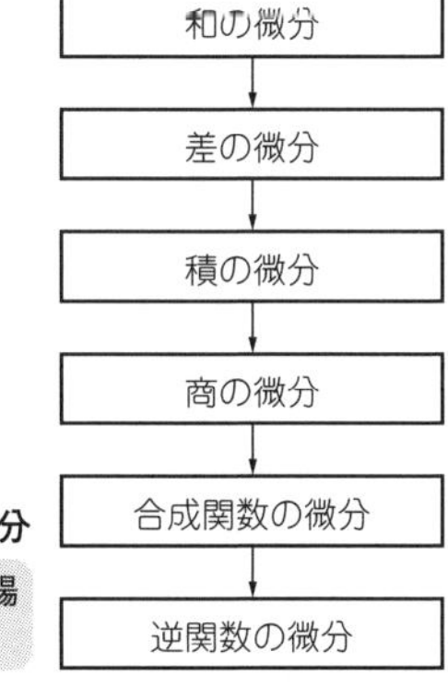

図27　図23の関数を組み合わせた関数の微分

複数の関数の和や差など，関数を組み合わせた場合の微分計算について考える

4.5.3　差の微分

続いて，2つの関数$f(x)$と$g(x)$の差"$f(x)-g(x)$"を微分します．微分の定義に従って計算すると，次のようになります．

$$\begin{aligned}\frac{d}{dx}\{f(x)-g(x)\} &= \lim_{\Delta x \to 0}\left\{\frac{\{f(x+\Delta x)-g(x+\Delta x)\}-\{f(x)-g(x)\}}{\Delta x}\right\} \\ &= \lim_{\Delta x \to 0}\left\{\frac{f(x+\Delta x)-f(x)}{\Delta x}-\frac{g(x+\Delta x)-g(x)}{\Delta x}\right\} \\ &= \frac{d}{dx}f(x)-\frac{d}{dx}g(x)\end{aligned}$$

上式をまとめると，次のようになります．

$$\{f(x)-g(x)\}'=f'(x)-g'(x)$$

以上のことから，「2つの関数の差を微分したものは，それぞれの導関数の差と一致する」ことがわかりました．

4.5.4　積の微分

次は，2つの関数$f(x)$および$g(x)$の積"$f(x)\cdot g(x)$"を微分することを考えます．

$$\begin{aligned}&\frac{d}{dx}\{f(x)\cdot g(x)\} \\ &= \lim_{\Delta x \to 0}\frac{f(x+\Delta x)\cdot g(x+\Delta x)-f(x)\cdot g(x)}{\Delta x} \\ &= \lim_{\Delta x \to 0}\frac{\{f(x+\Delta x)\cdot g(x+\Delta x)-f(x)\cdot g(x+\Delta x)\}+\{f(x)\cdot g(x+\Delta x)-f(x)\cdot g(x)\}}{\Delta x} \\ &= \lim_{\Delta x \to 0}\left\{\frac{f(x+\Delta x)-f(x)}{\Delta x}\cdot g(x+\Delta x)\right\}+\lim_{\Delta x \to 0}\left\{f(x)\cdot\frac{(g(x+\Delta x)-g(x)}{\Delta x}\right\} \\ &= \frac{df(x)}{dx}\cdot g(x)+f(x)\cdot\frac{dg(x)}{dx}\end{aligned}$$

途中で，"$-f(x)\cdot g(x+\Delta x)+f(x)\cdot g(x+\Delta x)=0$"を分子に加えているのがポイントです．この操作によって，うまく微分の定義式の形を作ることができます．

結局，「積の微分」の公式として次式が得られました．

$$\{f(x)\cdot g(x)\}'=f'(x)\cdot g(x)+f(x)\cdot g'(x)$$

例として，"$f(x)=x\cdot\sin(x)$"という関数を微分してみます．

$$\frac{d}{dx}\{x\cdot\sin(x)\}=\{x\}'\cdot\sin(x)+x\cdot\{\sin(x)\}'=\sin(x)+x\cdot\cos(x)$$

4.5.5 商の微分

2つの関数$f(x)$および$g(x)$を組み合わせた商の形"$f(x)/g(x)$"の微分を計算します．これも，微分の定義に従って計算を進めます．

$$\begin{aligned}\frac{d}{dx}\left\{\frac{f(x)}{g(x)}\right\} &= \lim_{\Delta x\to 0}\left\{\frac{1}{\Delta x}\cdot\left(\frac{f(x+\Delta x)}{g(x+\Delta x)}-\frac{f(x)}{g(x)}\right)\right\}\\ &= \lim_{\Delta x\to 0}\left\{\frac{1}{\Delta x}\cdot\frac{f(x+\Delta x)\cdot g(x)-f(x)\cdot g(x+\Delta x)}{g(x+\Delta x)\cdot g(x)}\right\}\\ &= \lim_{\Delta x\to 0}\left\{\frac{1}{g(x+\Delta x)\cdot g(x)}\cdot\frac{f(x+\Delta x)\cdot g(x)-f(x)\cdot g(x+\Delta x)}{\Delta x}\right\}\end{aligned}$$

ここで，積の微分について考えたときと同様に，微分の形を作り出すために"$-f(x)\cdot g(x)+f(x)\cdot g(x)=0$"を分子に加えます．

$$\frac{d}{dx}\left\{\frac{f(x)}{g(x)}\right\} = \lim_{\Delta x\to 0}\left\{\frac{1}{g(x+\Delta x)\cdot g(x)}\cdot\frac{f(x+\Delta x)\cdot g(x)-f(x)\cdot g(x+\Delta x)}{\Delta x}\right\}$$

$$= \lim_{\Delta x\to 0}\left[\frac{1}{g(x+\Delta x)\cdot g(x)}\cdot\frac{\{f(x+\Delta x)\cdot g(x)-f(x)\cdot g(x)\}-\{f(x)\cdot g(x+\Delta x)-f(x)\cdot g(x)\}}{\Delta x}\right]$$

$$= \lim_{\Delta x\to 0}\left[\frac{1}{g(x+\Delta x)\cdot g(x)}\cdot\left\{\frac{f(x+\Delta x)\cdot g(x)-f(x)\cdot g(x)}{\Delta x}-\frac{f(x)\cdot g(x+\Delta x)-f(x)\cdot g(x)}{\Delta x}\right\}\right]$$

$$= \lim_{\Delta x\to 0}\left[\frac{1}{g(x+\Delta x)\cdot g(x)}\cdot\left\{\frac{f(x+\Delta x)-f(x)}{\Delta x}\cdot g(x)-f(x)\cdot\frac{g(x+\Delta x)-g(x)}{\Delta x}\right\}\right]$$

$$= \frac{1}{g(x)\cdot g(x)}\cdot\left\{\frac{df(x)}{dx}\cdot g(x)-f(x)\cdot\frac{dg(x)}{dx}\right\}$$

以上より，「商の微分」の公式として次式が得られます．

$$\left\{\frac{f(x)}{g(x)}\right\}' = \frac{f'(x)\cdot g(x)-f(x)\cdot g'(x)}{\{g(x)\}^2}$$

商の微分を使った例として，"$f(x)=\tan(x)$"の微分を計算してみましょう．

$$\begin{aligned}\frac{d}{dx}\{\tan(x)\} &= \frac{d}{dx}\left\{\frac{\sin(x)}{\cos(x)}\right\}\\ &= \frac{\{\sin(x)\}'\cdot\cos(x)-\sin(x)\cdot\{\cos(x)\}'}{\cos^2(x)}\\ &= \frac{\cos^2(x)+\sin^2(x)}{\cos^2(x)} = \frac{1}{\cos^2(x)}\end{aligned}$$

これで$\sin(x)$，$\cos(x)$，$\tan(x)$のすべての導関数がそろいました．

4.5.6 合成関数の微分

ここまで解説した内容によって，「和」，「差」，「積」，「商」といった四則演算の形の微分を扱えるようになりました．ここから先は，四則演算として表すことができない関数の組み合わせについて，その導関数を求める方法を考えます．まずは「合成関数の微分」について解説します．

「合成関数」(composite function)とは，関数$f(x)$の入力がいつもの“x”ではなく別の関数$g(x)$の値になっている関数であり，“$f(g(x))$”と表記されます．合成関数の具体例としては，$f(x)=\log(x)$と$g(x)=2x+1$を組み合わせた“$f(g(x))=\log(2x+1)$”や，$f(x)=\cos(x)$と$g(x)=x^2$を組み合わせた“$f(g(x))=\cos(x^2)$”などが考えられます．

なお，ここで扱う“$g(x)$”は定数関数ではないものとします．すなわち，“$f(g(x))=\cos(1)$”のようなものは対象外です($g(x)$が定数関数の場合，微分するとゼロになる)．

それでは合成関数“$f(g(x))$”の導関数を，微分の定義に従って計算します．

$$\frac{d}{dx}\{f(g(x))\}=\lim_{\Delta x\to 0}\frac{\Delta f(g(x))}{\Delta x}=\lim_{\Delta x\to 0}\frac{f(g(x+\Delta x))-f(g(x))}{\Delta x}$$

これまで扱ってきた微分の計算では,「xの変化量」として“Δx”を使っていました．今回微分する対象である“$f(g(x))$”は，$f()$の括弧の中がxではなく“$g(x)$”になっていますから，もともとの「xの変化量“Δx”」の代わりに「$g(x)$の変化量“$\Delta g(x)=g(x+\Delta x)-g(x)$”」を使うのが妥当であると考えられます．このことから，上式では「$f(g(x))$の変化量“$\Delta f(g(x))$”」のことを“$\Delta f(g(x))=f(g(x+\Delta x))-f(g(x))$”と書いています．

ここから先の計算を進めるために，次のように分母・分子にダミーの“$g(x+\Delta x)-g(x)$”を掛け算します．

$$\begin{aligned}\frac{d}{dx}\{f(g(x))\}&=\lim_{\Delta x\to 0}\frac{f(g(x+\Delta x))-f(g(x))}{\Delta x}\\&=\lim_{\Delta x\to 0}\frac{f(g(x+\Delta x))-f(g(x))}{g(x+\Delta x)-g(x)}\cdot\frac{g(x+\Delta x)-g(x)}{\Delta x}\end{aligned}$$

上式の最終行の前半部分は，形式的に「$f(g(x))$を$g(x)$で微分したもの」と見ることができます．また，後半部分は見慣れた「$g(x)$をxで微分したもの」になっています．以上のことから,「合成関数$f(g(x))$の微分」の公式として次式が得られます．

$$\frac{d}{dx}\{f(g(x))\}=\frac{df(g(x))}{dg(x)}\cdot\frac{dg(x)}{dx}$$

合成関数の微分の具体例として，電気回路の計算でもよく出てくる“$f(x)=\sin(\omega x)$”という形の関数を微分してみましょう．ここで“ω”は定数とします．この関数は，$f(x)=\sin(x)$と$g(x)=\omega x$の合成関数$f(g(x))$になっていると見ることができます．

では，合成関数の微分の公式に従って計算します．まずは「$f(g(x))$を$g(x)$で微分する」

ことを考えます．すなわち，$\sin(\omega x)$をωxで微分します．この場合は，“ωx”の部分をひとまとまりとして考えればよく，次式のように計算できます．

$$\frac{d}{d(\omega x)}\{\sin(\omega x)\}=\cos(\omega x)$$

次は「$g(x)$をxで微分する」ことを考えます．すなわち，ωxをxで微分します．これは簡単に計算できて，次のようになります．

$$\frac{d}{dx}\{\omega x\}=\omega$$

以上のことから，“$f(g(x))=\sin(\omega x)$”をxで微分した導関数は次のようになります．

$$\begin{aligned}\frac{d}{dx}\{\sin(\omega x)\}&=\frac{df(g(x))}{dg(x)}\cdot\frac{dg(x)}{dx}=\frac{d}{d(\omega x)}\{\sin(\omega x)\}\cdot\frac{d}{dx}\{\omega x\}\\&=\cos(\omega x)\cdot\omega=\omega\cos(\omega x)\end{aligned}$$

4.5.7　逆関数の微分法

最後は，「逆関数の微分」について解説します．

関数$f(x)$の「逆関数」“$f^{-1}(x)$”とは，次式を満たす関数でした．

$$f^{-1}(f(x))=x$$

上式より，$y=f(x)$とおくと，$x=f^{-1}(y)$が成り立ちます．逆関数とは「関数$f(x)$の逆の操作をする関数」なのでした．

ここでは，逆関数$f^{-1}(x)$の導関数である“$\{f^{-1}(x)\}'$”を求める方法について考えます．まずは，逆関数の定義式である“$x=f^{-1}(f(x))$”の両辺をxで微分します．

$$\frac{d}{dx}\{x\}=\frac{d}{dx}\{f^{-1}(f(x))\}$$

上式の左辺は“1”となります．上式の右辺は，先ほど考えた「合成関数の微分」を適用することで次式のように計算できます．

$$1=\frac{d}{dx}\{f^{-1}(f(x))\}=\frac{d}{df(x)}\{f^{-1}(f(x))\}\cdot\frac{df(x)}{dx}$$

ここで，上式に“$f(x)=y$”および“$x=f^{-1}(y)$”を代入します．

$$1=\frac{d}{dy}\{f^{-1}(y)\}\cdot\frac{dy}{dx}$$

上式を変形して，次式を得ます．

$$\frac{d}{dy}\{f^{-1}(y)\}=\frac{1}{\dfrac{dy}{dx}}=\frac{1}{\dfrac{d\{f(x)\}}{dx}}$$

上式の最左辺は，逆関数“$f^{-1}(y)$”をその変数である“y”で微分していますが，これは文字が異なるだけで，本質的には“xの関数を，xで微分する”こととまったく同じです．

以上のことから，「逆関数$f^{-1}(x)$の導関数 $\{f^{-1}(x)\}'$は，もとの関数$f(x)$の導関数$f'(x)$の逆数になっている」ことがわかりました．

なお，上式において“$f^{-1}(y)=x$”（逆関数の定義）を代入すると次式を得ます．

$$\frac{dx}{dy}=\frac{1}{\frac{dy}{dx}}$$

上式を見ると，“dx”や“dy”という記号はまるで「分数」のように扱えることがわかります．この性質は，微分や積分の計算において非常に便利に使うことができます．ただし，これはあくまで「形式的」な扱いの話であって，本質的に「分数」という意味ではありません．その点には留意しておきます．

逆関数の微分の具体例として，「逆三角関数の導関数」を求めてみましょう．関数$f^{-1}(y)$を次のように定めます．ただし，yの範囲は“$-\pi/2<f^{-1}(y)<\pi/2$”を満たすものとします．

$$x=f^{-1}(y)=\sin^{-1}(y)$$

上式では先ほど考えた「逆関数の微分」の公式を適用しやすいように，わざと変数としてyを使い，“$f^{-1}(y)$”という表記にしています．

このとき，この逆関数に対応するもとの関数$f(x)$は“$y=f(x)=\sin(x)$”となります．

それでは，逆関数の微分法の公式を使って$f^{-1}(y)=\sin^{-1}(y)$の導関数を計算します．

$$\frac{d}{dy}\{f^{-1}(y)\}=\frac{1}{\frac{d}{dx}\{f(x)\}}=\frac{1}{\frac{d}{dx}\{\sin(x)\}}=\frac{1}{\cos(x)}=\frac{1}{\sqrt{1-\sin^2(x)}}=\frac{1}{\sqrt{1-y^2}}$$

上式をまとめると，次のようになります．

$$\frac{d}{dy}\{\sin^{-1}(y)\}=\frac{1}{\sqrt{1-y^2}}$$

上式の変数“y”をすべて“x”に書き換えてしまえば，次式が得られます．

$$\frac{d}{dx}\{\sin^{-1}(x)\}=\frac{1}{\sqrt{1-x^2}}$$

以上で「$\sin^{-1}(x)$の導関数」が得られました．

4.5.8　逆関数の微分の公式を使わない方法

「逆関数の微分」は，先ほど導出した公式を使えば比較的単純な計算で導関数を求めることができます．しかし，最初はxとyの両方が出てくることに対して混乱してしまうかもしれません．ここでは，公式を使わずに「手作業」に近い形で逆関数を微分してみましょう．

例題として取り上げるのは，先ほどと同じ"$\sin^{-1}(x)$"です．ただし，今回は素直に"$f(x) = \sin^{-1}(x)$"として計算を進めます．

$$f(x) = \sin^{-1}(x)$$

上式を変形して次式を得ます．

$$\sin(f(x)) = x$$

上式の両辺を"$f(x)$"で微分します．

$$\frac{d}{df(x)}\{\sin(f(x))\} = \frac{dx}{df(x)}$$

上式の左辺は，"$f(x)$"を1つのまとまりと見て微分すると"$\cos(f(x))$"となります．

$$\cos(f(x)) = \frac{dx}{df(x)}$$

ここで，微分の記号"dx"および"$df(x)$"は「形式的に」分数のように扱うことができるのでした．よって，上式を変形して次式を得ます．

$$\frac{df(x)}{dx} = \frac{1}{\cos(f(x))}$$

さらに変形を続けます．"$\sin(f(x)) = x$"より，次式を得ます．

$$\frac{df(x)}{dx} = \frac{1}{\cos(f(x))} = \frac{1}{\sqrt{1-\sin^2(f(x))}} = \frac{1}{\sqrt{1-x^2}}$$

結局，$\sin^{-1}(x)$の導関数として次式が得られました．これは，先ほど求めたのと同じ結果です．

$$\{\sin^{-1}(x)\}' = \frac{1}{\sqrt{1-x^2}}$$

COLUMN 15

$f(x)=x^a$(aは実数)の微分

4.4.2節で$f(x)=x^n$の導関数を求めたときは，nを自然数の範囲に限定していました．これは，導関数の公式“$\{x^n\}'=nx^{(n-1)}$”を導出するときに「二項定理」を使っていたことによります．ここでは，指数の値を実数全体に拡張した“$f(x)=x^a$”(aは実数)の導関数について考えます．

まず，“$f(x)=x^a$”の両辺を真数とする自然対数をとります．

$$\log\{f(x)\}=\log(x^a)=a\cdot\log(x)$$

ここで，上式全体を微分します．なお，最左辺には合成関数の微分法を適用します．

$$\frac{1}{f(x)}\cdot\frac{df(x)}{dx}=a\cdot\frac{1}{x}$$

上式を“$df(x)/dx$”について整理すると，次のようになります．

$$\frac{df(x)}{dx}=a\cdot f(x)\cdot\frac{1}{x}=a\cdot xa\cdot\frac{1}{x}=ax^{(a-1)}$$

以上のことから，実数aに対しても次式が成り立つことがわかりました．

$$\{x^a\}'=ax^{(a-1)}$$

今回使った「両辺の対数をとってから微分して，もともと欲しかった“$df(x)/dx$”の形に整理する」という手法のことを「**対数微分法**」(**logarithmic differentiation**)といいます．対数微分法は今回のように指数の部分を扱いづらい場合や，微分したい関数が数多くの項の積で構成されている場合などに有効です(対数をとれば積を和の形に変換できるため)．

なお，x^aのaは実数に限らず複素数の範囲まで拡張できます．その内容については「複素関数論」で解説します．

また，上記の証明では“$\log(x)$”が出てきますが，一般的に$f(x)=x^a$という関数のxは負の値になり得ます．すると，logの真数が負になってしまい，いままで扱ったことがない状態となってしまいます．この点についても，扱う数の範囲を複素数まで拡張すれば問題なく対応できます．

ここではxを実数の範囲に限定して考えています．よって，上記の理由より$f(x)=x^a$のxには“$x>0$”という条件が付くことになります．

第5章 積分と微分方程式

5.1 積分の考え方

ここからは,「積分」についての解説に入ります.

電気工学をはじめとする各工学分野において,積分は「微分方程式を解くための手法」として活用されています.これは,積分というものが本質的に「微分の逆演算」になっているからです.微分と積分の関係性については,次節で詳しく解説します.

5.1.1 図形の面積を求める方法として積分を導入する

今回は,積分の導入として「関数$f(x)$のグラフで囲まれた図形の面積を求める方法」について考えます(**図1**).これは,積分法の歴史が「図形の面積を求めること」に端を発していることによります.また,単に歴史的な理由だけではなく,「面積」を考えることからスタートしたほうが直感的に理解しやすいという理由もあります.

「電気回路の設計」と「図形の面積を求めること」との間に何か関係性があるかというと,直感的には,あまり関係がないように思えます.いくら「積分によって面積を求めることができる」と言われても,何らかの面積を求めたいというモチベーションがなければまったく嬉しくありません.

しかし,図形の面積を求めるつもりがなくても,「解決したい問題について考察していたら,結果的にグラフで囲まれた図形の面積を求めることに帰着していた」ということはよ

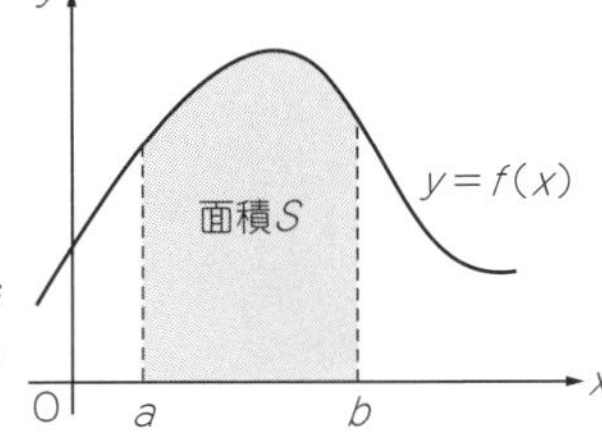

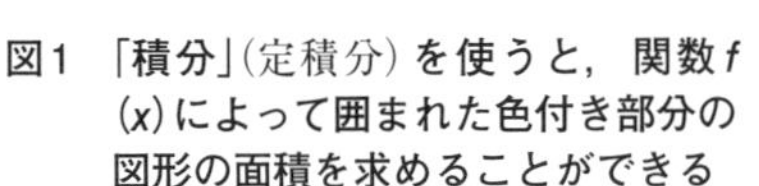
図1 「積分」(定積分)を使うと,関数$f(x)$によって囲まれた色付き部分の図形の面積を求めることができる

くあります．ここではその例として，「キャパシタに流れ込む電流と，蓄えられる電気量の関係」について考えてみます．

5.1.2　キャパシタに蓄えられる電気量

キャパシタに対して，**図2**のように電流が流れ込む状態を想定します．このとき，時刻tにおいてキャパシタに蓄えられる電気量$q(t)$を求める方法について考えます．

キャパシタに蓄えられている電気量は，キャパシタ両端に生じる電圧と関係があります．時刻tにおける電気量$q(t)$と電流$i(t)$との関係を表す式がわかれば，「キャパシタにおける電圧-電流の関係式」を得ることにつながります．これは，後で交流理論を考える際に役立ちます．

キャパシタに流れ込む電流をi［A］，キャパシタに蓄えられている電気量をq［C］とします．電気量の単位は“C”(Coulomb：クーロン)です．なお，ここで書いている“C”は「クーロン」という電気量の単位を表すものであって，キャパシタの容量を意味する「静電容量(キャパシタンス)」の“C”とは別のものです．両者の違いは，単位(クーロン)ならば立体の“C”と書き，物理量(キャパシタンス)ならば斜体の“C”と書くことで区別します．

さて，「電流i」の定義は「1秒間あたりに流れる電気量」ですから，電流の単位“A”(Ampere：アンペア)は電気量qの単位“C”および時間tの単位“s”(second：セカンド)を使って次のように表すことができます．

$$i[\mathrm{A}]=\frac{q[\mathrm{C}]}{t[\mathrm{s}]}$$

キャパシタに流れ込んだ電荷は，すべてキャパシタに蓄えられます．よって上式より，電流値i［A］とその電流を流した時間t［s］との積である「電流×時間」を計算すれば，キャパシタに蓄えられているトータルの電気量“q［C］”を求められます．

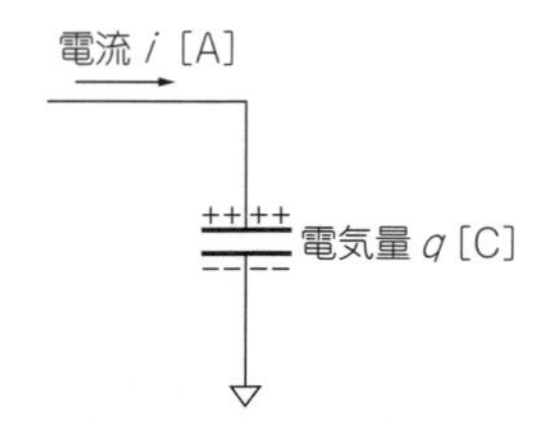

図2　キャパシタに電流i［A］が流れ込み，電気量q［C］が蓄えられるものとする

電流は流れ続けており，蓄えられている電気量は時々刻々と変化していくものとする

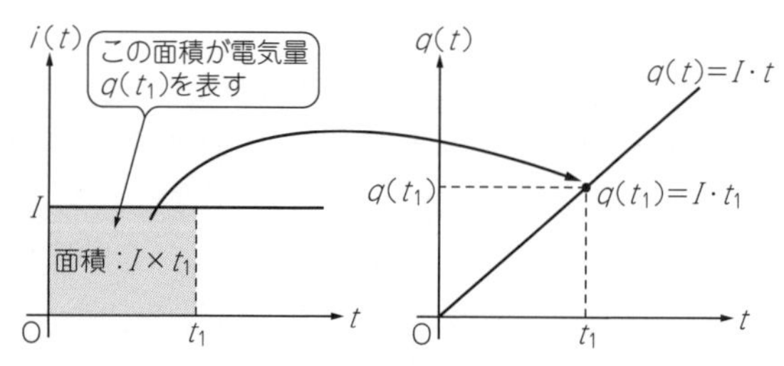

図3　キャパシタに対して常に一定の電流“I”が流入し続ける状態を考える

キャパシタに蓄えられる電気量$q(t)$の値は，電流$i(t)$のグラフにおける「面積」に対応している

5.1.3 キャパシタに流れ込む電流が常に一定である場合

まずは簡単な例として，キャパシタに対して常に同じ大きさの電流“I [A]”が流れ続ける場合を考えます．ただし，時刻$t=0$sにおけるキャパシタ内の電気量は0Cであるとします．

先ほど確認したとおり，「電流の大きさと，電流を流した時間を掛け算すれば，トータルの電気量を求められる」のでした．

よって，時刻tにおいてキャパシタに蓄えられている電気量を時間tの関数“$q(t)$”で表すことにすると，いま考えている電流は一定値“I”ですから，次式が成り立ちます．

$$q(t)=I\cdot t$$

また，ある時刻t_1における電気量$q(t_1)$は，上式に$t=t_1$を代入した次式で得られます．

$$q(t_1)=I\cdot t_1$$

ここで**図3**を見ると，時刻t_1においてキャパシタに蓄えられた電気量の値“$q(t_1)=I\cdot t_1$”は，キャパシタに流れる電流$i(t)$のグラフが$t=0$から$t=t_1$までの間に囲んだ部分の「面積」と等しくなっています．よって，「$i(t)$のグラフで囲まれた図形の面積は，流れ込んだトータルの電気量$q(t)$を表す」ことがわかります．

5.1.4 キャパシタに流れ込む電流が時間的に変化する場合

先ほど考えた例はとても単純だったので，特別に「面積の計算」を意識しなくても計算できました．次は，もう少し複雑な状況について考えてみます．

前の例ではキャパシタに流れ込む電流を一定値の“I”としていましたが，ここではキャパシタに流れ込む電流が時間的に変化するとします．すなわち，電流は時間tの関数“$i(t)$”であるとします．このとき，時刻tにおいてキャパシタに蓄えられている電気量$q(t)$を求める方法について考えます．

図4のように電流$i(t)$のグラフが曲線である場合，電流値が一定ではないため，先ほど考えた「電流×時間」という単純な式を使って電気量$q(t)$を求めることができません．しかし，電流が一定であろうと，電流が時間によって変化しようと，「キャパシタに電流が流れ込むと，その電荷がキャパシタに蓄えられる」という物理現象は同じです．よって，いずれの場合もキャパシタに蓄えられるトータルの電気量$q(t)$は「$i(t)$のグラフで囲まれた部分の面積」として表されます．

以上の考察から，「関数$f(x)$とx軸で囲まれた部分の面積を求める」という計算手法があれば，今回の問題をすぐに解決できることがわかります．そして，その計算手法こそがこれから紹介する「積分」なのです．

ここまでの話で，「関数で囲まれた図形の面積を求める」という操作が，電気回路の設計に多少なりとも関わっていることを実感できたと思います．

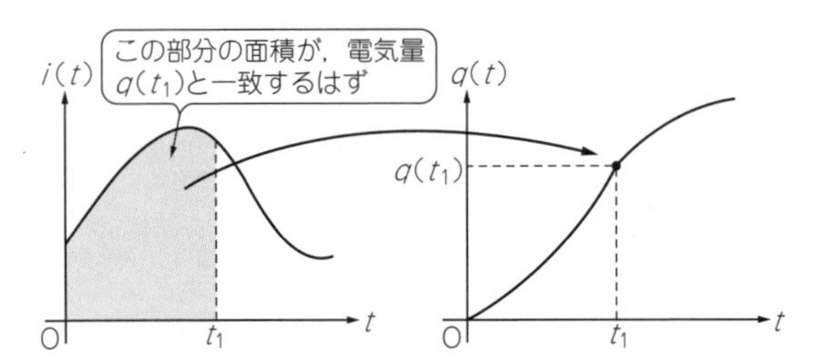

図4　キャパシタに流れ込む電流$i(t)$が時間的に変化する場合，蓄えられている電気量$q(t)$は単純な「電流と時間の掛け算」で求めることができない

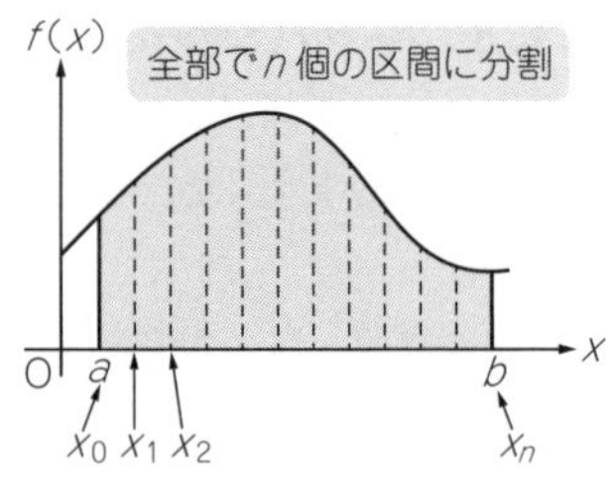

図5　関数$f(x)$とx軸によって囲まれた部分の面積を求めるために，対象とする領域を短冊状に分割する

分割数は，全部でn個とする

5.1.5　長方形に区切って考える

それでは，「関数$f(x)$とx軸によって囲まれた部分の面積を求める」方法について考えていきます．面積を求める方法の根本的な考え方は，小学校の算数で習う「タテ×ヨコ」です．ただし一般的な関数$f(x)$は曲線であり，単純に「タテ×ヨコ」という計算を適用できません．そのため，まずは**図5**のように関数$f(x)$で囲まれた領域を細かく分割します．

いま面積を求める範囲は，関数$f(x)$とx軸で囲まれた部分の$a \leq x \leq b$の区間とします．aおよびbは$a \leq b$を満たす任意の数とします．また，面積を求めたい領域を全部で「n個」に分割するものとし，分割点の座標をx_0，x_1，x_2，…，x_nとします．

分割した区間のうちk番目の部分を取り出すと**図6**のようになります．k番目の区間におけるx方向の幅を“Δx_k”と表記することにします．この区間幅Δx_kと分割点の座標との間には，“$\Delta x_k = x_k - x_{k-1}$”の関係が成り立ちます．また，$k$番目の区間内における関数$f(x)$の最大値を“$M_k$”，最小値を“$m_k$”とします．

ここで，各区間を「幅Δx_k，高さ“m_k”の長方形」と見て全体の面積を求める場合と，各区間を「幅Δx_k，高さ“M_k”の長方形」と見て全体の面積を求める場合の2パターンを考えます．前者によって表現される全体の面積を“S_m”，後者によって表現される全体の面積を

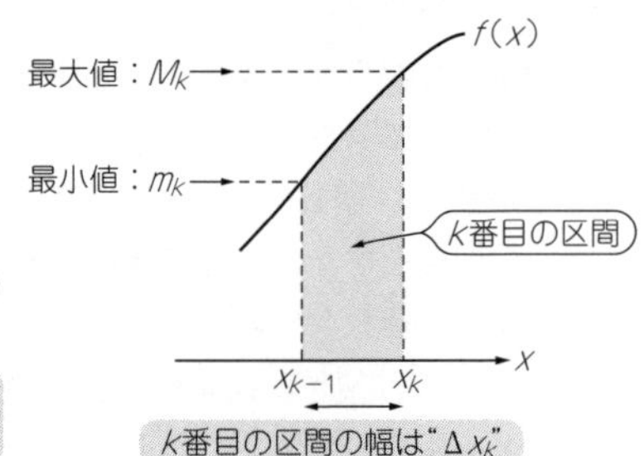

図6　面積を求めたい領域を短冊状に切り分けた小区間のうち，k番目の部分を考える

この区間は$x_{k-1} < x < x_k$の領域を指し，この領域における最大値を“M_k”，最小値を“m_k”とする

図7 関数$f(x)$で囲まれた部分の面積を求めるために，各区間を「高さ“m_k”の長方形」と見なす場合と，「高さ“M_k”の長方形」と見なす場合を考える

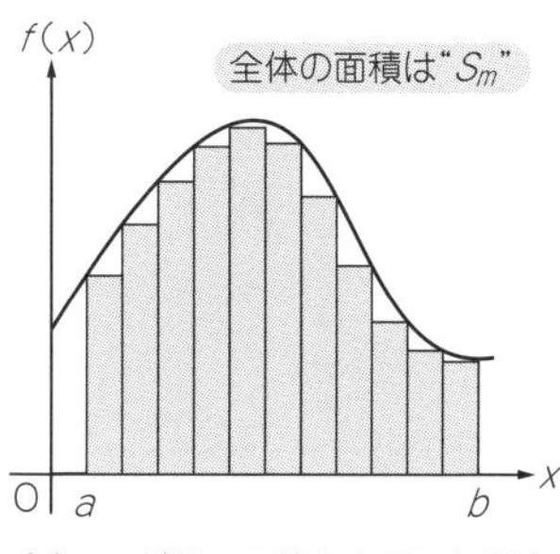

(a) m_kだけで面積を表現した場合

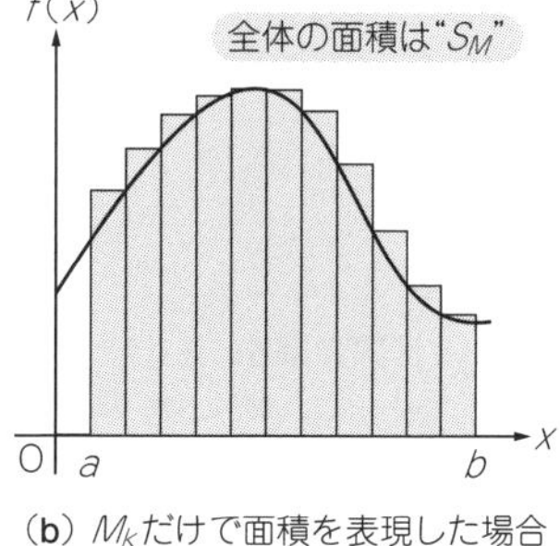

(b) M_kだけで面積を表現した場合

“S_M”とします．図7では分割数が少ないので，灰色の部分がカクカクとした形になっていますが，もっと分割数を多くして細かくしていけば，$f(x)$の形にフィットしていく様子が想像できると思います．

図7の各区間は長方形ですから，「タテ×ヨコ」の計算によって面積を求められます．各区間の最小値“m_k”を使って求めた全体の面積“S_m”は，「タテの長さ(m_1, m_2, …)×ヨコの長さ(Δx_1, Δx_2, …)」を区間ごとに計算して，すべてを足し算すれば求めることができます．式で書くと，次のようになります．

$$S_m = m_1 \cdot \Delta x_1 + m_2 \cdot \Delta x_2 + \cdots + m_n \cdot \Delta x_n = \sum_{k=1}^{n} m_k \cdot \Delta x_k$$

同様に，各区間の長方形のタテの長さとして“M_k”を採用した場合の全面積“S_M”は次式で表されます．

$$\mathrm{S}_M = M_1 \cdot \Delta x_1 + M_2 \cdot \Delta x_2 + \cdots + M_n \cdot \Delta x_n = \sum_{k=1}^{n} M_k \cdot \Delta x_k$$

これで，関数$f(x)$によって囲まれた部分の面積の「おおよその値」を見積もることができました．次は，より厳密に面積の値そのものを求める方法を考えます．

5.1.6 分割を細かくした場合について考える

ここまでは，関数$f(x)$によって囲まれた部分の面積を求めるために「長方形に分割する」という考え方で進めてきました．次は，その分割数nを大きくしていくことを考えます．

分割数を大きくすると，各区間の幅“Δx_k”は小さくなっていきます．また，図8のように1つの区間内における最大値“M_k”と最小値“m_k”の差が縮まっていきます．このことから，区間の幅を「限りなく小さく」すれば，最終的に区間内の最大値M_kと最小値m_kの値は限りなく近づいていき，極限としては等しくなるだろうと考えられます．すなわち，次式が成り立ちます．

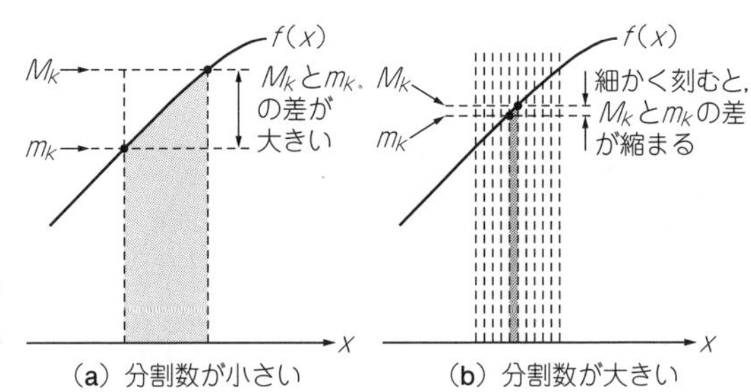

図8　区間の幅Δx_kを小さくしていくと，M_kとm_kの差は小さくなっていく

$$M_k = m_k \ (\Delta x_k \to 0)$$

ただし，関数$f(x)$のグラフが途中で途切れてしまっている場合は，扱いが少々難しくなります．また，関数$f(x)$の値が無限大に発散する点が存在する場合は，そもそも「面積」の値を考えることができません．よって，これ以降の議論は対象を「無限大に発散する点を持たない連続関数」に限定して考えることにします．なお，電気回路で扱う信号波形は，ほぼすべてがこの条件を満たすので心配ありません．例外が生じた場合は，その都度解説を加えるようにします．

さて，k番目の区間における最大値M_kおよび最小値m_kの挙動がわかったので，次は関数$f(x)$自体の値について考えます．k番目の区間を指すx座標は"$x_{k-1} \leq x \leq x_k$"でした．ここではk番目の区間を代表するxの値として"x_k"を使うことにします(本質的にはx_{k-1}を使おうと，$x_{k-1} \leq x \leq x_k$を満たすどのような値を使おうと同じこと．最終的に得られる結論は変わらない)．

関数$f(x)$を分割する幅が十分に小さければ，1つの区間内における$f(x)$の動きは「単調増加」，「単調減少」，「一定」のいずれかになります．もし1つの区間内で「増加して減少する」もしくは「減少して増加する」などの挙動がある場合は，その境目でさらに分割することで「単調増加だけの区間」および「単調減少だけの区間」を作り出すことができます．

このように十分細かく分割した場合，位置$x = x_k$における関数の値"$f(x_k)$"は，**図9**に示すとおり最大値"M_k"もしくは最小値"m_k"のいずれかになります．よって，各区間において位置$x = x_k$における関数の値$f(x_k)$は，次式を満たすことがわかります．

$$m_k \leq f(x_k) \leq M_k$$

さて，先ほど考えたとおり分割数nを限りなく大きくして"$n \to \infty$"の極限をとった場合，すなわち"$\Delta x_k \to 0$"の極限をとった場合，"$M_k = m_k$"が成り立つのでした．すると，上式において「はさみうちの原理」を適用することで次式が得られます．

$$\lim_{n \to \infty} f(x_k) = \lim_{n \to \infty} m_k = \lim_{n \to \infty} M_k$$

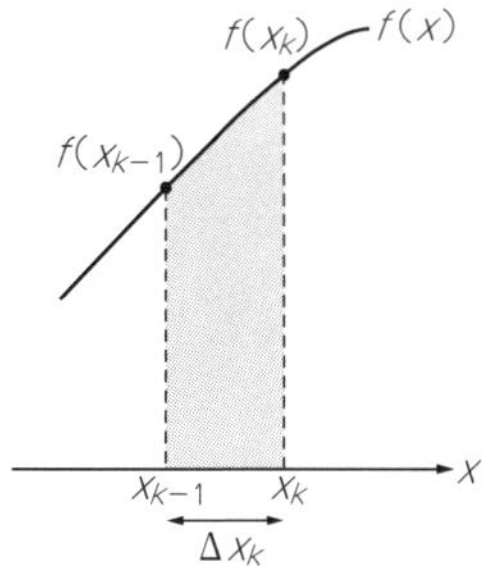

(a) 区間内で単調増加する場合

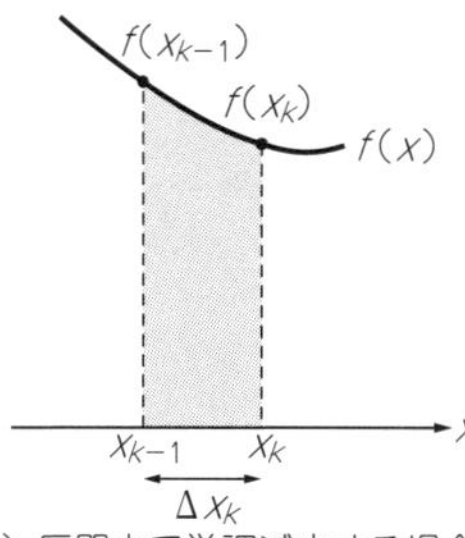

(b) 区間内で単調減少する場合

図9　関数$f(x)$の分割数を十分に大きくすれば，1つの区間内における$f(x)$の挙動は，「単調増加」もしくは「単調減少」のいずれかとなる

どちらの状況でも，$f(x_k)$は$m_k<f(x_k)<M_k$を満たす

以上のことから，分割数を限りなく多くすれば，各区間における関数$f(x)$の値およびその区間における最大値，最小値は，すべて同じ値に収束することがわかります．

5.1.7 区分求積法

ここまで考えたことをまとめて，「関数$f(x)$で囲まれた部分の面積」を表す式を作ります．まず，各区間の最小値"m_k"を用いて計算した面積"S_m"および，各区間の最大値"M_k"を用いて計算した面積"S_M"を表す式は，次のとおりでした．

$$S_m=\sum_{k=1}^{n} m_k \cdot \Delta x_k$$

$$S_M=\sum_{k=1}^{n} M_k \cdot \Delta x_k$$

上式にならうと，各区間の代表値として関数の値"$f(x_k)$"を用いた場合の面積"S"を次のように表せます．この面積Sが，いま求めたい領域の面積に最も近い値となります．

$$S=\sum_{k=1}^{n} f(x_k) \cdot \Delta x_k$$

ここで，各区間において常に"$m_k \leq f(x_k) \leq M_k$"が成り立つので，"S_m"，"S"，"S_M"の間には次の関係式が成り立ちます(**図10**)．

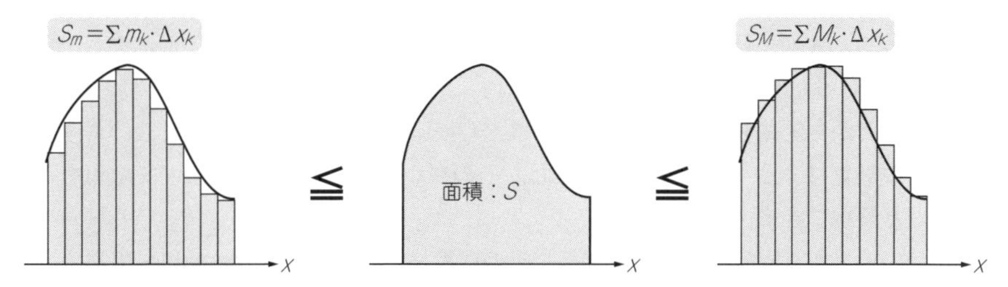

図10　関数$f(x)$によって囲まれる部分の面積Sと，S_mおよびS_Mとの大小関係

$$S_m \leq S \leq S_M$$

上式は，次のように書くこともできます．

$$\sum_{k=1}^{n} m_k \cdot \Delta x_k \leq \sum_{k=1}^{n} f(x_k) \cdot \Delta x_k \leq \sum_{k=1}^{n} M_k \cdot \Delta x_k$$

さらに，区間の分割数nを限りなく大きくした極限において，“$f(x_k) = m_k = M_k \ (n \to \infty)$”を満たすのでした．よって，上記の面積$S$は次式で表せます．

$$S = \lim_{n \to \infty} \sum_{k=1}^{n} f(x_k) \cdot \Delta x_k = \lim_{n \to \infty} \sum_{k=1}^{n} m_k \cdot \Delta x_k = \lim_{n \to \infty} \sum_{k=1}^{n} M_k \cdot \Delta x_k$$

以上で「関数$f(x)$のグラフで囲まれた部分の面積を求める方法」がわかりました．なお，このようにして面積を求める方法を「**区分求積法**」といいます．

5.1.8　定積分

関数$f(x)$とx軸が$a \leq x \leq b$の範囲で囲む図形の面積Sは，区分求積法の考え方によって求められることがわかりました．区分求積法には，その考え方の本質として極限計算が含まれています．この極限値が何らかの値に収束する場合，この式の値は新しい記号“$\int$”(integral：インテグラル)を導入して次のように表記されます．

$$S = \lim_{n \to \infty} \sum_{k=1}^{n} f(x_k) \cdot \Delta x_k = \int_a^b f(x)\,dx$$

上式の“$\int_a^b f(x)\,dx$”を，区間$a \leq x \leq b$における関数$f(x)$の「**定積分**」(**definite integral**)といいます．また，この区間“$a \leq x \leq b$”を「積分区間」，変数“x”を「積分変数」といいます．

“$\int$”(インテグラル)という記号の由来は，「和を計算する」という意味の“sum”の頭文字Sを縦に伸ばしたものだといわれています．また，これまで「和の計算」を表す記号として何度も使っている“Σ”(シグマ)は，アルファベットのSに対応するギリシア文字です．このことから，インテグラル“$\int$”およびシグマ“Σ”は，本質的に「和をとる」(sum)という同じ意味を持つことがわかります．

また，区分求積法において1区間あたりの幅を表す“Δx_k”は，定積分の計算における“dx”の部分に相当します．「限りなく小さい区間を考える」という極限操作によって，“Δ”が“d”に置き換わったと解釈することができます．これは，微分の計算のときと同じです．

以上のことから定積分の表記法というのは，“$f(x)\,dx$”の部分が微小区間における「タテ×ヨコ」の計算による「微小面積」を表し，その微小面積を“$\int$”記号によって総和をとったものだと解釈できます．

定積分の結果が有限の値に定まるとき，その関数は「**積分可能**」(**integrable**)であると言います．前に触れたとおり，積分可能であることの本質は“$S_m = S_M (n \to \infty)$”となることです．関数$f(x)$が連続であれば，この条件を満たします(ただし，不連続関数がすべて積分できないというわけではない)．

5.1.9 リーマン和と定積分

ここまでは,「関数$f(x)$で囲まれた部分の面積」を求めるために，その領域を限りなく小さい区間に分割することを考えてきました．分割した後の「1区間あたりの面積の大きさ」を，その区間における最大値M_kで考える場合と最小値m_kで考える場合の2パターンを用意し，この2つが収束する値を「関数$f(x)$の定積分」としていました．

ここでは，上記とは異なる「定積分」の定義を紹介します．**図11**のとおり，「領域を細かく分割する」という考え方と，分割した後のk番目の区間を"$x_{k-1} \leq x \leq x_k$"の範囲とするのはこれまでと同じです．

ただし，今回は各区間内の「任意の場所」に，その区間の代表点"t_k"をとります．t_kは次式を満たす任意の値とします．

$$x_{k-1} \leq t_k \leq x_k$$

このとき，関数$f(x)$で囲まれた部分の面積を(粗く)表現したものとして，次式を考えます．

$$S = \sum_{k=1}^{n} f(t_k) \cdot \Delta x_k$$

上式を関数$f(x)$の「**リーマン和**」(Riemann sum)といいます．ここで，分割数nを限りなく大きくしたときに上式が有限値に収束した場合，その値を「関数$f(x)$の定積分」と呼び，次式で表します．

$$\lim_{n \to \infty} \sum_{k=1}^{n} f(t_k) \cdot \Delta x_k = \int_a^b f(x)\,dx$$

上式がリーマン和を用いた定積分の定義です．定積分の値が存在するとき，関数$f(x)$は「積分可能である」といいますが，このことを「**リーマン積分可能**」(Riemann integrable)

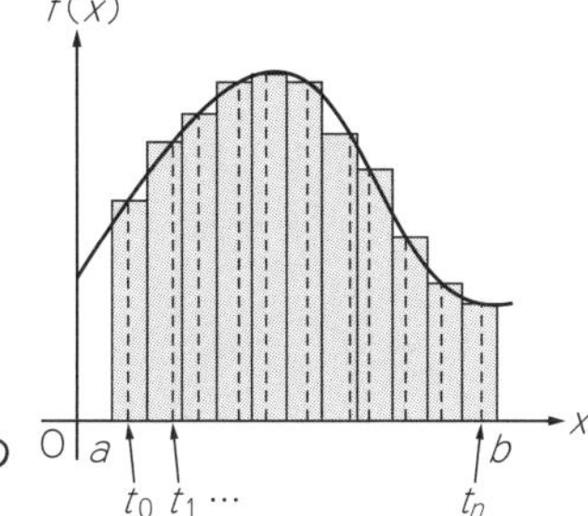

図11 「リーマン和」を考える場合，各区間の代表点"t_k"は区間内の任意の場所にとるものとする

ともいいます.

5.1.10　定積分の性質

▶定数倍

kを定数とします. 関数$f(x)$を定数倍してから定積分した値は, 関数$f(x)$を定積分した値を定数倍したものと等しくなります.

$$\int_a^b \{k \cdot f(x)\}\,dx = k\int_a^b f(x)\,dx$$

上式の関係は, 定積分の定義式に従って計算すれば導出できます.

$$\int_a^b \{k \cdot f(x)\}\,dx = \lim_{n\to\infty}\sum_{k=1}^{n}\{k \cdot f(x_k)\}\,\Delta x_k = k \cdot \lim_{n\to\infty}\sum_{k=1}^{n} f(x_k)\Delta x_k = k \cdot \int_a^b f(x)\,dx$$

▶和の定積分

2つの関数$f(x)$と$g(x)$の和"$f(x)+g(x)$"を定積分した値は, それぞれ独立して定積分した値を足し算したものと等しくなります.

$$\int_a^b \{f(x)+g(x)\}\,dx = \int_a^b f(dx)\,dx + \int_a^b g(x)\,dx$$

上式の関係は, 定積分の定義式に従って計算すれば導出できます.

$$\begin{aligned}\int_a^b \{f(x)+g(x)\}\,dx &= \lim_{n\to\infty}\sum_{k=1}^{n}\{f(x_k)+g(x_k)\}\,\Delta x_k = \lim_{n\to\infty}\sum_{k=1}^{n}\{f(x_k)\Delta x_k + g(x_k)\Delta x_k\} \\ &= \lim_{n\to\infty}\sum_{k=1}^{n} f(x_k)\Delta x_k + \lim_{n\to\infty}\sum_{k=1}^{n} g(x_k)\Delta x_k = \int_a^b f(x)\,dx + \int_a^b g(x)\,dx\end{aligned}$$

なお, 関数の差"$f(x)-g(x)$"についても上記と同様の議論が成り立ちます.

▶区間加法性

関数$f(x)$の定積分において, "$a \leq x \leq b$"の範囲で定積分した値と"$b \leq x \leq c$"の範囲で定積分した値の和は, 両者を合わせた"$a \leq x \leq c$"の範囲で定積分した値と等しくなります.

$$\int_a^b f(x)\,dx + \int_b^c f(x)\,dx = \int_a^c f(x)\,dx$$

上式の関係は, $a \leq x \leq c$の範囲において関数$f(x)$が囲む面積を「$a \leq x \leq b$の部分」と「$b \leq x \leq c$の部分」に分けて計算し, 最後に足し算することを考えれば導出できます.

具体的に各分割点の座標を$a=x_0$, $b=x_n$, $c=x_{2n}$とすれば, 次式が成り立ちます.

$$\begin{aligned}\int_a^c f(x)\,dx &= \lim_{n\to\infty}\sum_{k=1}^{2n} f(x_k)\Delta x_k = \lim_{n\to\infty}\left\{\sum_{k=1}^{n} f(x_k)\Delta x_k + \sum_{k=n}^{2n} f(x_k)\Delta x_k\right\} \\ &= \lim_{n\to\infty}\sum_{k=1}^{n} f(x_k)\Delta x_k + \lim_{n\to\infty}\sum_{k=n}^{2n} f(x_k)\Delta x_k = \int_a^b f(x)\,dx + \int_a^c f(x)\,dx\end{aligned}$$

▶定積分した値の大小関係

積分範囲内で常に$f(x) \leq g(x)$が成り立つ場合，これらの関数を定積分した値について次式が成り立ちます.

$$\int_a^b f(x)\,dx \leq \int_a^b g(x)\,dx$$

上式は，定積分の定義に$f(x) \leq g(x)$を当てはめれば示すことができます.

$$\int_a^b f(x)\,dx = \lim_{n \to \infty} \sum_{k=1}^{n} f(x_k) \Delta x_k \leq \lim_{n \to \infty} \sum_{k=1}^{n} g(x_k) \Delta x_k = \int_a^b g(x)\,dx$$

▶積分範囲の幅がゼロの場合

積分範囲の幅がゼロの場合，すなわち定積分の開始位置と終了位置が同じ場合は，次式が成り立ちます.

$$\int_a^a f(x)\,dx = 0$$

上式は，定積分で表される部分の面積がゼロであることを考えれば明らかです.

▶積分範囲を反転した場合

積分範囲の開始地点と終了地点を入れ替えた場合(積分する向きを逆にした場合)は，定積分した値の符号が反転します.

$$\int_b^a f(x)\,dx = -\int_a^b f(x)\,dx$$

いままでは$a \leq x \leq b$という範囲における定積分を考える際に，「開始地点を$x=a$，終了地点を$x=b$」としていました．また，このことから1区間あたりの幅Δx_kは“$\Delta x_k = x_k - x_{k-1}$”と計算していました.

今回は「開始地点を$x=b$，終了地点を$x=a$」としています．よって，積分計算を進める「向き」がいままでと逆になります．このことから，1区間あたりの幅“$\Delta x'_k$”を次のように定めるのが妥当だと考えられます.

$$\Delta x'_k = x_{k-1} - x_k = -\Delta x_k$$

よって，定積分の値は次のようになります.

$$\int_b^a f(x)\,dx = \lim_{n \to \infty} \sum_{k=1}^{n} f(x_k) \cdot \Delta x'_k = \lim_{n \to \infty} \sum_{k=1}^{n} f(x_k) \cdot (-\Delta x_k)$$
$$= -\lim_{n \to \infty} \sum_{k=1}^{n} f(x_k) \cdot \Delta x_k = -\int_a^b f(x)\,dx$$

5.1.11 積分の考え方のまとめ

リーマン和を用いた定積分の定義も，“S_M”および“S_m”を用いた定積分の定義も，考え方としてはよく似ています．いずれにしても，$a \leq x \leq b$の範囲において関数$f(x)$とx軸によって囲まれた領域の面積Sは次式の「定積分」によって表されます．

$$S = \int_a^b f(x)\,dx$$

今回の導入として考えていた「キャパシタに蓄えられた電気量」の問題について再び考えます．時刻$t=0$から時刻$t=t_1$までの間に，電流$i(t)$が流れ込んだキャパシタに蓄えられた電気量$q(t_1)$は，電流$i(t)$のグラフを$t=0$から$t=t_1$まで「定積分」したものとして表せます．すなわち，次式が最初に考えていた問題の答えです．

$$q(t_1) = \int_0^{t_1} i(t)\,dt$$

上式では，積分する対象が“$i(t)$”という「tの関数」なので，これまでのようにxで積分するのではなく“t”で積分する表記になっています．

*

区分求積法の考え方を基礎とした「定積分」は，確かに関数$f(x)$で囲まれた領域の面積を表現することができています．しかし，極限操作およびシグマ記号による和の計算を含むため，具体的に関数$f(x)$を定積分することは大変な手間がかかる作業になってしまいます．これを解決するのが，次節で解説する「微積分学の基本定理」です．微分と積分の間の関係を使って，積分計算の手間を減らします．

5.2　微積分学の基本定理

本節では，微分と積分の橋渡しをする「微積分学の基本定理」について解説します．この定理があるおかげで，定積分の計算をするときに区分求積法の極限計算を実行する必要がなくなり，簡単に面積を求められるようになります．

5.2.1　準備…定積分の平均値の定理の証明

準備として，微積分学の基本定理を証明するために使う「**定積分の平均値の定理**」(mean value theorem for definite integrals)について解説します．この定理によれば，関数$f(x)$が$a \leq x \leq b$において「連続」であるとき，次式を満たす定数“c”が必ず存在します．

$$\int_a^b f(x)\,dx = f(c) \cdot (b-a) \qquad (a < c < b)$$

上式の左辺は関数$f(x)$を$a \leq x \leq b$の範囲で定積分したものであり，「関数$f(x)$によって囲まれた部分の面積」を指します．一方で，上式の右辺は縦の長さ“$f(c)$”および横の長さ“$(b-a)$”をもつ「長方形の面積」を意味します．

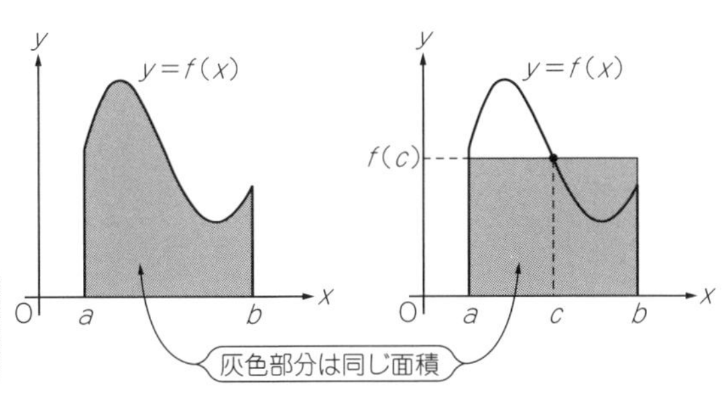

図12 「定積分の平均値の定理」によれば，2つの面積を等しくする定数“c”が$a \leq c \leq b$の範囲に存在する

“f(c)”という値は，この範囲における関数f(x)の「平均値」であると考えられる

定積分の平均値の定理は，この2つの面積が等しくなるような定数“c”が$a \leq c \leq b$の範囲に必ず存在するということを主張しています(**図12**).

以下,「定積分の平均値の定理」を証明します.

(i) 関数 $f(x)$ が定数である場合

関数$f(x)$は一定値であり，次式を満たすとします.

$$f(x) = k$$

ここで$a \leq x \leq b$における定積分を考えると，これは単純な面積計算ですから，次のようになります.

$$\int_a^b f(x)\,dx = \int_a^b k\ dx = k \cdot (b-a)$$

いま考えている$f(x)$は定数関数ですから，“$f(x)=k$”は$a \leq x \leq b$を満たす任意のxにおいて成り立ちます．よって$a<c<b$を満たすcを用いて，次のように書けます.

$$\int_a^b f(x)\,dx = f(c) \cdot (b-a)$$

上式は，定積分の平均値の定理の形になっています.

(ii) 関数 $f(x)$ が定数ではない場合

$a \leq x \leq b$の範囲における関数$f(x)$の最大値を“M”，最小値を“m”とします．すると，関数$f(x)$の定積分に関して次の不等式が成り立ちます.

$$\int_a^b m dx \leq \int_a^b f(x)\,dx \leq \int_a^b M dx$$

上式の最右辺および最左辺は，単純に「長方形の面積」を表しています．よって，次のように書き換えられます.

$$m(b-a) \leq \int_a^b f(x)\,dx \leq M(b-a)$$

仮定より関数$f(x)$は定数ではないので，$f(x)$を積分した面積の値は「高さmの長方形」よりは大きく，また「高さMの長方形」よりは小さくなります．よって，上式における等号は成立しません．

$$m(b-a) < \int_a^b f(x)\,dx < M(b-a)$$

上式の各辺を$(b-a)$で割り算して，次式を得ます．

$$m < \frac{1}{b-a}\int_a^b f(x)\,dx < M$$

一方で，関数$f(x)$は「連続」であると仮定していましたから，$a \leq x \leq b$の範囲における関数$f(x)$の最小値mおよび最大値Mに対して，この区間内の関数$f(x)$はmからMまでのすべての値を取り得ます．すなわち，$a \leq c \leq b$を満たすような値cを用いると，関数"$f(c)$"は次式を満たします．

$$m < f(c) < M$$

以上の2式を見比べると，不等式の真ん中の項は同じ値になり得ることがわかります．すなわち，次式を満たすような定数"c"が$a \leq c \leq b$の範囲に必ず1つは存在します．

$$\int_a^b f(x)\,dx = f(c)\cdot(b-a)$$

以上で「定積分の平均値の定理」を証明できました．

5.2.2　微積分学の基本定理の証明

本章における一番の山場である「微積分学の基本定理」について解説します．この定理によって，これまで独立して話を進めてきた「微分」と「積分」がひとつにつながります．

関数$f(x)$は連続であるとします．また，aおよびxは適当な値であるとします．このとき，次式が成り立ちます．

$$\frac{d}{dx}\left\{\int_a^x f(t)\,dt\right\} = f(x)$$

上式を**「微積分学の基本定理」**(fundamental theorem of calculus)といいます．

以下，微積分学の基本定理を証明します．

まず，変数をtとする関数"$f(t)$"を$t=a$から$t=x$まで定積分することを考えます．ここで，"a"は定数であり"x"は固定されていない値(変数)だとすると，この定積分で表される「面積」はxの関数となります．この面積の値を表す関数を"$F(x)$"とします(**図13**)．

$$F(x) = \int_a^x f(t)\,dt$$

ここで，関数$F(x)$をxで微分することを考えます．微分の定義に従って計算すると，次のようになります．

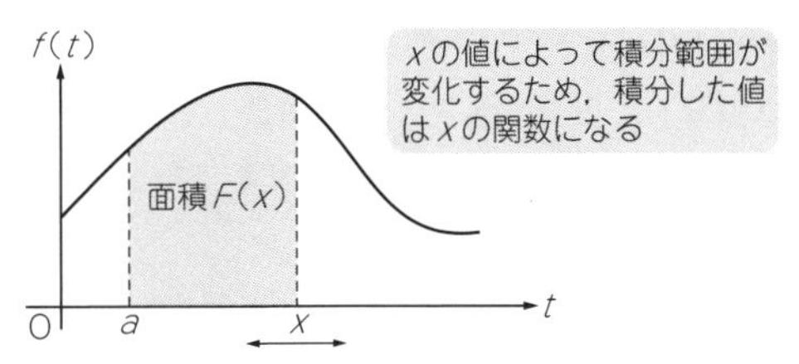

図13 関数$f(t)$を$a \leq t \leq x$の範囲で定積分した値を“$F(x)$”とする

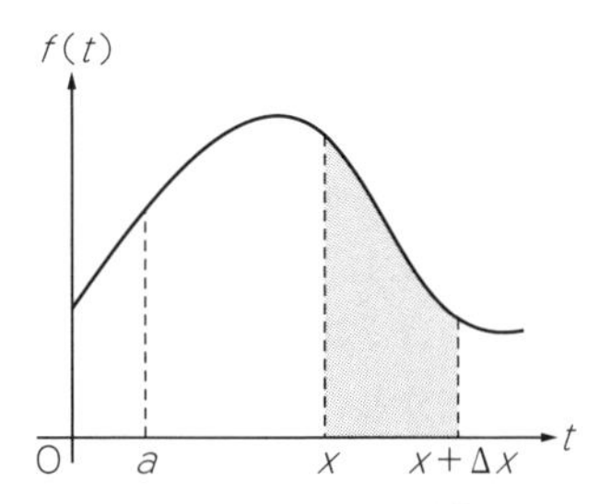

図14 “$F(x+\Delta x)-F(x)$”は灰色部分の面積を表す

$$\frac{d}{dx}\{F(x)\}=\lim_{\Delta x\to 0}\frac{F(x+\Delta x)-F(x)}{\Delta x}=\lim_{\Delta x\to 0}\frac{1}{\Delta x}\left\{\int_a^{x+\Delta x}f(t)\,dt-\int_a^x f(t)\,dt\right\}$$

上式において“$F(x+\Delta x)$”は関数$f(t)$を$a \leq t \leq x+\Delta x$の範囲で定積分した値であり，“$F(x)$”は関数$f(t)$を$a \leq t \leq x$の範囲で定積分した値です．よって，この両者の差は**図14**の灰色部分の面積に等しくなります．

図14より，次式が成り立ちます．

$$F(x+\Delta x)-F(x)=\int_a^{x+\Delta x}f(t)\,dt-\int_a^x f(t)\,dt=\int_x^{x+\Delta x}f(t)\,dt$$

上式より，元の微分の式は次のように変形できます．

$$\frac{d}{dx}\{F(x)\}=\lim_{\Delta x\to 0}\frac{1}{\Delta x}\left\{\int_a^{x+\Delta x}f(t)\,dt-\int_a^x f(t)\,dt\right\}=\lim_{\Delta x\to 0}\frac{1}{\Delta x}\int_x^{x+\Delta x}f(t)\,dt$$

ここで，上式の定積分の部分に「定積分の平均値の定理」を適用すると，$x \leq c \leq x+\Delta x$を満たす定数“c”を用いて次式が成り立ちます．

$$\int_x^{x+\Delta x}f(t)\,dt=f(c)\cdot(x+\Delta x-x)=f(c)\cdot\Delta x$$

上式を$F(x)$の微分の式に代入します．

$$\frac{d}{dx}\{F(x)\}=\lim_{\Delta x\to 0}\frac{1}{\Delta x}\int_x^{x+\Delta x}f(t)\,dt=\lim_{\Delta x\to 0}\frac{1}{\Delta x}\cdot f(c)\cdot\Delta x=\lim_{\Delta x\to 0}f(c)$$

ここで，定数cは“$x \leq c \leq x+\Delta x$”を満たしますから，$\Delta x\to 0$の極限において「はさみうちの原理」より次式を満たします．

$$\lim_{\Delta x\to 0}c=x$$

よって，次式が得られます．

$$\frac{d}{dx}\{F(x)\}=f(x)$$

以上で,「微積分学の基本定理」の証明は終わりです.

微積分学の基本定理より,「関数$f(x)$を積分して微分すると,元の関数$f(x)$に戻る」ということが明らかになりました.これは,「微分と積分はちょうど逆の演算である」ことを意味しています.

曲線における接線の考え方を本質とする微分と,曲線によって囲まれた図形の面積を表すための積分というまったく別の考え方が,この定理によって初めて結び付けられました.

5.2.3　不定積分

「微積分学の基本定理」の証明の途中でも出てきましたが,次式で表される積分は「xの関数」となっています.この関数を"$F(x)$"と表記することにします.

$$F(x)=\int_a^x f(t)\,dt$$

上式で表される関数を,元の関数$f(x)$の「**不定積分**」(indefinite integral)といいます.通常,不定積分は次のように積分区間を書かず,また積分変数として"x"を用いて次のように表記されます.

$$F(x)=\int f(x)\,dx$$

また微積分学の基本定理より,不定積分$F(x)$を微分すると元の関数$f(x)$に戻ります.

$$\frac{d}{dx}F(x)=f(x)$$

ここで,定数(constant)の微分はゼロになることを思い出します.このことから,不定積分に定数"C"を加えたものを微分しても,やはり元の関数$f(x)$に戻ります.

$$\frac{d}{dx}\left\{\int f(x)\,dx+C\right\}=f(x)$$

このように,定数"C"に関する自由度を与えた「微分すると関数$f(x)$になるすべての関数」のことを,関数$f(x)$の「**原始関数**」(primitive function)といいます.また,上式における定数Cを「**積分定数**」(constant of integration)といいます.

なお,原始関数を求める操作そのものを「不定積分」と呼ぶこともあります.

5.2.4　原始関数による定積分の計算

先ほど確認したとおり,関数$f(x)$の「原始関数$F(x)$」とは,微分すると$f(x)$になる関数を指すのでした.ここでは,原始関数$F(x)$を使って「関数$f(x)$で囲まれた部分の面積」を簡単に求める方法について考えます.

関数$f(t)$のグラフが$a \leq t \leq b$の範囲で囲む面積Sは,次の「定積分」によって表されるの

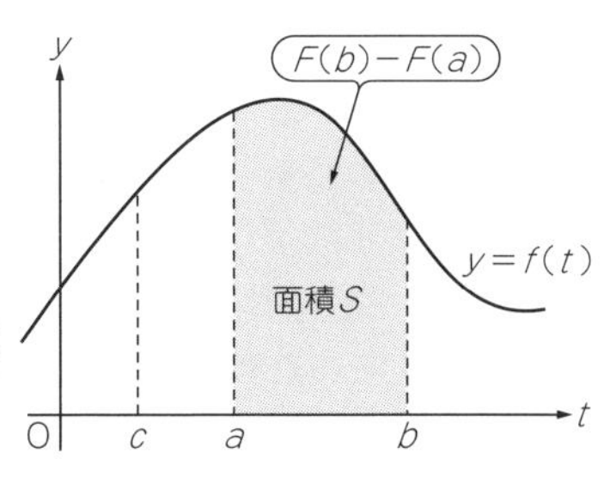

図15 $a \leq t \leq b$において関数$f(x)$が囲む図形の面積は，任意の点$x=c$をとって，(cからbまでの定積分)−(cからaまでの定積分)$=F(b)-F(a)$によって求めることができる

でした．

$$S=\int_a^b f(t)\,dt$$

ここで，任意の$t=c$を積分区間の始点とする「不定積分」"$F(x)$"を考えます．

$$F(x)=\int_c^x f(t)\,dt$$

すると前に確認した定積分の性質より，$t=c$を積分区間の「共通の開始地点」として考えることで，面積Sを次のように表せます(**図15**)．

$$S=\int_a^b f(t)\,dt=\int_c^b f(t)\,dt-\int_c^a f(t)\,dt=F(b)-F(a)$$

以上より，定積分の計算は原始関数$F(x)$を使って次のように書けます．

$$\int_a^b f(t)\,dt=F(b)-F(a)$$

なお，通常は上式における原始関数の計算"$F(b)-F(a)$"の部分を，次のように表記します．

$$F(b)-F(a)=[F(x)]_a^b$$

また，以上の説明では積分区間の"x"と，積分変数の"t"が別の文字になるように配慮していましたが，結果的に積分区間を表す"x"はaやbといった具体的な値が代入されて消えるため，すべての変数を"x"に統一できます．すなわち，「定積分の計算」を次のように書けます．

$$\int_a^b f(x)\,dx=[F(x)]_a^b=F(b)-F(a)$$

以上のことをまとめると，関数$f(x)$のグラフが$a \leq x \leq b$の範囲で囲む面積は，次の2ステップによって求めることができます．

(1) 微分すると$f(x)$になるような，原始関数$F(x)$を探す

(2) 原始関数$F(x)$に$x=a$および$x=b$を代入し，"$F(b)-F(a)$"の値を求める

上記の操作には，前に「区分求積法」について考えたときに出てきた極限計算が(表面的には)いっさい含まれていません．原始関数$F(x)$さえ見つけてしまえば，簡単に面積を求めることができるのです．この非常に強力な面積の計算方法の本質は，「微積分学の基本定理」が担っています．

なお，ステップ(1)における「原始関数$F(x)$を探す」ことができないと，上記の方法は実行できません．そのため，この方法は「たくさんの関数の導関数を知っている」という知識や経験がものを言います．よって，代表的な形の関数の導関数については，ある程度頭に入れておいたほうがよいでしょう．

実際のところ，一般的に電気回路で扱う範囲の計算であれば，特に苦労することなく原始関数を見つられます．

ここでは計算例として，関数“$f(x)=x^3+1$”が$1 \leq x \leq 2$の範囲で囲む面積を求めてみましょう．

まずは，「微分すると$f(x)$になる関数」を探します．

$$\frac{d}{dx}\left\{\frac{1}{4}x^4+x\right\}=x^3+1$$

上式より，関数$f(x)$の原始関数は“$F(x)=x^4/4+x$”であることがわかりました．よって，この原始関数$F(x)$を使って面積を求めることができます．

$$\int_1^2(x^3+1)\,dx=\left[\frac{1}{4}x^4+x\right]_1^2=6-\frac{5}{4}=\frac{19}{4}$$

このように，原始関数$F(x)$さえ見つけてしまえば，非常に簡単に面積を求められます．なお，測定データなどのように関数として表されていないものを積分する場合は，本来の区分求積法の考え方に則って計算を実行することになります．

5.3　いろいろな関数の積分

5.3.1　積分計算の経験を積む

ここからはいくつかの代表的な関数について，具体的に積分計算を実行していきます．

本節で「積分」という場合，それは「不定積分」を指すものとします．関数の不定積分は，本質的に「原始関数を探す作業」になります．よって，いろいろな関数とその導関数の対応関係を覚えておかないと，実際の現場でスムーズに計算を実行できません．ここでは**図16**に示すとおり，覚えておくべき最低限のパターンについて解説します．しかし，これだけ覚えておけば十分というわけではありません．自分でいくらか積分計算の経験を積んで，使える積分計算のバリエーションを増やしておくことをお勧めします．

なお，ただ闇雲に数学の問題集を解いて「計算のやり方を暗記するだけ」という勉強法

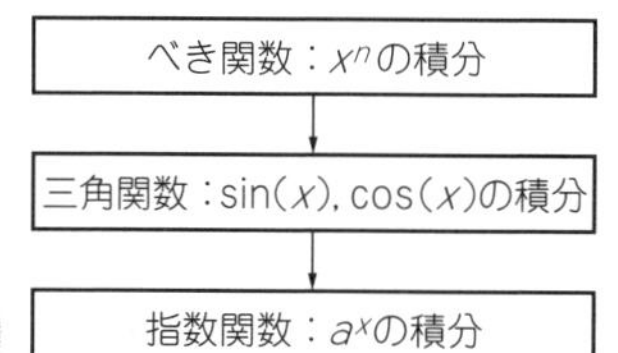

図16 積分計算を扱う関数の一覧
微分の逆演算として積分を実行する

は，頭を使うことの楽しさが激減してしまうのであまりお勧めできません．面白くないことは長く続きませんし，すぐに記憶から抜け落ちてしまいます．

もちろん，反復練習によってしか得られないものも確かにあります．ここまでの解説を読んで「微分」および「積分」の本質をある程度イメージできるようになったなら，「自分の頭で考えながら」問題を解くことができるはずです．そういった状態における反復練習ならば，大きな効果を上げることが期待できます．

5.3.2 べき関数の積分

まず，べき関数“$f(x)=x^a$”の積分計算を扱います．

$f(x)=x^a$を微分すると，次のようになるのでした．

$$\frac{d}{dx}\{x^a\}=ax^{a-1}$$

いまやりたいことは，関数$f(x)=x^a$の不定積分，すなわち「微分すると“x^a”になる関数を探すこと」です．よって，式を見やすくするために上式における“$a-1$”を“a”に書き換えておきます．これに伴い，もともと“a”だった箇所は“$a+1$”になります．

$$\frac{d}{dx}\{x^{a+1}\}=(a+1)x^a$$

ここから先の取り扱いは，“$a+1$”の部分がゼロか，ゼロ以外かによって変わります．よって，aの値が-1であるか否かによって場合分けすることにします．

(i) $a\neq-1$の場合

“$\{x^{a+1}\}'=(a+1)x^a$”の両辺を$(a+1)$で割り算して，次式を得ます．

$$\frac{d}{dx}\left\{\frac{1}{a+1}x^{a+1}\right\}=x^a$$

上式より，「微分するとx^aになる関数」が見つかりました．よって，$f(x)=x^a$の不定積分は次のようになります．

$$\int x^a dx=\frac{1}{a+1}x^{a+1}+C$$

(ii) $a=-1$の場合

$a=-1$を関数$f(x)=x^a$に代入すると，次のようになります．

$$f(x)=x^{-1}=\frac{1}{x}$$

つまり，ここで求めたいのは「微分すると$1/x$になる関数」です．これはちょうど，自然対数を用いた対数関数$f(x)=\log(x)$が当てはまります．

$$\frac{d}{dx}\{\log(x)\}=\frac{1}{x}$$

よって，$f(x)=x^{-1}$の不定積分は次のようになると考えられます．

$$\int\frac{1}{x}dx=\log(x)+C$$

ここで，対数関数$f(x)=\log(x)$の性質について復習しておきます．対数“$\log(x)$”の定義は次のとおりでした．

$$e^{\log(x)}=x$$

ここで，上式における“$\log(x)$”の値が実数の範囲内にあるかぎり，xの値は決して負になりません．これは，定数$a>0$に対して次の3つのパターンを考えれば，納得できると思います．

$$a^{\infty}=\infty$$
$$a^0=1$$
$$a^{-\infty}=\frac{1}{a^{\infty}}=0$$

よって，$\log(x)$における真数xは“$x>0$”を満たす必要があります．

では，“$x<0$”の場合は$f(x)=1/x$の積分を考えることができないのでしょうか．実は，次のようにxの絶対値をとることで，$x<0$であっても問題なく原始関数を見つけることができます．なお，次式では$x<0$であると仮定しているので，絶対値記号は$|x|=-x$として外せることに注意が必要です．また，次の計算では合成関数の微分法を使っています．

$$\frac{d}{dx}\{\log(|x|)\}=\frac{d}{dx}\{\log(-x)\}=\frac{1}{(-x)}\cdot(-x)'=\frac{1}{-x}\cdot-1=\frac{1}{x}$$

上式より，$x<0$の範囲においても，「微分すると“$1/x$”になる関数」を見つけることができました．以上のことから，関数$f(x)=1/x$の不定積分は，xの正負を問わず次式で表されます．

$$\int\frac{1}{x}dx=\log(|x|)+C$$

ここまでの結果をまとめると，$f(x)=x^a$の不定積分は次のとおりです．

(i) $a \neq -1$の場合

$$\int x^a dx = \frac{1}{(a+1)} x^{a+1} + C$$

(ii) $a = -1$の場合

$$\int \frac{1}{x} dx = \log(|x|) + C$$

5.3.3 三角関数の積分

三角関数の導関数は，それぞれ次のとおりでした.

$$\frac{d}{dx}\{\sin(x)\} = \cos(x)$$

$$\frac{d}{dx}\{\cos(x)\} = -\sin(x)$$

$$\frac{d}{dx}\{\tan(x)\} = \frac{1}{\cos^2(x)}$$

上式より，三角関数の不定積分として次式が得られます.

$$\int \sin(x)\, dx = -\cos(x) + C$$

$$\int \cos(x)\, dx = \sin(x) + C$$

$$\int \frac{1}{\cos^2(x)} dx = \tan(x) + C$$

5.3.4 指数関数の積分

指数関数$f(x) - ax$の導関数は，次のとおりでした.

$$\frac{d}{dx}\{a^x\} = \log(a) \cdot a^x$$

上式より，指数関数$f(x) = a^x$の不定積分は次のようになります.

$$\int a^x dx = \frac{1}{\log(a)} \cdot a^x + C$$

特に，底を「自然対数の底e」とした指数関数$f(x) = e^x$は，微分すると自分自身と同じ形になるのでした.

$$\frac{d}{dx}\{e^x\} = e^x$$

よって$f(x)=e^x$の不定積分は，次のように積分定数Cが付くだけとなります．

$$\int e^x dx = e^x + C$$

なお，指数関数と対になる対数関数“$f(x)=\log_a(x)$”の不定積分は，後で解説する「部分積分」のところで扱います．

5.4　積分計算のテクニック

5.4.1　積分計算の幅を広げる

ここでは，複数の関数を組み合わせたものを不定積分する方法について考えます．合成関数の微分に関する計算規則を応用した「置換積分」と，積の微分に関する計算規則を応用した「部分積分」の2つを解説します．また，部分積分を使って対数関数$f(x)=\log_a(x)$の積分を実行します(**図17**)．

5.4.2　置換積分

置換積分は，積分したい関数が「合成関数」の形になっている場合に有効な方法です．もともと変数“x”による積分として表されていたものを，次のように別の積分変数“t”による積分計算に置き換える(置換する)ことができます．なお，xは変数tによる関数“$x(t)$”として表されるものとします．

$$\int f(x)\,dx = \int f(x(t))\,\frac{dx}{dt}\,dt$$

上式の計算方法を「**置換積分**」(integration by substitution)といいます．

以下，置換積分の式を導出します．

まず，関数$f(x)$の原始関数を$F(x)$とします．原始関数の定義より，$F'(x)=f(x)$が成り立ちます．ここで，xは新しい変数“t”によって，関数“$x(t)$”のように表せるとします．すると，原始関数$F(x)$の定義より次式が成り立ちます．なお，次式は「$x(t)$をひとつのかたまりとして見て微分している」ことに注意してください．

$$F'(x(t)) = f(x(t))$$

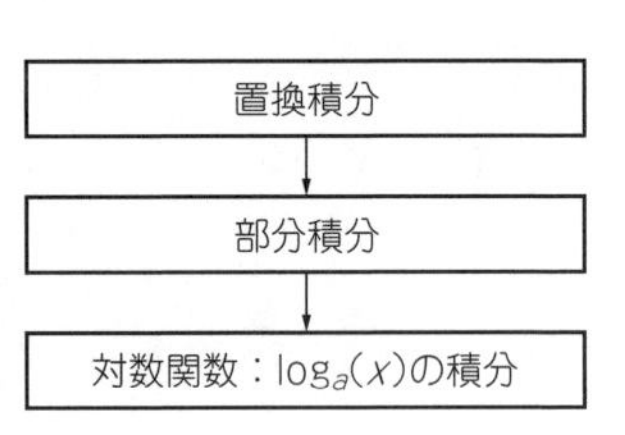

図17　積分計算の幅を広げるために，置換積分と部分積分を導入する

また，部分積分を用いて対数関数の積分を実行する

さて，“$F(x(t))$”を変数“t”で微分すると次式のようになります．なお，ここでは合成関数の微分法を使っています．

$$\frac{d}{dt}\{F(x(t))\} = \frac{dF(x(t))}{dx(t)} \cdot \frac{dx(t)}{dt}$$

さらに，上式の両辺を変数“t”で積分します．

$$\int \left[\frac{d}{dt}\{F(x(t))\} \right] dt = \int \left\{ \frac{dF(x(t))}{dx(t)} \cdot \frac{dx(t)}{dt} \right\} dt$$

上式の左辺は“$F(x(t))$”をtで微分した後にtで積分したものですから，「微積分学の基本定理」より元の“$F(x(t))$”に戻ります．この$F(x(t))$は$f(x)$の原始関数ですから，$f(x)$の不定積分として表すことができます．

$$F(x) = \int f(x)\,dx$$

一方で，右辺の中括弧内における“$dF(x(t))/dx(t)$”の部分は，変数が煩雑で少々見づらいですが「$F(x)$をxで微分する」ことを表しています．よって，この部分は元の関数“$f(x)$”となります．

以上のことから，次式が得られます．これが「置換積分」の式となります．

$$\int f(x)\,dx = \int \left\{ f(x(t)) \cdot \frac{dx(t)}{dt} \right\} dt$$

5.4.3 置換積分の具体例

置換積分の具体例として，電気回路でもよく出てくる関数“$f(x) = \sin(\omega x + \theta)$”を積分してみましょう．ただし，$\omega$および$\theta$は定数とします．

こういった計算の場合，xが含まれる式の部分を変数“t”でまとめてしまうとわかりやすくなります．ここでは，sin関数の引数を“$\omega x + \theta = t$”とすることにします．このとき，関数全体を“t”で表すと“$f(t) = \sin(t)$”となります．

ここで，ωとθが定数であることに注意しつつ$\omega x + \theta = t$をxで微分すると，次式を得ます．

$$\frac{dt}{dx} = \frac{d}{dx}\{\omega x + \theta\} = \omega$$

これらの準備の上で，$f(x) = \sin(\omega x + \theta)$の不定積分の式を次のように変形します．

$$\int \sin(\omega x + \theta)\,dx = \int \sin(\omega x + \theta) \cdot 1\,dx = \int \sin(\omega x + \theta) \cdot \omega \cdot \frac{1}{\omega}\,dx$$

上式では，無理やり“ω”が式中に現れるように変形しています．ここで，“$\omega = dt/dx$”を代入して次式を得ます．

$$\int \sin(\omega x+\theta)\,dx = \int \sin(\omega x+\theta)\frac{dt}{dx}\frac{1}{\omega}dx = \frac{1}{\omega}\int \sin(\omega x+\theta)\frac{dt}{dx}dx$$

上式に対して，さらに“$\omega x+\theta=t$”を代入します．

$$\int \sin(\omega x+\theta)\,dx = \frac{1}{\omega}\int \sin(t)\frac{dt}{dx}dx$$

ここで，先ほど導出した「置換積分」の式を思い出します．

$$\int \left\{ f(x(t)) \cdot \frac{dx(t)}{dt} \right\} dt = \int f(x)\,dx$$

今回の場合，“$t=\omega x+\theta$”という具合に，tをxの関数“$t(x)$”として表しています．このことから，上式と今回の積分計算の式を比べると，“x”と“t”の位置が逆になっています．とはいえ，これは単なる「文字の使い方」の問題に過ぎませんから，いま考えている積分計算に対しても問題なく「置換積分」の規則を適用できます．よって，次式が得られます．

$$\frac{1}{\omega}\int \sin(t)\frac{dt}{dx}dx = \frac{1}{\omega}\int \sin(t)\,dt = -\frac{1}{\omega}\cos(t)+C$$

上式において“$t=\omega x+\theta$”を代入すれば計算終了です．結局，$f(x)=\sin(\omega x+\theta)$の不定積分は次のように求まります．

$$\int \sin(\omega x+\theta)\,dx = -\frac{1}{\omega}\cos(\omega x+\theta)+C$$

なお，今回は不定積分で実行しましたが，定積分によって具体的な値を求める場合は，積分範囲を新しく置き換えた変数に合わせる必要があります．今回の例でいうと，変数xの積分区間が$a \le x \le b$ならば，これに対応する$t=\omega x+\theta$の積分区間を“$\omega a+\theta \le t \le \omega b+\theta$”として計算することになります．

5.4.4 置換積分のコツ

今回の例のように，「xを含むゴチャゴチャした部分」を1つの変数“t”で置き換えて置換積分に持ち込むと，積分計算を簡単にすることができます．このとき，必然的にtはxの関数“$t(x)$”となります．よって，「置換積分の式」は最初に導出した“$x(t)$”を使った形ではなく，xとtを入れ替えた“$t(x)$”という形のほうが実用的です．

$$\int \left\{ f(t(x)) \cdot \frac{dt(x)}{dx} \right\} dx = \int f(t)\,dt$$

また，実際の積分計算では“dt/dx”の部分をうまく作り出すことが肝心です．最初に“t”でxの式を置き換えるときは，このdt/dxがどのような形になるのか，また式中にうまく作り出せるかといったことを意識する必要があります．

いずれにしても，「積分」とは「微分するとその関数になるものを探す作業」ですから，自分で求めた計算結果を微分することで「検算」ができます．積分計算によって得られた結果を微分してみて，もしも元の関数$f(x)$に戻らなければ，どこかで間違っていることになります．自分の積分計算が不安な場合は，ぜひ「検算」をしてみることをお勧めします．

5.4.5　部分積分

「部分積分」は，積の微分法を利用した積分計算です．まず，関数$f(x)$と関数$g(x)$の積を微分する公式を確認しておきます．

$$\frac{d}{dx}\{f(x)\cdot g(x)\}=f'(x)g(x)+f(x)g'(x)$$

これより，“$f'(x)g(x)$”だけが左辺にあるように変形すると，次のようになります．

$$f'(x)g(x)=\frac{d}{dx}\{f(x)g(x)\}-f(x)g'(x)$$

上式の両辺をxで積分します．

$$\int f'(x)g(x)\,dx=\int\left[\frac{d}{dx}\{f(x)g(x)\}\right]dx-\int f(x)g'(x)\,dx$$

ここで，右辺の第一項は「微積分学の基本定理」より元の“$f(x)g(x)$”に戻ります．

$$\int\left[\frac{d}{dx}\{f(x)g(x)\}\right]dx=f(x)g(x)$$

以上のことから，“$f'(x)g(x)$”という形の積分に関して次式が成り立ちます．

$$\int f'(x)g(x)\,dx=f(x)g(x)-\int f(x)g'(x)\,dx$$

この計算手法を「**部分積分**」(integration by parts)といいます．積分したい関数が“$f'(x)g(x)$”という形になっていて，かつ“$f(x)g'(x)$”で表される形の関数が簡単に積分できる場合に重宝します．

5.4.6　部分積分の具体例

部分積分の例として，対数関数“$f(x)=\log(x)$”の積分を求めてみましょう．これまで対数関数の積分を扱えなかったのは，「微分」の章において「微分すると$\log(x)$になる関数」が出てこなかったからです．微分したら“$\log(x)$”が出てきたという経験をしていないので，$\log(x)$の原始関数を想像することができない，という単純な理由です．しかし，ここで紹介するように部分積分を用いれば，$\log(x)$の積分を簡単に実行することができます．

それでは，計算を始めます．まず，“$(x)'=1$”であることから，$f(x)=\log(x)$の積分計算式を次のように見ることができます．

$$\int \log(x)\,dx = \int (x)' \cdot \log(x)\,dx$$

ここで“$f(x)=x$”，“$g(x)=\log(x)$”として「部分積分」の形を適用します．

$$\int \log(x)\,dx = \int (x)' \cdot \log(x)\,dx = x \cdot \log(x) - \int x \cdot \{\log(x)\}'\,dx$$

$$= x \cdot \log(x) - \int x \cdot \frac{1}{x}\,dx = x \cdot \log(x) - \int 1\,dx = x \cdot \log(x) - x + C$$

以上で，$\log(x)$の微分も求まりました．試しに上式を微分してみると，次のように“$\log(x)$”が得られることを確認できます．

$$\frac{d}{dx}\{x \cdot \log(x) - x + C\} = 1 \cdot \log(x) + x \cdot \frac{1}{x} - 1 = \log(x)$$

なお，底が一般の定数$a>0$である場合，“$\log_a(x)$”の積分は次のようになります．

$$\int \log_a(x)\,dx = x \cdot \log_a(x) - \int x \cdot \{\log_a(x)\}'\,dx = x \cdot \log_a(x) - \int x \cdot \log_a(e) \cdot \frac{1}{x}\,dx$$

$$= x \cdot \log_a(x) - \int \log_a(e)\,dx = x \cdot \log_a(x) - \log_a(e) \cdot x + C$$

5.5　微分方程式の基礎

5.5.1　微分方程式は微積分学の集大成

本節ではこれまで扱った「微分」および「積分」の考え方を活用して，「微分方程式」を解く方法について考えます．第4章4.3節で触れましたが，世の中の現象を説明する「物理法則」の多くは微分方程式の形で記述されます．電気工学における「回路方程式」も，本質的には微分方程式です．電気工学に限らず，さまざまな工学の分野における「設計」は微分方程式を解くことに帰着します．

微分方程式を扱うためには，微分と積分の両方を理解している必要があります．微分方程式は微分・積分の集大成であり，微積分学の中で最も盛り上がる話題の1つです．学校で微分や積分を学ぶのは，最終的に微分方程式を扱うためだと言っても過言ではありません．

とはいえ，微分方程式はそれだけで膨大な分量があり，本書の内容だけではカバーしきれません．そこで今回は「微分方程式の基礎」として，最も単純な「変数分離型」の微分方程式だけを扱うことにします．またその応用として，「オームの法則」を簡単な古典的モデルによって導出します．

今回の内容を読んでもっと微分方程式を勉強したいと思われたならば，微分方程式(常微分方程式および偏微分方程式)について書かれている教科書を手にとってみることをお勧めします．微分方程式をよく理解しておくと，物理学や工学の教科書を読むときのハードルが大きく下がります．

5.5.2 単純な「変数分離型」の微分方程式を解く

ここでは，微分方程式の中でも単純な計算で解くことができる，変数分離型の微分方程式について解説します．簡単な数式ではありますが応用範囲は広く，これを理解しておくだけでも何かと重宝します．例えば，すぐ後に解説する「オームの法則」に関わる古典的モデルの解析や，CR回路およびLR回路などの「過渡現象」などを扱うことができます．

さて，次式を満たすような関数"$f(x)$"を考えます．ただし"k"は定数とします．

$$\frac{df(x)}{dx}=k\cdot f(x)$$

上式は，「関数$f(x)$を微分すると，その関数$f(x)$を定数倍した"$k\cdot f(x)$"が得られる」ことを表しています．上式は「方程式」であり，しかも「微分」を含むので「**微分方程式**」(differential equation)と呼ばれます．

これから微分方程式を「**解く**」(solve)わけですが，これは微分方程式を満たす関数$f(x)$を「探す」作業となります．上の微分方程式は，これまでに習得してきた微分および積分の知識を活用することで解けます．

以下，上記の微分方程式を解きます．まずは，両辺を$f(x)$で割ります．

$$\frac{1}{f(x)}\cdot\frac{df(x)}{dx}=k$$

次に，両辺をxで積分します．

$$\int\left\{\frac{1}{f(x)}\cdot\frac{df(x)}{dx}\right\}dx=\int k\ dx$$

ここで，次式の「置換積分」を思い出します．これは計算を見通し良く進めるために，元の積分変数"t"を別の積分変数"$x(t)$"に置き換える方法でした．

$$\int\left\{f(x(t))\cdot\frac{dx(t)}{dt}\right\}dt=\int f(x)\,dx$$

上の2式の左辺を比べると，置換積分の基本式におけるtはいま考えている式の"x"に，$x(t)$は"$f(x)$"に対応していることがわかります．さらに，置換積分の基本式における$f(x(t))$は，今回の場合"$1/f(x)$"となっています．以上のことから，いま考えている積分計算の左辺は次のように変形できます．

$$\int\left\{\frac{1}{f(x)}\cdot\frac{df(x)}{dx}\right\}dx=\int\frac{1}{f(x)}df(x)$$

上式の変形は単純に"$df(x)/dx\cdot dx=df(x)$"という具合に，微分の記号を形式的に「分数」のように処理した結果と一致します．

ここまでの変形によって，元の微分方程式は次の形になりました．

$$\int \frac{1}{f(x)} df(x) = \int k\ dx$$

ここで上式の左辺は“$f(x)$”だけの式になっており，右辺は変数“x”だけの式になっています．このように，左右それぞれに変数を分離してから微分方程式を解く方法を「**変数分離**」(separation of variables)といいます．また，変数分離が適用できる形の微分方程式のことを「変数分離型の微分法方程式」といいます．変数分離型の微分方程式は，単純に左辺と右辺をそれぞれの変数で積分すれば解けます．

計算を進めていきましょう．上式の両辺を積分すると次式を得ます．

$$\log(|f(x)|) + C_1 = kx + C_2$$

定数C_1およびC_2をまとめて，次のように“C”と書くことにします．

$$\log(|f(x)|) = kx + C$$

“$f(x)$”を$\log$の外に出すために，上式の両辺をeの指数とします．

$$e^{\log(|f(x)|)} = e^{kx+C}$$

上式を整理して次式を得ます．

$$|f(x)| = e^{kx+C} = e^C \cdot e^{kx}$$

$f(x)$の絶対値記号を外します．

$$f(x) = \pm e^C \cdot e^{kx}$$

ここで，定数“$\pm e^C$”の部分を簡単に“A”と書くことにします．

$$f(x) = Ae^{kx}$$

上式が，微分方程式“$f'(x) = k \cdot f(x)$”の解となります．変数分離型の微分方程式の解は，基本的に指数関数の形になります．これは，微分方程式が表している「微分すると自分自身と同じ形(の定数倍)になる」という性質を$f(x) = e^{kx}$が満たすことを考えれば納得できるかと思います．

5.5.3　一般解と特殊解

先ほど考えた微分方程式の解は次のとおりでした．

$$f(x) = Ae^{kx}$$

上式には，任意の定数“A”が含まれています．この定数“A”を1つに決定するための条件は，いまのところ何もありません．上式の関数$f(x)$は「微分方程式“$f'(x) = kx$”を満たすすべての$f(x)$を一般的に表したもの」であると解釈できます．このように任意定数を含んだ解のことを，微分方程式の「**一般解**」(general solution)といいます．

上記の一般解に対して，例えば「関数$f(x)$は$x=0$のときに$f(0)=2$を満たす」という条件を加えてみます．すると，次式が成り立ちます．

$$f(0) = Ae^0 = A = 2$$

上式のとおり，任意定数Aの値として“$A = 2$”が定まりました．よって，微分方程式の解$f(x)$は次のようになります．

$$f(x) = 2e^{kx}$$

上式のように，任意定数を含まない微分方程式の解のことを「**特殊解**」(particular solution)といいます．また，特殊解を定めるために導入した「関数$f(x)$は$f(0) = 2$を満たす」といった条件のことを「**初期条件**」(initial condition)といいます．

5.5.4 微分方程式を「解く」ことの意味

ここでは「微分方程式を解く」という作業の本質的な意味について考えます．

微分方程式が与えられた時点で言えるのは，「導関数$f'(x)$の情報は持っているが，元の関数$f(x)$がどんな形なのかは知らない」ということです．この状況から元の関数$f(x)$を求めるのが「微分方程式を解く」という作業です．ただし，ある1点$x = x_0$における関数の値$f(x_0)$が「初期条件」として与えられていないと，1つの特殊解に絞り込むことができません．

さて，そもそも微分とは関数$f(x)$の「変化」を扱うために考案されたものでした．導関数$f'(x)$は，関数$f(x)$の各点における「接線の傾き」を表します．関数$f(x)$について何も知らなくとも，ある点における接線がわかれば，関数$f(x)$がその先でどのような挙動を示すのかを大雑把に知ることができます．すなわち，関数$f(x)$の未来の様子がわかります．

通常，関数$f(x)$の接線の傾きは場所ごとに変化するので，ある1点における接線だけでは関数全体の動きに追従することができません．しかし，少しずつ前に進みながらその場所ごとの接線の傾きを使って「次の一歩」を決めていけば，かなり良い精度で元の関数$f(x)$を再現できると考えられます．一歩あたりの歩幅が狭いほど，より正確に元の関数$f(x)$の形を知ることができるでしょう．

例えば，点$x = x_0$をスタート地点として，そこから先の関数$f(x)$の挙動を求めることを考えます．スタート地点の値(初期値)$f(x_0)$と導関数$f'(x)$は既知ですが，関数$f(x)$の形は未知とします．このとき関数$f(x)$を求める一連の流れは**図18**のようになります．

スタート地点である$x = x_0$から次の点までの「歩幅」を“Δx”とします．一歩目を踏み出した先である“$x_1 = x_0 + \Delta x$”における関数の値“$f(x_1)$”は，次のように求められます．

$$f(x_1) = f(x_0) + f'(x_0) \cdot \Delta x$$

上式は，初期値である“$f(x_0)$”に，そこからの変化量“$f'(x_0)\cdot\Delta x$”を加えた形になっています．変化量の値は，位置$x = x_0$における接線の傾き“$f'(x_0)$”に対して，「一歩あたりの幅」“Δx”を掛け算することで求めています．

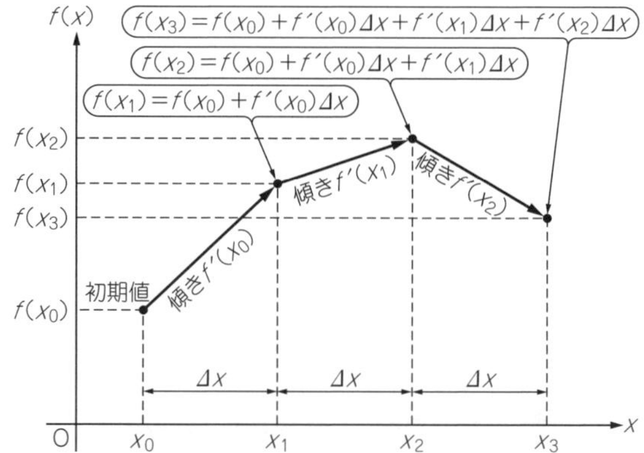

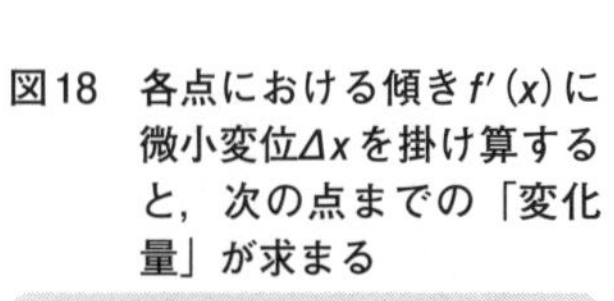

図18　各点における傾き $f'(x)$ に微小変位 Δx を掛け算すると，次の点までの「変化量」が求まる

「変化量を求めて足し算する」という動作を繰り返せば，関数 $f(x)$ の形を求めることができる

続いて，さらにもう一歩先にある点 $x=x_2$ における関数の値 $f(x_2)$ を求めましょう．これは，“$f(x_1)$”の値に対して，次の一歩分の変化量“$f'(x_1)\cdot\Delta x$”を加えたものとなります．

$$\begin{aligned} f(x_2) &= f(x_1)+f'(x_1)\cdot\Delta x \\ &= f(x_0)+f'(x_0)\cdot\Delta x+f'(x_1)\cdot\Delta x \end{aligned}$$

上記の操作を何度も繰り返すことで，関数 $f(x)$ の各点における値を求められます．また，一歩あたりの幅 Δx の値が大きいと「関数 $f(x)$ の作り込み」が粗くなりますが，Δx を限りなく小さくして“dx”とすれば，関数 $f(x)$ を限りなく滑らかに復元できます．この様子は，次式のように表されます．

$$f(x_n)=f(x_0)+f'(x_1)\,dx+f'(x_2)\,dx+\cdots+f'(x_{n-1})\,dx$$

上式は，まさに「$f'(x)$ の積分」を表しています．

以上のことから，微分方程式を解く際に行っている積分計算は「**導関数 $f'(x)$ が表す“変化量”を積み重ねて，関数 $f(x)$ の形を作る作業**」であると解釈できます．

また，導関数 $f'(x)$ は変化量の情報しか与えてくれないので，別途「関数 $f(x)$ の初期値」を定める必要があります．微分方程式の「初期条件」が，これに相当します．初期値が定まれば関数 $f(x)$ を1つに決定できて，それが「特殊解」と呼ばれるものになります(**図19**)．

一方で，初期値を定めなければ漠然と「導関数 $f'(x)$ によって定められた“変化”を持つ関数」が得られます．それが「一般解」です．

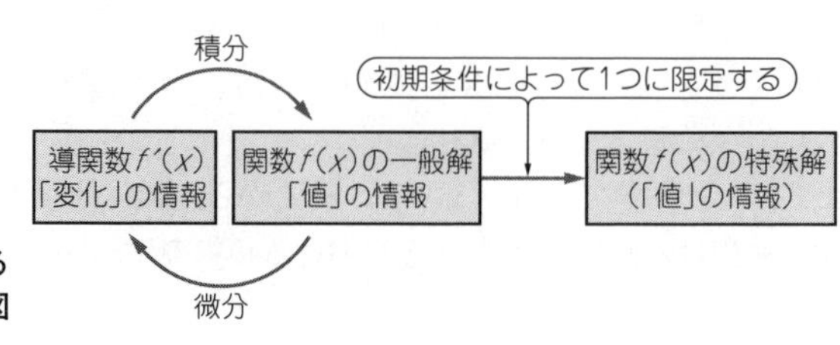

図19　微分方程式に出てくる各関数，各演算の関係図

5.5.5 物理法則が微分方程式で記述される理由

一般的に，我々のような設計者が知りたいのは「物体の位置」や「回路中のある点の電圧」といった物理量であり，その挙動は何らかの関数で表されます．しかし，回路中の電圧などの具体的な値は，その回路の構造や印加する電源電圧の波形などによってさまざまに変わります．そのすべてを網羅しようとするのは，実質不可能です．仮にできたとしても，膨大な情報量を扱うことになるので決してスマートな方法とは言えません．

これに対して，「その物理量は，何から影響を受けるのか」という視点で現象を記述すれば，さまざまな状況における挙動の本質を非常にコンパクトに表現できます．「動きそのもの」ではなく「動きが“変化”する要因」について説明しているのが，微分方程式で記述された物理法則なのです．

力学における「運動方程式」や電磁気学における「マクスウェル方程式」もこの例に漏れず，微分方程式の形で記述されています．次式で表される運動方程式は，「物体の速度は力によって変化する」ということを言っています．

$$m\frac{d^2x}{dt^2}=F$$

また次式で表されるマクスウェル方程式の第1式(ガウスの法則)は，「電場は電荷密度によって変化する」ことを表しています．

$$\nabla\cdot\boldsymbol{E}=\frac{\rho}{\varepsilon}$$

こうした物理法則に基づいて，求めたい関数の局所的な変化を積み重ねていく，すなわち「積分」していくことで関数そのものの形を描くことができます．そして自分が考えている状況に対して関数の形を合わせ込むために「初期条件」を適用すれば，特殊解が得られます．特殊解が得られれば，「自分が注目している物理量の未来を予測できた」ことになります．

5.6 オームの法則を作る

電気回路の設計でもおなじみの「オームの法則」“$V=RI$”を自分で作ってみましょう．これから始める議論は，最終的に「変数分離型」の微分方程式を解くことに帰着します．

5.6.1 物体のモデルと電流の式

オームの法則は，電流が流れる物質の「抵抗R」，そこに印加される「電圧V」，そして電圧を印加したときに流れる「電流I」の3者の間に成り立つ関係式です．これらの関係を考えるために，まずは何らかの「電流が流れる物質」を用意する必要があります．ここでは，金属などをイメージした**図20**のモデルを考えます．

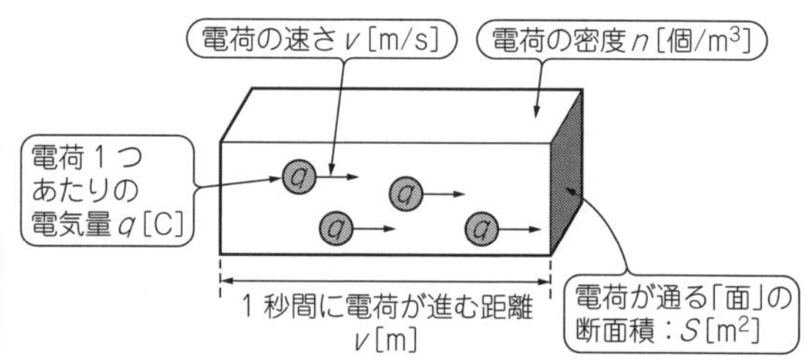

図20　物質の中には電荷があり，それが動くことで電流が流れる

電流の大きさは，「1秒間あたり断面を通過する電気量」と定義されている

ここで考えている物体モデルには，自由に動ける「電荷」がたくさん含まれているものとします．この電荷は1個あたり“q [C]”の電気量を持つものとし，その密度は単位体積あたりn個，すなわち“n [個/m^3]”であるとします．また，物体中で電荷が動く平均の速さを“v [m/s]”とします．さらに，いま考えている物体の断面積を“S [m^2]”とします．

さて，「電流」の定義は「1秒間あたりに通過する電気量」でした．上の仮定より，電荷は1秒間あたり“v [m]”だけ進みます．またこの物体の断面積は“S [m^2]”と定めたので，体積“vS [m^3]”の中に含まれている電荷が1秒間に通過していくことになります．この体積の中に含まれている電荷の個数は，体積“vS [m^3]”に電荷密度“n [個/m^3]”を掛け算した“nvS [個/s]”となります．後はこの値に電荷1個あたりの電気量“q [C]”を掛け算すれば，1秒間あたりに通過するトータルの電気量，すなわち「電流“I [A]”」を求めることができます．

$$I\ [\mathrm{A}] = qnvS\ [\mathrm{C/s}]$$

上式が一般的な「電流の式」です．また，上式より電流の単位アンペア“A”は「クーロン毎秒“C/s”」と等しいことがわかります．

5.6.2　運動方程式を使って考える

電流の式“$I=qnvS$”において，電荷が通過する断面積である「面積S [m^2]」は，物体の形状に従って決定します．また，物体中を自由に動ける電荷の「密度n [個/m^3]」は物質ごとに決まった値となります(銅は大きい，ゴムは小さいなど)．さらに電荷1つあたりの「電気量q [C]」も，今後の計算では電子1つあたりの電気量(素電荷量)“$q=1.6\times10^{-19}$C”を使います．以上のことから，値が定まっていないのは「電荷の速さv [m/s]」だけとなります．この値さえわかれば，物体中を流れる電流値を求められます．

電荷が動く速さvは，電荷の質量m [kg] および電荷に印加される力F [N] がわかれば，次の「運動方程式」によって求めることができます．

$$m\frac{d}{dt}\{v(t)\}=F$$

上式では，速さvが時間tの関数であることを明示するために“$v(t)$”と書いています．これ以降，電荷の速さ$v(t)$は時々刻々と変化するものとして扱います．また，上式における電荷の質量“m”は，電子の質量$m = 9.1 \times 10^{-31}$kgを使用します．以上のことから，具体的に関数$v(t)$を求めるために必要な値は，電荷が受ける力“F”だけとなります．

5.6.3 電場と力

電荷が物体中で受ける力Fについて考えます．ここでは電荷が受ける重力は無視し，「電気力」(クーロン力)だけを考えるものとします．電荷が受けるクーロン力としては，マイナスの電荷とプラスの電荷の間に働く「引き合う力」か，プラスの電荷同士あるいはマイナスの電荷同士の間に働く「反発する力」があります．ただし，オームの法則では「電圧Vを印加したら，電流Iが流れる」という現象を扱うので，電荷が受ける力を「電圧V」と結び付けたほうがわかりやすくなります．本書では電磁気学の内容を詳しく解説しませんが，ここでは簡単に「電荷が受けるクーロン力F」，「電場E」，「電圧V」の関係について整理しておきます．

電荷が受けるクーロン力の最も原始的な考え方は，上記のとおり「電荷は別の電荷からクーロン力を受ける」というものです(遠隔作用)．これに対して，電荷が存在するとその周りの空間に「電場」(electric field)という一種の“ゆがみ”が生じ，その電場の大きさに応じて他の電荷はクーロン力を受ける，という考え方もあります(近接作用)．電波や光といった「電磁波」の存在を認めるためには，電場が実在すると考える必要があります．そのため，一般的には「電荷は電場から力を受ける」という考え方が採用されています．

ここで電場の大きさを“E”とすると，電気量qの電荷が受ける力クーロンFの大きさは「電場E」と「電気量q」の掛け算で表されます．

$$F = qE$$

上式より，電荷が受ける力は電場が大きいほど大きくなり，また，電荷の電気量が大きいほど大きくなることがわかります．これは直感的に納得できると思います．

この電場Eは，実際には何らかの電荷(力を受けて動く電荷とは異なる，固定された電荷)によって作られます．**図21**のように向き合った2つの電極にそれぞれプラスおよびマイナスの電荷が帯電している(固定されている)状態を考えると，電極間には一様な「電場E」が生じます．一様な物体の両端に電池や電源装置を接続した場合も，その物体内にはこの図のような電場が生じます．

電場の中にある電荷は，この電場から力$F = qE$を受けて動き出します．動き出した電荷は，運動方程式に従って動いていくことになります．

5.6.4 電圧と電場

物体中の電荷は，物体内部に存在する電場Eによって力を受けます．その電場Eを発生

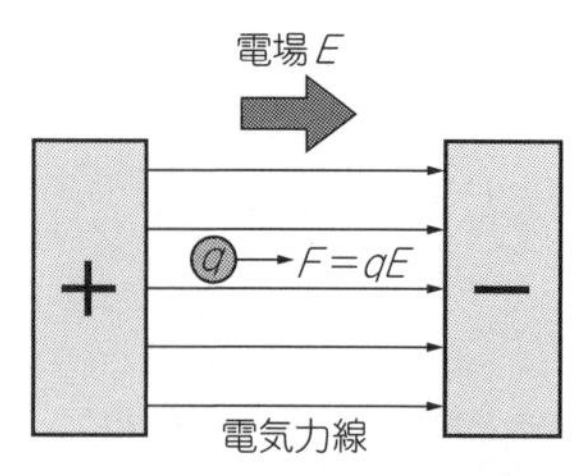

図21　電場Eの中にある電荷qは，$F=qE$で表されるクーロン力Fを受ける

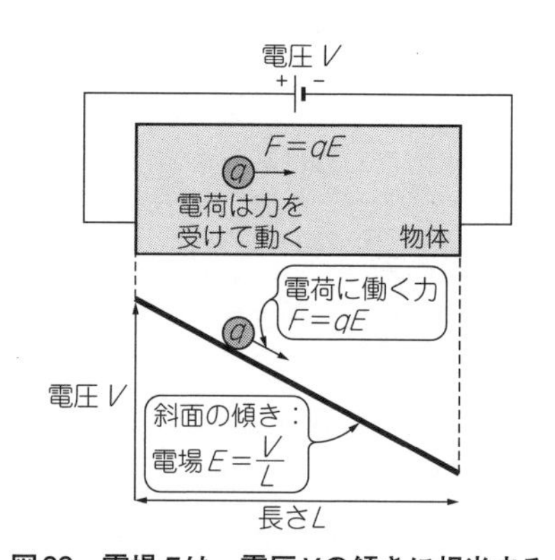

図22　電場Eは，電圧Vの傾きに相当する

電荷qがクーロン力を受けて動く様子は，「電圧Vによってできた坂道(電場E)を落ちていく」と理解できる

させるのは，物体に接続された電源です．通常，電源が出力する量は電場Eではなく「電圧V」(voltage)で表します．

いま，長さLの物体の両端に電圧Vが印加されているとします．このとき，物体内の電場Eが一様ならば，電圧Vと電場Eの関係は次式で表されます．

$$E=\frac{V}{L}$$

上式より，電場Eは電圧Vの「傾き」を表していることがわかります．このことから，物体内の電圧分布は**図22**のようにイメージできます．

電圧Vが大きいほど電場$E=V/L$の値は大きくなるので，電荷が受けるクーロン力も大きくなります．これは，電源装置から印加される電圧が大きいほど，物体に大きな電流が流れることを考えれば納得できると思います．

また，電圧Vを一定にして物体の長さLを変化させることを考えると，長さLが短いほど電荷が受けるクーロン力は大きくなります．これは，冬に指をドアノブなどに近づけたときに，ある距離よりも近づくと一気に放電現象が起こる様子をイメージすれば納得できると思います．

いずれにしても，**図22**のような「電荷は電圧Vによって生じた坂道を転げ落ちるように動く」というイメージが，本質的に重要となります．

以上のことから，長さLの物体に電源装置を用いて電圧Vを印加すると，物体内に存在する電荷qは次式のクーロン力Fを受けることがわかりました．

$$F=qE=q\frac{V}{L}$$

上式の力"F"を，運動方程式に代入します．

$$m\frac{dv(t)}{dt}=q\frac{V}{L}$$

上式の微分方程式を解けば，電荷の速さ"$v(t)$"を求められます．そして速さ$v(t)$がわかれば，物体に流れる電流"$I=qnvS$"の大きさを知ることができます．

5.6.5 電荷の速さ"v"を求める

それでは，先ほど得られた運動方程式を解きます．まず，両辺をmで割り算します．

$$\frac{dv(t)}{dt}=\frac{qV}{mL}$$

続いて，両辺を時間tで積分します．

$$\int\frac{dv(t)}{dt}dt=\int\frac{qV}{mL}dt$$

上式の左辺は，次のように置換積分を適用して計算できます．C_1は積分定数です．

$$\int 1\cdot\frac{dv(t)}{dt}dt=\int 1\cdot dv(t)=v(t)+C_1$$

一方で，右辺は次のように計算できます．C_2は積分定数です．

$$\int\frac{qV}{mL}dt=\frac{qV}{mL}t+C_2$$

以上のことから，$v(t)$に関する微分方程式を解いた結果得られる一般解は次のようになります．ただし，定数項はまとめて"C"と表しています．

$$v(t)=\frac{qV}{mL}t+C$$

もし電荷の速度$v(t)$が上式に従って変化するならば，速度$v(t)$は時間tの経過とともに増加し続けて，最終的に($t\to\infty$の極限で)無限大に発散してしまいます．すると，電流"$I=qnvS$"の値も時間の経過に伴い，無限大に発散することになります．これは，「物体に電圧Vを印加すると，一定の電流Iが流れ続ける」という実際の現象と大きく異なります．このような間違った結果に至った原因は，これまで考察に使ってきた物理モデルが正しくなかったためだと考えられます．

5.6.6 電荷が受ける「抵抗力」について考える

「物体に対して電圧を印加すると，一定の電流が流れ続ける」という物理現象を正しく表現するために，物理モデルを修正することにします．そもそも，オームの法則"$V=RI$"には「抵抗」の要素が含まれているにもかかわらず，ここまで使ってきた物理モデルには「抵

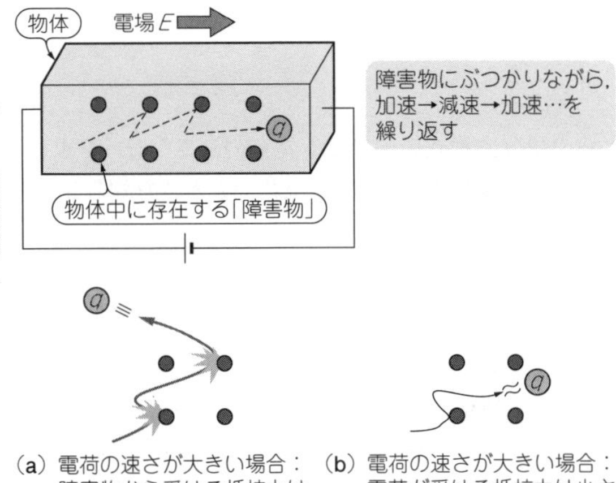

図23　物体中には電気の動きを妨害する「障害物」が存在すると考える

障害物にぶつかることは，等価的に電荷に対して逆向きの力が働くことに相当する

図24　「抵抗力」の大きさは，電荷がぶつかったときの速さに比例して大きくなるものとする

(a) 電荷の速さが大きい場合：障害物から受ける抵抗力は大きい

(b) 電荷の速さが大きい場合：電荷が受ける抵抗力は小さい

抗」に相当するものが一切含まれていませんでした．そこで，新たに「抵抗」を含む物理モデルを考えることにします．

新しい物理モデルを**図23**に示します．この物理モデルでは，物体の中に電荷の動きを妨害する「障害物」が存在すると考えます(この障害物は，その物質を構成する原子の熱振動に相当する)．電荷が障害物にぶつかると，電荷は障害物から「抵抗力」を受けます．これにより，電荷の速さは減少します．また，電荷が障害物から受ける抵抗力の大きさは，「ぶつかる電荷の速さが大きいほど，大きい抵抗力を受ける」とします．これは**図24**のイメージから直感的に理解できると思います．ここでは簡単にするため，抵抗力の大きさは電荷がぶつかる速さに「比例」するものとします．すると，抵抗力は“$kv(t)$”と表すことができます．kは比例定数です．

5.6.7 「抵抗力」を含めた運動方程式を解く

電荷が物体中で受ける「抵抗力」を，運動方程式に追加しましょう．抵抗力の大きさは電荷の速さに比例するものとして“$kv(t)$”と定めました．この抵抗力は，電荷を加速するクーロン力“qE”とは逆向きに働くので，次のようにマイナス符号を付けて運動方程式に追加します．

$$m\frac{dv(t)}{dt}=qE-kv(t)=q\frac{V}{L}-kv(t)$$

この微分方程式を解けば，正しく「時刻tにおける電荷の速さ$v(t)$」を求められるはずです．さっそく解いてみましょう．

まず，両辺をmで割って変形します．

$$\frac{dv(t)}{dt}=\frac{q\dfrac{V}{L}-kv(t)}{m}=-\frac{k}{m}\left(v(t)-\frac{qV}{kL}\right)$$

「変数分離」をするために，両辺を“$v(t)-qV/kL$”で割ります．

$$\frac{1}{\left(v(t)-\dfrac{qV}{kL}\right)}\cdot\frac{dv(t)}{dt}=-\frac{k}{m}$$

ここで，両辺を時間tで積分します．

$$\int\frac{1}{\left(v(t)-\dfrac{qV}{kL}\right)}\cdot\frac{dv(t)}{dt}dt=\int-\frac{k}{m}dt \cdots\cdots (1)$$

上式の左辺に対して，「置換積分」を適用します．置換に使用する新しい変数“x”を，次のように上式左辺の分母と一致するように定めます．

$$x=v(t)-\frac{qV}{kL}$$

上式の両辺をtで微分すると，次式が得られます．なお，q，V，k，Lは定数であることに注意します．

$$\frac{dx}{dt}=\frac{dv(t)}{dt}$$

以上のことから，式(1)の左辺は次のように“x”による積分計算に「置換」できます．

$$\int\frac{1}{\left(v(t)-\dfrac{qV}{kL}\right)}\cdot\frac{dv(t)}{dt}dt=\int\frac{1}{x}\cdot\frac{dx}{dt}dt=\int\frac{1}{x}dx$$

xについて積分計算を実行すると，次式を得ます．なお，最後に“x”を元の“$v(t)-qV/kL$”に戻しています．

$$\int\frac{1}{\left(v(t)-\dfrac{qV}{kL}\right)}\cdot\frac{dv(t)}{dt}dt=\int\frac{1}{x}dx=\log(|x|)+C=\log\left(\left|v(t)-\frac{qV}{kL}\right|\right)+C$$

以上のことから，式(1)は次式のように整理できます．

$$\log\left|v(t)-\frac{qV}{kL}\right|=-\frac{k}{m}t+C$$

左辺のlogを消すために，両辺を自然対数の底eの指数とします．

$$e^{\log\left|v(t)-\frac{qV}{kL}\right|}=e^{\left(-\frac{k}{m}t+C\right)}$$

上式を変形して，次式を得ます．

$$\left|v(t)-\frac{qV}{kL}\right|=e^{C}\cdot e^{-\frac{k}{m}t}$$

絶対値記号を外し，$\pm e^{C}=A$（任意定数）とします．

$$v(t)-\frac{qV}{kL}=A\cdot e^{-\frac{k}{m}t}$$

以上のことから，関数$v(t)$の「一般解」として次式が得られました．

$$v(t)=\frac{qV}{kL}+Ae^{-\frac{k}{m}t}$$

5.6.8 初期条件を追加して，特殊解を求める

ここまでの話で，電荷の速さ$v(t)$の一般解が求まりました．ここではさらに「初期条件」を追加して，特殊解を求めます．

いま考えているモデルでは，物体に対して電圧Vを出力する電源を接続していると考えています．この電源をONする時刻を"$t=0$"とします．$t=0$において電圧を印加された直後の電荷は，まだ加速されていないので速さは0であるはずです．すなわち"$v(0)=0$"となります．これをいま考えているモデルの初期条件とします．

先に求めていた$v(t)$の式に，$v(0)=0$を代入すると次のようになります．

$$v(0)=\frac{qV}{kL}+Ae^{0}=\frac{qV}{kL}+A=0$$

上式より，定数Aの値が次のように求まります．

$$A=-\frac{qV}{kL}$$

よって，電荷の速さ$v(t)$の「特殊解」として次式が得られます．

$$v(t)=\frac{qV}{kL}(1-e^{-\frac{k}{m}t})$$

$v(t)$のグラフを書くと，**図25**のようになります．

時間tが十分に経過すると，電荷の速さ$v(t)$は"qV/kL"に収束します．これは，「電源のスイッチを入れてから十分な時間が経過した後の電流値は一定になる」という事実と合致しています．

また，今回導出した$v(t)$の式のように"$e^{-t/a}$"という形が含まれる場合，指数関数の指数の値が"-1"になる時刻$t=a$のことを「**時定数**」(time constant)といいます．時定数は，その関数の値が収束する速さの目安として使われます．時定数を表す文字としては，"τ"（タウ）や"T"が用いられます．今回求めた$v(t)$における時定数は次式のとおりです．

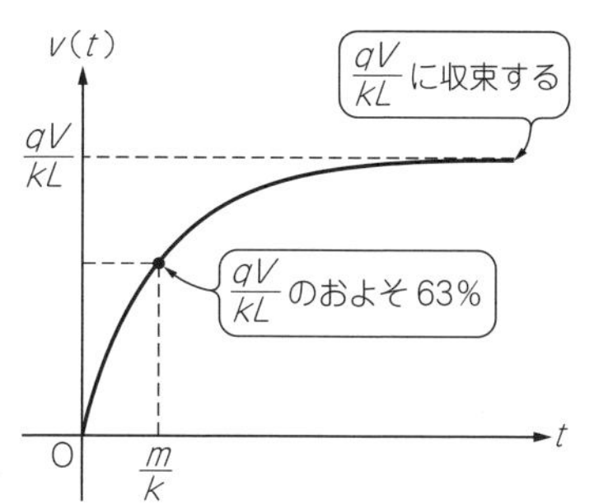

図25 電荷の速さv(t)のグラフ. 十分に時間が経った後は一定値に収束することがわかる

また, 時定数は"m/k"となっている

$$\tau = \frac{m}{k}$$

質量mが大きいほど時定数が大きくなるのは, 質量mが大きいほど加速・減速に時間がかかるという事実を反映しています. また, 抵抗力"$kv(t)$"が大きいほど電荷が受けるトータルの力が小さくなるため, 最終的に到達する速さは小さくなると考えられます. そのため, 抵抗力の大きさを決定する定数kが大きいほど時定数が小さくなる(最終速度に収束するのが早くなる)と考えられます.

なお, $e^{-1} \approx 0.37$であることから, "$1-e^{-1}$"の値はおおよそ0.63, 全体の63 %となります. よって, 今回の$v(t)$の式のように"$1-e^{-t/\tau}$"という項が含まれる場合は, 時刻$t=\tau$における関数の値は最終的に収束する値の63 %に相当することになります.

5.6.9 オームの法則の完成

ここまでの考察で得られた電荷の速さ(収束値)"qV/kL"を使って, 電流値"I"を表してみます.

$$I = qnvS = qn\left(\frac{qV}{kL}\right)S = \frac{S}{L}\cdot\left(\frac{nq^2}{k}\right)\cdot V$$

上式を電圧Vについて整理すると, 次式を得ます.

$$V = \frac{L}{S}\cdot\left(\frac{k}{nq^2}\right)\cdot I$$

上式の形は, オームの法則"$V=RI$"と同じ形式になっています. よって, 今回の「電荷は電場によって加速される」という現象と「電荷は障害物にぶつかって抵抗力を受ける」という現象の両方を取り入れたモデルは, 現実に対する良い近似になっていると考えられます.

上式から, 「抵抗R」の部分を抜き出します.

$$R = \frac{L}{S}\cdot\left(\frac{k}{nq^2}\right)$$

上式は，物体の抵抗値が「長さLが長いほど大きくなる」，「断面積Sが大きいほど小さくなる」ということを主張しています．これは我々がよく知っている事実と一致します．また，括弧内の部分は物体の寸法によらず決まる物質固有の値であり，「**抵抗率**」(**resistivity**)と呼ばれます．通常，抵抗率は“ρ”(ロー)という文字で表されます．抵抗率の単位は［Ω・m］であり，これは単位長さ・単位断面積あたりの抵抗値を示しています．

$$R=\frac{L}{S}\cdot\rho$$

抵抗率は物質ごとに決まっている値です．先ほどの式“$\rho=k/nq^2$”によれば，抵抗力を決める定数kが大きいほど抵抗率は大きくなり，また電荷密度nが大きいほど抵抗率は小さくなることがわかります．これも直感的に納得できると思います．

なお,「半導体」というのは温度変化や光照射，外部電場の印加などによって抵抗率ρが「桁違い」に変化する物質を指します．もし電気的な要因(電場や電流など)によって抵抗率ρを大きく変化させられる物質があれば，「電気信号によってON/OFFするスイッチ」を作ることができると考えられます．この発想に基づいて作り出された電子部品が「トランジスタ」です．

5.6.10 「時定数」を求める

ここまで考えてきたモデルによると，抵抗値Rは次式で表されます．

$$R=\frac{L}{S}\cdot\left(\frac{k}{nq^2}\right)=\frac{L}{S}\rho$$

上式において,「抵抗力」を表すための定数“k”は今回の物理モデルを構築するために(都合良く)導入した値であり，実際に測定するのは困難です．これに対して，抵抗値Rをはじめとする他の値は実際に測定したり計算によって求めたりできます．それらの値と上式を用いれば，kの値を計算によって求められます．また，kの値がわかれば電荷速度の収束に関する時定数“$\tau=m/k$”も求められます．

以下，電気ケーブルの材料としてよく使われる「銅」を題材として考えます．他の物質を選んだとしても，計算の流れは以下とまったく同じです．

まず，抵抗率“$\rho=k/mq^2$”の値は物質ごとに決まっており,「理科年表」などに載っています．また，電子1個あたりの電気量qも物理定数として知られています．残る電荷密度“n”は計算で求めます．計算のために必要な情報を，**表1**にまとめました．

銅の「単位体積あたりの自由電子数“n ［個/m^3］”」(自由に動ける電荷の密度)を求めます．なお,「単位体積」とは1m^{3}を意味します．表中の「密度」より，銅の1m^{3}あたりの質量は8940kgであるとわかります．また，銅の原子量は0.063546kg/molですから,「銅1m^{3}あたりに含まれる銅原子の数」は次のように求められます．

表1 銅の物性値

モル質量	63.546g/mol = 0.063546kg/mol
密　度	$8.94\mathrm{g/cm^3} = 8940\mathrm{kg/m^3}$
価電子数	1
抵抗率	$1.68\times10^{-8}\Omega\cdot\mathrm{m}$

$$\frac{8940\mathrm{kg}}{0.063546\mathrm{kg/mol}} = 1.40685\times10^{5}\mathrm{mol}$$

大雑把に$1\mathrm{mol} = 6.02\times10^{23}$個とすれば，次の値が得られます．

$$1.40685\times10^{5}\mathrm{mol} = (1.40685\times10^{5})\times(6.02\times10^{23}) = 8.47\times10^{28}\text{個}$$

銅の価電子数は1なので，銅原子1つあたり1つの自由電子を放出するものとします．すると，自由電子も$1\mathrm{m^3}$中に上記と同じく8.47×10^{28}個含まれることになります．よって，銅の自由電子密度“n”は次のとおりとなります．

$$n = 8.47\times10^{28}\text{個}/\mathrm{m^3}$$

また，抵抗率に関しては次の関係式が成り立つのでした．

$$\rho = \frac{k}{nq^2}$$

上式に対して銅の抵抗率$\rho = 1.68\times10^{-8}\Omega\cdot\mathrm{m}$，自由電子密度$n = 8.47\times10^{28}$個$/\mathrm{m^3}$，電子1個あたりの電気量$q = 1.6\times10^{-19}\mathrm{C}$を代入すると，定数“$k$”の値を次のように求められます．

$$k = n\cdot q^2\cdot\rho = (8.47\times10^{28})\cdot(1.6\times10^{-19})^2\cdot(1.68\times10^{-8}) = 3.64\times10^{-17}$$

この“k”という定数は，抵抗力“kv”を表すために使っていたのでした．よって，k自体の単位は「力÷速さ」ということで“N･s/m”となります．

$$k = 3.64\times10^{-17}\mathrm{N\cdot s/m}$$

さらに，上で求めたkの値を用いて時定数“$\tau = m/k$”の値を求めます．電子の質量を$m = 9.1\times10^{-31}\mathrm{kg}$とすると，次のように計算できます．

$$\tau = \frac{m}{k} = \frac{9.1\times10^{-31}\mathrm{kg}}{3.64\times10^{-17}\mathrm{N\cdot s/m}} = 2.5\times10^{-14}\mathrm{s}$$

「フェムト“f”」($1\mathrm{f} = 10^{-15}$)という接頭辞を使うと，この時定数は「25フェムト秒」という値になります．銅の中で電荷の速さが収束するまでの時間は，非常に短いことがわかります．

ちなみに25fsの逆数をとると，次の周波数が得られます．

$$\frac{1}{25\times10^{-15}\mathrm{s}} = 4\times10^{13}\mathrm{Hz} = 40000\mathrm{GHz} = 40\mathrm{THz}$$

上式より，無線通信で使われる数G～数十GHz程度の周波数ならば，金属中の電荷は電場の変化に対して余裕で追従できることがわかります．

5.6.11　ドリフト電流の速さ

電荷が移動する速さ$v(t)$も求めてみましょう．最終的に速さが収束した状態(平衡状態)における$v(t)$の値は次のとおりでした．

$$v=\frac{qV}{kL}$$

ここでは簡単に，電圧$V=10\text{mV}=0.01\text{V}$を，長さ$L=10\text{cm}=0.1\text{m}$の銅ブロックに印加する状況を考えます(実質，電源をショートさせるようなものですね)．このときの電荷の速さは，次式で求められます．なお，定数kの値は先ほど求めた“$k=3.64\times10^{-17}$”を使います．

$$v=\frac{1.6\times10^{-19}\text{C}\times0.01\text{V}}{3.64\times10^{-17}\text{N}\cdot\text{s/m}\times0.1\text{m}}=4.4\times10^{-4}\text{m/s}$$

上式より，電荷の速さはおよそ“0.4mm/s”であることがわかります．ここで求めた「電荷が移動する平均速度」のことを「**ドリフト速度**」(**drift velocity**)といいます．印加する電圧や物体の寸法にもよりますが，ドリフト速度は一般的に数mm/s程度であり，非常に遅いことがわかります．

先ほど求めた時定数“τ”の値と合わせて考えると，「金属中の自由電子は，印加された電場に対する応答は非常に早いが，ドリフト速度は遅い」ということがわかります．

検算のために，上記のドリフト速度を用いて電流値を計算してみましょう．ただし，銅の断面積は一般的なケーブルをイメージして，$1\text{mm}\times1\text{mm}=1\times10^{-6}\text{m}^2$とします．

$$I=qnvS=(1.6\times10^{-19})\cdot(8.47\times10^{28})\cdot(4.4\times10^{-4})\cdot(1\times10^{-6})=5.96\text{A}$$

上式の値は，長さ10cm，断面積1mm×1mmの導線に10mVを印加した場合の電流ということになります．およそ“6A”という電流は，経験的に考えて妥当でしょう．以上のことから，いま求めたドリフト速度は大きく間違っていないと判断できます．

5.6.12　まとめ

「解析したい物理現象に対して簡単なモデルを立て，そこに物理法則を適用し，微分方程式を解いて結果を得る」という一連の流れを体験していただきました．今回扱った物理現象は「ドリフト電流の挙動」であり，今回使った物理法則は「運動方程式」，今回得られた結果は「オームの法則」です．

微分方程式の扱いに慣れておくと，このような物理現象の解析をスムーズに実行できます．とはいえ，実際に設計の現場で微分方程式を手計算で解くことは稀(まれ)でしょう．通常は「シミュレータ」に頼ることになります．しかし，シミュレータに依存してしまうと，脳味噌を使わない思考停止エンジニア(もはやエンジニアですらない？)になってしまう危険性があります．その気になれば微分方程式を解くプログラム(≒シミュレータ)を自分で書ける程度に訓練をしておくと，どこでも働ける強いエンジニアになれるでしょう．

第6章 オイラーの公式と複素正弦波

6.1 本章の流れ

6.1.1 電気回路と正弦波

電気回路の設計および解析において最も重要な波形は，何といっても「正弦波」です．詳細は本書外の「フーリエ解析」で解説しますが，「電気回路で扱う(ほとんど)すべての波形は，複数の正弦波の足し合わせで表現できる」という強烈な事実があります．そのため，さまざまな波形を直接扱う必要性は薄くなり，考える対象を「正弦波だけ」に限定することができます．

正弦波が持つパラメータには振幅，周波数，位相の3つがあります．この中で電気回路の挙動に最も大きな影響を与えるのは「周波数」です．電気回路の特性は，印加する正弦波の周波数によって大きく変化します．これに対して，周波数が一定ならば印加する正弦波の振幅や位相が変化しても電気回路の特性は変化しません(非線形性が顕著な場合はこの限りでない)．

上記の「さまざまな波形は正弦波に分解できる」という事実と，「電気回路は周波数によって異なる応答を示す」という事実を合わせると，「さまざまな周波数の正弦波に対する電気回路の挙動を理解しておけば，“あらゆる波形”に対する挙動を予測できる」ことになります．この考え方に基づいて電気回路の挙動を調べる手法のことを「周波数解析」といいます．周波数解析は電気回路に限らず，機械や情報処理の分野にも適用できる非常に強力な解析手法です．

6.1.2 正弦波を便利に表す方法

上述のとおり，電気回路と正弦波は切っても切れない関係にあります．そのため，電気回路の理論は「正弦波をいかにして簡単に扱うか」ということを重視して構築されました．その歴史の中で定着したのが，本章で解説する「複素正弦波」の考え方や「phasor(フェイザ)表現」という表示方法です．

複素正弦波を導入すると，電気回路の理論で現れる数式が驚くほど簡単になります．本「本質理解！ アナログ回路塾」シリーズの最終目標である「フィルタ回路設計」に関する理論も，複素正弦波の考え方がなければ発展し得なかったでしょう．

本章では，**図1**に示すとおり「テイラー展開」，「オイラーの公式」と進めて，最終的に「複素正弦波」を導くことを目指します．

6.1.3 オイラーの公式

電気回路理論にとって重要な複素正弦波は，次の「オイラーの公式」に基づいています．

$$e^{jx} = \cos(x) + j\sin(x)$$

オイラーの公式は，数学における最重要公式の1つです．また，物理学や工学の諸分野においてもなくてはならない便利な式です．今回の目的の1つは，このオイラーの公式を導出することです．その流れを**図2**に示します．

オイラーの公式を導出する過程では，第4章で学んだ「微分」の知識が大いに役立ちます．また，オイラーの公式を導出する上で必要となる「ラグランジュの平均値の定理」や「テイラー展開」は，それだけでも多くの活用例がある実用的な定理です．本章の内容には物理学や工学の分野で頻繁に使われるエッセンスが多く含まれているので，ぜひとも漏れなく理解されることをお勧めします．電気系にとどまらず，幅広い分野へ手を広げるための基礎になります．

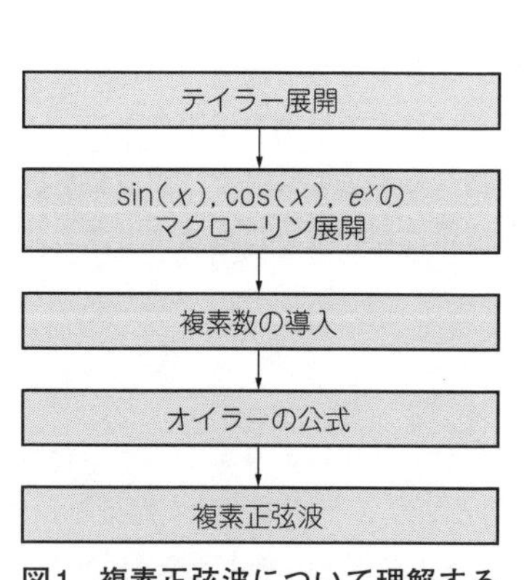

図1　複素正弦波について理解することを目指す

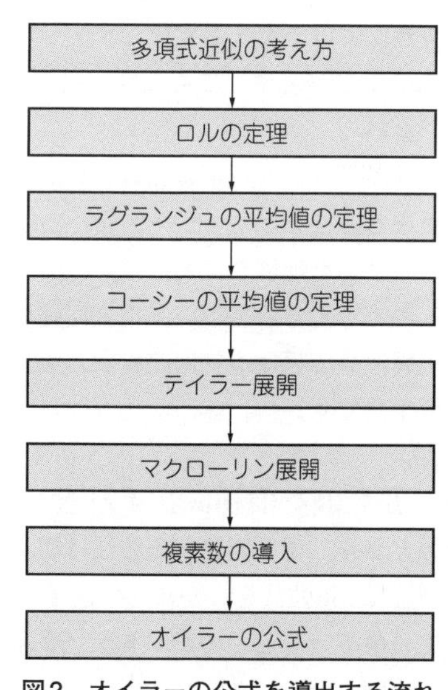

図2　オイラーの公式を導出する流れ

6.2 テイラー展開

6.2.1 関数の1次関数による近似

本節で解説する「テイラー展開」の目的を一言で表すと,「関数を多項式関数で近似すること」です.

関数を多項式で「**近似する**」(approximate)メリットはたくさんあります. 関数の値を大ざっぱに求めたい場合に近似式は便利ですし, コンピュータ上で複雑な関数を計算するためのアルゴリズム(計算手順)の基礎にもなっています. もちろん, これから行うオイラーの公式の導出においても大事な役割を果たします.

「多項式関数」とは変数xのべき乗をいくつか足し合わせた形の関数で, 一般に次のように表現できるのでした(第3章参照).

$$f(x)=a_0+a_1x+a_2x^2+a_3x^3+\cdots$$

これからさまざまな関数を多項式関数で近似する方法を考えます. その準備として, まずは最も単純な「1次関数」で近似することを考えます. これは, 関数のグラフを1本の直線で近似することに相当します(**図3**).

関数$f(x)$の近似式を求める前に, 決めなければいけないことが1つあります. それは「近似の中心」です. 近似とはあくまで「元の関数に似せる」だけなので, 近似の精度は場所によって異なる可能性があります. そこで, 最も近似の精度を良くしたい場所を「近似の中心」として設定します. ここでは$x=x_0$を近似の中心とします.

それでは, 関数$f(x)$のことを$x=x_0$を中心として近似する1次関数を求めましょう. まず, 近似の中心$x=x_0$では近似関数の値と元の関数$f(x)$の値が一致してほしいところです. よって, 今考えている1次関数は$x=x_0$において$f(x_0)$となるように作ることにします.

また, $x=x_0$における1次関数の「傾き」は, $x=x_0$における関数$f(x)$の「傾き」(微分係数)“$f'(x_0)$”と一致させるべきでしょう. 以上のことから, 関数$f(x)$のことを$x=x_0$を中心

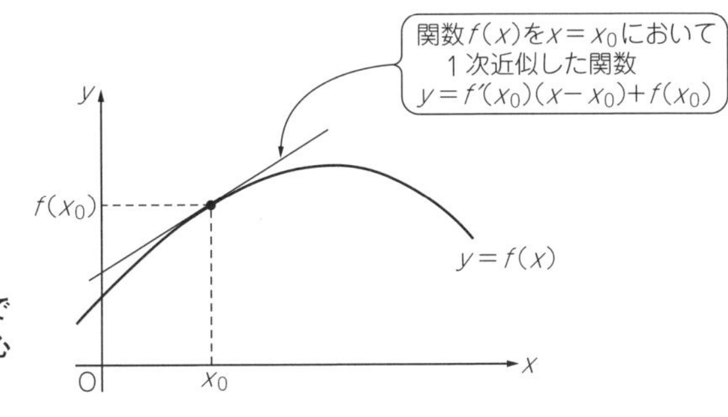

図3 関数$f(x)$を1次関数で近似する. 近似の中心は$x=x_0$とする

として1次近似した式は，次のようになります．

$$y=f'(x_0)(x-x_0)+f(x_0)$$

上式は，点$(x_0,\ f(x_0))$を通るように直線$y=f'(x_0)x$を平行移動したものです．これは，前に考えた「関数$f(x)$の$x=x_0$における接線」そのものです．また，接線の「接点」は近似の中心となっています．以上のことから関数$f(x)$を1次近似した関数が得られ，それは接線と一致することがわかりました．

6.2.2 関数の多項式による近似

関数$f(x)$を近似する多項式関数として，1次の近似よりも精度が良いものを考えましょう．先ほど考えた1次の近似多項式に対して，次のように2次の項“$a_2(x-x_0)^2$”を追加します．

$$y=a_0+a_1(x-x_0)+a_2(x-x_0)^2$$

1次の近似式の場合，式中の最高次の変数は“x”でした．今度は“x^2”の項が加わったので，より多彩な表現が可能となります．ただし，2次の項$a_2(x-x_0)^2$があるせいで，かえって元の関数$f(x)$との誤差が大きくなってしまう可能性もあります．もし2次の項が邪魔ならば，2次の項の係数を$a_2=0$とすることで上式を1次関数に戻せます．よって，上式は2次以下の多項式関数を表す汎用的な表現だと言えます．

上記の議論を何度も繰り返して高次の多項式まで拡張すると，次のように「無限次」までの項を足し合わせた多項式関数を考えることができます．多項式の項数を増やすほど多彩な表現が可能になって近似の精度が良くなるならば，次式は関数$f(x)$を「限りなく良い精度」で近似できることになります．すなわち，次式は元の関数$f(x)$と「完全に一致する」のではないかと予想できます．

$$f(x)=a_0+a_1(x-x_0)+a_2(x-x_0)^2+a_3(x-x_0)^3+\cdots$$

もちろん，あらゆる関数$f(x)$を上式で表せる保証はありません．近似の元となる関数$f(x)$を上式のような「無限次の多項式」として表現できるか否かを判定するために使うのが，後で紹介する「テイラーの定理」です．テイラーの定理を利用すると，電気回路の計算でよく登場する$\sin(x)$，$\cos(x)$，e^xといった関数を上式の形で表現できることが証明できます．

6.2.3 多項式関数の係数を求める

先ほどの議論のとおり，無限次までの項をもつ多項式関数はさまざまな関数$f(x)$を完全に再現できる可能性があります．では，関数$f(x)$と完全に一致する多項式関数とは，どのような形をしているのでしょうか．以下，その多項式関数を求める方法について考えます．

前提として，多項式関数は係数a_0，a_1，a_2，…を持ち，関数$f(x)$を次のように近似しているものとします．近似の中心はこれまでと同じく$x=x_0$とします．

$$f(x)=a_0+a_1(x-x_0)+a_2(x-x_0)^2+a_3(x-x_0)^3+\cdots$$

これから行うのは，上式における各係数を定める作業です．

▶係数a_0を決める

係数a_0の定め方は，先ほど1次の近似関数を求めたときと同様の方法です．すなわち，上式に$x=x_0$を代入したときの値が両辺で等しくなるようにします．

$$\begin{aligned}f(x_0)&=a_0+a_1\cdot 0+a_2\cdot 0+a_3\cdot 0+\cdots\\&=a_0\end{aligned}$$

上式より，係数a_0は次のように定まります．

$$a_0=f(x_0)$$

▶係数a_1を決める

続いて，係数a_1を定めます．$f(x)$を1回微分すると，次のように"a_1"を定数項として分離できます．

$$f'(x)=a_1+2a_2(x-x_0)+3a_3(x-x_0)^2+\cdots$$

上式に$x=x_0$を代入すると，次式が得られます．

$$f'(x_0)=a_1+2a_2\cdot 0+3a_3\cdot 0+\cdots=a_1$$

よって，係数a_1は次のように定まります．

$$a_1=f'(x_0)$$

▶係数a_2を決める

さらに，係数a_2を定めましょう．関数$f(x)$を2回微分すると，次のように"a_2"を定数項として分離できます．

$$f^{(2)}(x)=2\cdot 1\cdot a_2+3\cdot 2\cdot a_3(x-x_0)+\cdots$$

上式に$x=x_0$を代入して，次式を得ます．

$$f^{(2)}(x_0)=2\cdot 1\cdot a_2+3\cdot 2\cdot a_3\cdot 0+\cdots=2!a_2$$

よって，係数a_2は次のように定まります．

$$a_2=\frac{1}{2!}f^{(2)}(x_0)$$

▶係数a_nを求める

以上の流れを繰り返すと，第n項の係数a_nを次のように定めることができます．

$$a_n=\frac{1}{n!}f^{(n)}(x_0)$$

よって，関数$f(x)$を$x=x_0$を中心として多項式近似した式は，次のようになると予想できます．

1次近似とトランジスタ回路の小信号解析

一般的に，近似の中心から離れるほど近似の精度は悪くなります．特に1次近似は非常に「粗い」近似なので，ちょっと近似の中心から離れただけで本来の関数 $f(x)$ の値からずれてしまいます．とはいえ，「近似の中心のごく近く」だけに限定して考えるならば，1次近似でもかなり良い精度を出すことができます．トランジスタ回路の設計で用いられる「小信号解析」という手法は，この1次近似の考え方に基づいています．

本「本質理解 アナログ回路塾」シリーズで扱う主要な素子は，抵抗，キャパシタ，インダクタです．これらの素子は，印加される電圧 V と流れる電流 I との間に「比例」の関係が成り立ちます．抵抗ならば“$V=RI$”という具合に，おなじみのオームの法則が成り立ちます．これらの素子の電流対電圧のグラフ(I-V 特性)を書くと，1本の直線になります(交流の振幅に関する特性)．つまり，グラフは「線形」です．このように，I-V 特性が1本の直線で表される素子のことを「線形素子」と呼びます．

一方で，一般的な電気回路にはトランジスタやダイオードといった半導体の素子も多く含まれています．半導体素子の I-V 特性は，複雑な曲線で表されます．ショックレーのダイオード方程式で表されるダイオード特性や，トランジスタの I_C-V_{CE} 特性(いわゆる“ほうき特性”)などです．このような特性を持つことから，トランジスタやダイオードは「“非”線形素子」と呼ばれます．

非線形素子を含む回路の挙動は非常に複雑で，設計も難しくなります．しかし，トランジスタに印加される電圧や流れる電流の変化が「十分に小さい」ならば，トランジスタの挙動

$$
\begin{aligned}
f(x) &= a_0 + a_1(x-x_0) + a_2(x-x_0)^2 + \cdots + a_n(x-x_0)^n + \cdots \\
&= f(x_0) + \frac{1}{1!}f^{(1)}(x_0)(x-x_0) + \frac{1}{2!}f^{(2)}(x_0)(x-x_0)^2 + \cdots + \frac{1}{n!}f^{(n)}(x_0)(x-x_0)^n + \cdots
\end{aligned}
$$

シグマ記号を使って上式を書き表すと，次のようになります．

$$
f(x) = \sum_{k=0}^{\infty} \frac{1}{k!} f^{(k)}(x_0)(x-x_0)^k
$$

上式のように，関数 $f(x)$ のことを無限に続く多項式関数として表現できる場合，これを「テイラー展開」と呼びます．今は単なる「予想」として上式を書いていますが，本節ではその妥当性を証明することが最終目標となります．

COLUMN 16

を小さい誤差の範囲内で「1次関数で近似する」すなわち「線形近似する」ことができます．このような解析手法は扱う信号の変化(振幅)が十分に小さい場合に有効で，**「小信号解析」**(small signal analysis)と呼ばれます．

小信号解析は，トランジスタに印加される電圧の変化が微小であるような増幅回路(アンプの初段など)の設計に有効です．このとき，トランジスタの動作を1次関数で近似するための「近似の中心」のことを「動作点」(operating point)もしくは「バイアス点」(bias point)といいます．トランジスタ回路の設計では，無信号状態(信号が入力されていない状態)におけるトランジスタの各端子の電圧を最初に決めます．これは交流(AC)ではなく直流(DC)についての話なので，「DC設計」，「DCバイアス設計」，もしくは単に「バイアス設計」などと呼ばれます．なお，バイアス(bias)とは「偏り」という意味の言葉です．

トランジスタを使った増幅回路に信号が入力されていない状態でも，トランジスタの各端子の電圧は“0V”ではなく，「コレクタは“5V”で，ベースは“1.2V”」という具合に0Vからずらして設計します．すなわち，電圧が「偏って」います．入力信号が印加された場合，トランジスタの各端子はその「偏った電圧」すなわち「バイアス電圧」を中心として上下に揺れることになります．これが“bias”という言葉のニュアンスです．

本書ではトランジスタ回路の設計方法について詳しく扱いませんが，トランジスタ回路の設計における一番の肝は「バイアス設計」であると私は思っています．

6.2.4 ロルの定理

テイラー展開を導くために，まずは次の「**ロルの定理**」(Roll's theorem)から始めます．

関数$f(x)$は$a \leq x \leq b$の範囲で「連続」であり，$a<x<b$の範囲で「微分可能」とする．このとき“$f(a)=f(b)$”が成り立つならば，次式を満たすような定数cが$a<c<b$の範囲に少なくとも1つは存在する．

$$f'(c)=0$$

上記の内容は，具体的に関数$f(x)$のグラフをイメージしてみるとわかりやすいと思います．**図4**のように“$f(a)=f(b)$”が成り立つ場合，$a \leq x \leq b$の範囲において関数$f(x)$のグラフは「$f(a)$から上昇(もしくは下降)して，再び$f(b)=f(a)$に戻ってくる」という動き方をします．そのため，関数$f(x)$のグラフは$a<x<b$の区間の少なくとも1点において「平坦」

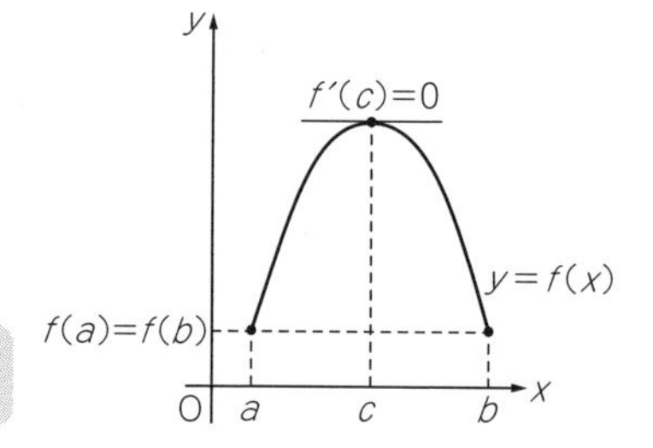

図4　ロルの定理

$f(a)=f(b)$ならば，$f'(c)=0$となるcが$a<c<b$のどこかにある

となるはずです．そのx座標を$x=c$とすると，グラフが「平坦」であることから“$f'(c)=0$”が成り立ちます．これが，ロルの定理の主張です．

以下，ロルの定理を証明します．

(i) 関数 $f(x)$ が定数である場合

$a \leq x \leq b$の範囲で関数$f(x)$が定数ならば，$a<x<b$の範囲のすべてのxに対して常に“$f'(x)=0$”が成り立ちます．よって，ロルの定理が成立します．

(ii) 関数$f(x)$が定数ではない場合

ここでは**図4**のように，関数$f(x)$が$a \leq x \leq b$の範囲において$f(a)=f(b)$よりも大きい値をとり得るものとします．逆の場合であっても，以下と同様の考え方で証明できます．

関数$f(x)$は$a \leq x \leq b$の範囲における最大値を，$x=c$でとるものとします．このとき最大値“$f(c)$”は$a \leq x \leq b$の範囲のxに対して次式を満たします．

$$f(x) \leq f(c)$$

ここで，$x=c$における関数$f(x)$の「傾き」の右側極限および左側極限を，それぞれ調べます．まずは左側極限について考えると，次式が成り立ちます．

$$f'(c-0) = \lim_{\Delta x \to -0} \frac{f(c+\Delta x) - f(c)}{\Delta x} \geq 0$$

上式の不等号は，先ほど確認したとおり$f(x) \leq f(c)$が成り立つことから，十分に小さなΔxに対して“$f(c+\Delta x) \leq f(c)$”となることによります．なお上式では，$\Delta x \to -0$の極限を考えているので当然“$\Delta x<0$”です．

一方で，右側極限についても考えます．先ほどと同様に“$f(c+\Delta x) \leq f(c)$”が成り立つことに加えて，$\Delta x \to +0$の極限を考える場合は常に“$\Delta x>0$”となることから，次式が得られます．

$$f'(c+0) = \lim_{\Delta x \to +0} \frac{f(c+\Delta x) - f(c)}{\Delta x} \leq 0$$

ここで，関数$f(x)$は「$a<x<b$の範囲で微分可能」と仮定していました．よって，$f(x)$は$x=c$において微分係数$f'(c)$を持つはずです．すなわち，$x=c$における関数$f(x)$の傾き

の右側極限と左側極限は一致して“$f'(c-0)=f'(c+0)$”となるはずです．このことと上の2式を合わせると，$f'(c)$の値として適切なのは‘0’のみであるとわかります．

$$f'(c)=\lim_{\Delta x\to 0}\frac{f(c+\Delta x)-f(c)}{\Delta x}=0$$

以上より，ロルの定理を証明できました．

6.2.5 ラグランジュの平均値の定理

次は「**ラグランジュの平均値の定理**」(Lagrange's mean value theorem)を紹介します．これは高校数学で「**平均値の定理**」(mean value theorem)として習うものと同じ定理です．

関数$f(x)$は$a\leq x\leq b$で「連続」，$a<x<b$で「微分可能」とする．このとき，次式を満たすcが$a<c<b$の範囲に少なくとも1つは存在する．

$$\frac{f(b)-f(a)}{b-a}=f'(c)$$

COLUMN 17

小信号解析と大信号解析

「小信号解析」に対して，「大信号解析」というのもあります．

小信号解析の前提は，「トランジスタに印加される電圧の変化が微小である」というものでした．もしもトランジスタに流れる電流の変化が大きくなり，回路各部の電圧振幅が大きくなると，もはや小信号解析を適用することはできなくなります．このような状態で無理やり小信号解析をやってしまうと，計算結果が実際の挙動とまったく合わなくなります．

トランジスタ回路が扱う信号振幅が大きくなった場合は，トランジスタのI-V特性を1次近似せずにそのまま使って回路設計を行うことになります．このように，近似を使わず真っ正直にトランジスタ回路の挙動を解析することを，「**大信号解析**」(large signal analysis)といいます．

小信号解析は根本的に1次関数しか使わないので，なんとか手計算だけで対応できます．しかし大信号解析の計算は非常に複雑なので，通常は回路シミュレータに頼ることになります．有名な回路シミュレータであるSPICE(Simulation Program with Integrated Circuit Emphasis)では，大信号解析に相当する計算を「トランジェント解析」(transient analysis)として実行できます．なお，SPICEにおける小信号解析は「AC解析」(AC analysis)と呼ばれます．

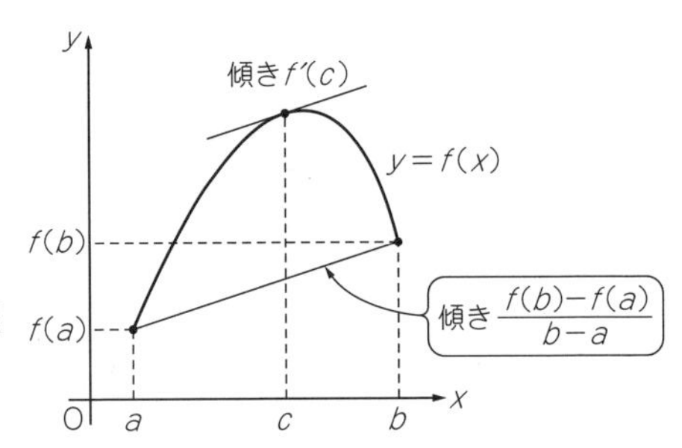

図5　ラグランジュの平均値の定理

「平均の傾き」と同じ傾きを持つ点 $x=c$ がどこかにある

ラグランジュの平均値の定理は，**図5**のようにイメージできます．“$\{f(b)-f(a)\}/(b-a)$”という値は，$a \leq x \leq b$ の範囲における関数 $f(x)$ の「平均の傾き」もしくは「平均変化率」を表しています．関数 $f(x)$ がこれと同じ傾き(微分係数)をもつ点が，$a<x<b$ の範囲に少なくとも1つは存在するというのが，ラグランジュの平均値の定理の主張です．

以下，ラグランジュの平均値の定理を証明します．

まず，関数 $f(x)$ を使って次のような新しい関数“$F(x)$”を作ります．

$$F(x)=f(x)-f(a)-\frac{f(b)-f(a)}{b-a}(x-a)$$

この関数を作る途中の様子を**図6**に示します．まず，**図6**の(**a**)はもともとの関数 $f(x)$ のグラフです．次に(**b**)で関数 $f(x)$ から定数 $f(a)$ を引き算し，グラフ全体を下に下ろします．これで $x=a$ における値が0になります．続いて(**c**)では $a \leq x \leq b$ の範囲における関数 $f(x)$ の「オフセット増加分」を引き算し，“$F(a)=F(b)=0$”という状態を作り出しています．実際に上式の $F(x)$ に $x=a$ および $x=b$ を代入すれば，$F(a)=F(b)=0$ となることが確認できます．

このようにして作った関数 $F(x)$ は，先ほど紹介した「ロルの定理」を適用するための条件をすべて満たします．よって，次式を満たす c が $a<c<b$ の範囲に少なくとも1つは存在します．

$$F'(c)=f'(c)-\frac{f(b)-f(a)}{b-a}=0$$

上式より，ラグランジュの平均値の定理が得られます．

$$f'(c)=\frac{f(b)-f(a)}{b-a}$$

以上でラグランジュの平均値の定理の証明は終わりです．なお，ラグランジュの平均値の定理において $f(b)=f(a)$ とすると，“$f'(c)=0$”が得られます．これはロルの定理に他なりません．よって，ラグランジュの平均値の定理は“$f(a) \neq f(b)$”である場合にも対応できるように，ロルの定理を拡張したものだと理解できます．

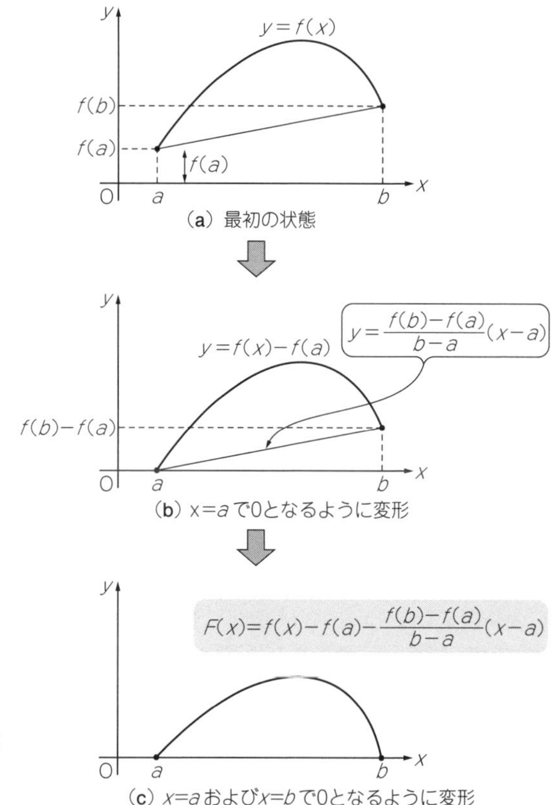

図6 ロルの定理を適用できるように関数$f(x)$を改造して，新しい関数“$F(x)$”を作る

6.2.6 コーシーの平均値の定理

続いて，ラグランジュの平均値の定理を拡張した「**コーシーの平均値の定理**」(Cauchy's mean value theorem)を紹介します．

関数$f(x)$および$g(x)$は$a \leq x \leq b$の範囲で「連続」，$a<x<b$の範囲で「微分可能」とする．また，$a<x<b$の範囲で$g'(x) \neq 0$であるとする．このとき，次式を満たすcが$a<c<b$の範囲に少なくとも1つは存在する．

$$\frac{f(b)-f(a)}{g(b)-g(a)}=\frac{f'(c)}{g'(c)}$$

コーシーの平均値の定理が表している状況を**図7**に示します．今回は，2つの関数$f(t)$および$g(t)$によって図の曲線を描いています．曲線のx座標は関数$g(t)$で指定されており，曲線のy座標は関数$f(t)$の値となっています．$f(t)$および$g(t)$の値は，1つのパラメータ“t”

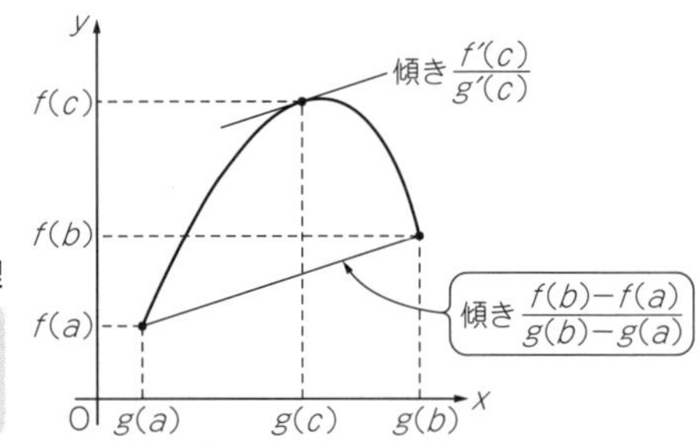

図7　コーシーの平均値の定理

x座標を関数$g(t)$，y座標を関数$f(t)$で指定した曲線に対する「平均値の定理」

によって決定されています．変数tの値を変化させていくと，曲線が描かれていくイメージとなります．これまで考えてきた関数$f(x)$のグラフは，x座標を指定する関数$g(t)$を"$g(t)=t$"とした場合に相当します．

このグラフの$a \leq t \leq b$の範囲における「平均の傾き」は次式で表されます．

$$\frac{\Delta y}{\Delta x}=\frac{f(b)-f(a)}{g(b)-g(a)}$$

一方で，曲線上のある1点における傾き（微分係数）についても考えます．今までは曲線の微分係数として「xの微小な変化に対する$f(x)$の変化量」を考えてきました．今回は曲線のx座標が関数$g(t)$で与えられているので，曲線の微分係数は「関数$g(t)$の微小な変化に対する関数$f(t)$の変化量」であると考えることができます．関数$g(t)$および$f(t)$の微小な変化は，いずれにしてもパラメータtの微小な変化"Δt"によって生じます．そこで，Δtを含めた「傾きの式」を次のように用意します．

$$\frac{\Delta y}{\Delta x}=\frac{\Delta f}{\Delta g}=\frac{\left(\frac{\Delta f}{\Delta t}\right)}{\left(\frac{\Delta g}{\Delta t}\right)}$$

上式において$\Delta t \to 0$の極限をとったものが，曲線の微分係数となります．これは，次式で表されます．

$$\frac{dy}{dx}=\frac{\left(\frac{df}{dt}\right)}{\left(\frac{dg}{dt}\right)}=\frac{f'(t)}{g'(t)}$$

以上のことから，ある1点$t=c$における微粉係数は"$f'(c)/g'(c)$"で表されることがわかりました．$f'(c)/g'(c)$の値が$a \leq t \leq b$の範囲における曲線の「平均の傾き」と一致するような値cが，少なくとも1つは存在するというのが，コーシーの平均値の定理の主張です．

以下，コーシーの平均値の定理を証明します．

まず，次のような関数“$F(t)$”を用意します．この関数$F(t)$は,「ラグランジュの平均値の定理」の証明で使った関数$F(t)$において，“x”だった部分を“$g(t)$”に置き換えたものです．

$$F(t)=f(t)-f(a)-\frac{f(b)-f(a)}{g(b)-g(a)}\cdot\{g(t)-g(a)\}$$

上式に$t=a$および$t=b$を代入すると，$F(a)=F(b)=0$が成り立つことを確認できます．また$f(t)$および$g(t)$の定義より，関数$F(t)$は$a\leq t\leq b$の範囲で連続，$a<t<b$の範囲で微分可能です．よって，関数$F(t)$に対して「ロルの定理」を適用することができます．すなわち，次式を満たすcが$a<c<b$の範囲に存在します．

$$F'(c)=f'(c)-\frac{f(b)-f(a)}{g(b)-g(a)}\cdot g'(c)=0$$

上式を変形すると，次式が得られます．

$$\frac{f(b)-f(a)}{g(b)-g(a)}=\frac{f'(c)}{g'(c)}$$

以上でコーシーの平均値の定理を証明できました．

6.2.7 テイラーの定理

ここまで「ロルの定理」,「ラグランジュの平均値の定理」,「コーシーの平均値の定理」と解説を進めてきたのは，この「**テイラーの定理**」(Taylor's theorem)を証明するためです．テイラーの定理は，関数$f(x)$を多項式関数で近似したときの「誤差」に関する定理です．

関数$f(x)$は$a\leq x\leq b$の範囲でn回微分可能とする．このとき，関数$f(x)$を$(n-1)$次の多項式関数で近似することを考える．ただし，近似の中心は$x=a$とする．このとき次式を満たす定数cが$a<c<b$の範囲に少なくとも1つは存在する．

$$\begin{aligned}f(x)&=f(a)+\frac{1}{1!}f^{(1)}(a)(x-a)+\frac{1}{2!}f^{(2)}(a)(x-a)^2+\cdots+\frac{1}{(n-1)!}f^{(n-1)}(a)(x-a)^{n-1}\\&\quad+\frac{1}{n!}f^{(n)}(c)(x-a)^n\\&=\sum_{k=0}^{n-1}f^{(k)}(a)(x-a)^k+\frac{1}{n!}f^{(n)}(c)(x-a)^n\end{aligned}$$

上式の最終項は，まさに$f(x)$とその$(n-1)$次近似式との「誤差」を表しています．この項は「**ラグランジュの剰余項**」(Lagrange remainder)もしくは単に「**剰余項**」(remainder)と呼ばれます．ここでは関数$f(x)$のn階の微分係数を含む剰余項を“R_n”と表記することにします．

COLUMN 18

ロピタルの定理(0/0形)

「コーシーの平均値の定理」を利用して得られる「**ロピタルの定理**」(L'Hôspital's rule)を紹介します．電気回路の計算ではあまり使いませんが，知っておくと便利な定理ではあります．ただし，適用できる条件については注意が必要です．

関数$f(x)$および$g(x)$が$x=a$の十分近くで連続であり，少なくとも$x=a$を除く点で微分可能だとする($x=a$で微分可能でもよい)．また$f(a)=0$および$g(a)=0$を満たすとする．さらに，$f'(x)/g'(x)$は$x \to a$としたときに何らかの極限値をもつとする．このとき次式が成り立つ．

$$\lim_{x \to a} \frac{f(x)}{g(x)} = \lim_{x \to a} \frac{f'(x)}{g'(x)}$$

$f(x)/g(x)$の極限が“0/0”型の不定形になったとしても，$f'(x)/g'(x)$が収束して極限値をもつならば，$f(x)/g(x)$も同じ値に収束するという定理です．

以下，ロピタルの定理を証明します．

関数$f(x)$および$g(x)$は$x=a$に十分近い領域で連続かつ微分可能なので，その領域内で「コーシーの平均値の定理」が成り立ちます．すなわち，次式を満たすcが$a<c<x$の範囲に存在します．

$$\frac{f(x)-f(a)}{g(x)-g(a)} = \frac{f'(c)}{g'(c)}$$

上式において，仮定より$f(a)=g(a)=0$です．また，$x \to a$とすれば「はさみうちの原理」より$c \to a$となることから，次式が得られます．

$$\lim_{x \to a} \frac{f(x)}{g(x)} = \lim_{x \to a} \frac{f'(x)}{g'(x)}$$

以上でロピタルの定理(0/0形)を導くことができました．

$$R_n = \frac{1}{n!} f^{(n)}(c)(x-a)^n$$

すると，関数$f(x)$の$(n-1)$次多項式による近似は次式のように表記できる，というのがテイラーの定理の主張です．

$$f(x) = \sum_{k=0}^{n-1} \frac{1}{k!} f^{(k)}(a)(x-a)^k + R_n$$

以下，テイラーの定理を証明します．

(i) 新しい関数$F(x)$の定義と，その導関数の確認

次のように，関数$f(x)$とその$(n-1)$次近似多項式との差を考え，これを新しい関数"$F(x)$"とします．ただし，近似の中心は$x=a$とします．

$$F(x)=f(x)-\left\{f(a)+\frac{1}{1!}f^{(1)}(a)(x-a)+\frac{1}{2!}f^{(2)}(a)(x-a)^2+\cdots+\frac{1}{(n-1)!}f^{(n-1)}(a)(x-a)^{n-1}\right\}$$

上式に対して$x=a$を代入すると，次のように"$F(a)=0$"が得られます．

$$F(a)=f(a)-\{f(a)+0+0+\cdots+0\}=0$$

続いて，$F(x)$の1階導関数を求めると次のようになります．

$$F^{(1)}(x)=f^{(1)}(x)-\left\{f^{(1)}(a)+\frac{1}{1!}f^{(2)}(a)(x-a)+\cdots+\frac{1}{(n-2)!}f^{(n-1)}(a)(x-a)^{n-2}\right\}$$

上式に$x=a$を代入すると，次のように"$F^{(1)}(a)=0$"が得られます．

$$F^{(1)}(a)=f^{(1)}(a)-\{f^{(1)}(a)+0+\cdots+0\}=0$$

以上の議論を繰り返して微分係数$F^{(2)}(a)$，$F^{(3)}(a)$，…，$F^{(n-1)}(a)$を求めると，次のようにすべて0となることが確認できます．

$$F(a)=F^{(1)}(a)=F^{(2)}(a)=\cdots=F^{(n-1)}(a)=0$$

また，$F(x)$をn回微分すると次のようになります．

$$\begin{aligned}\frac{d^n}{dx^n}F(x)&=\frac{d^n}{dx^n}\left[f(x)-\left\{f(a)+\frac{1}{1!}f^{(1)}(a)(x-a)+\cdots+\frac{1}{(n-1)}f^{(n-1)}(a)(x-a)^{n-1}\right\}\right]\\&=f^{(n)}(x)-\{0+0+\cdots+0\}\\&=f^{(n)}(x)\end{aligned}$$

(ii) 新しい関数$G(x)$の定義と，その導関数の確認

新しく，次式で表される"関数$G(x)$"を用意します．

$$G(x)=(x-a)^n$$

この関数$G(x)$の1階からn階の導関数を求めると，次のようになります．

$$\begin{aligned}G^{(1)}(x)&=n(x-a)^{n-1}\\G^{(2)}(x)&=n\cdot(n-1)\cdot(x-a)^{n-2}\\G^{(3)}(x)&=n\cdot(n-1)\cdot(n-2)\cdot(x-a)^{n-3}\\&\ \ \vdots\\G^{(n-1)}(x)&=n\cdot(n-1)\cdot(n-2)\cdots3\cdot2\cdot(x-a)\\G^{(n)}(x)&=n\cdot(n-1)\cdot(n-2)\cdots3\cdot2\cdot1=n!\end{aligned}$$

上式より，$x=a$における各関数の値として次式が得られます．

$$G(a)=G^{(1)}(a)=G^{(2)}(a)=\cdots=G^{(n-1)}(a)=0$$

(iii) 剰余項R_nの導出

以上でテイラーの定理を証明する準備が整いました．ここまで考えてきた関数$F(x)$および$G(x)$は$a \leq x \leq b$の範囲でn階微分可能です．微分可能ということは，連続でもあります．よって「コーシーの平均値の定理」より，次式を満たす定数“x_1”が$a<x_1<x$の範囲に少なくとも1つは存在します．

$$\frac{F(x)-F(a)}{G(x)-G(a)}=\frac{F^{(1)}(x_1)}{G^{(1)}(x_1)}$$

ここで，前に確認したとおり“$F(a)=G(a)=0$”が成り立ちますから，次式が得られます．

$$\frac{F(x)}{G(x)}=\frac{F^{(1)}(x_1)}{G^{(1)}(x_1)}$$

さらに，$F^{(1)}(x)$および$G^{(1)}(x)$について再び「コーシーの平均値の定理」を適用すると，次式を満たす定数“x_2”が$a<x_2<x_1<x$の範囲に少なくとも1つは存在します．

$$\frac{F^{(1)}(x_1)-F^{(1)}(a)}{G^{(1)}(x_1)-G^{(1)}(a)}=\frac{F^{(2)}(x_2)}{G^{(2)}(x_2)}$$

上式において“$F^{(1)}(a)=G^{(1)}(a)=0$”ですから，前の結果と合わせると次式が得られます．

$$\frac{F(x)}{G(x)}=\frac{F^{(1)}(x_1)}{G^{(1)}(x_1)}=\frac{F^{(2)}(x_2)}{G^{(2)}(x_2)}$$

COLUMN 19

ロピタルの定理(∞/∞形)

“∞/∞”形の不定形の極限値を求めるために使用できる，ロピタルの定理もあります．すぐにこの定理を使うことはありませんが，紹介だけしておきます．

関数$f(x)$および$g(x)$は$x=a$の十分近くで微分可能だとする．ただし$x=a$の点において微分可能である必要はない．また，$x \to a$のとき$f(x) \to \infty$および$g(x) \to \infty$が成り立つとする．このとき，$x \to a$に対して$f'(x)/g'(x)$が何らかの極限値をもつならば，次式が成り立つ．

$$\lim_{x \to a}\frac{f(x)}{g(x)}=\lim_{x \to a}\frac{f'(x)}{g'(x)}$$

この定理をきちんと証明するには，「ε論法」を使う必要があります．そのため，ここでは証明を省略し，事実を示すだけに留めます．

以上の議論を繰り返すと，$a<x_n<x_{n-1}<x_{n-2}<\cdots<x_3<x_2<x_1<x$を満たす各定数“$x_k$”に対して，次式が成り立ちます．

$$\frac{F(x)}{G(x)}=\frac{F^{(1)}(x_1)}{G^{(1)}(x_1)}=\frac{F^{(2)}(x_2)}{G^{(2)}(x_2)}=\frac{F^{(3)}(x_3)}{G^{(3)}(x_3)}=\cdots=\frac{F^{(n-1)}(x_{n-1})}{G^{(n-1)}(x_{n-1})}=\frac{F^{(n)}(x_n)}{G^{(n)}(x_n)}$$

上式の最左辺と最右辺に注目すると，次式が得られます．

$$F(x)=\frac{F^{(n)}(x_n)}{G^{(n)}(x_n)}\cdot G(x)$$

前に確認したとおり$G(x)=(x-a)^n$，$F^{(n)}(x_n)=f^{(n)}(x_n)$，$G^{(n)}(x_n)=n!$でしたから，関数$F(x)$を次のように表すことができます．

$$F(x)=\frac{1}{n!}f^{(n)}(x_n)(x-a)^n$$

もともと関数$F(x)$は「関数$f(x)$と，それを近似した$(n-1)$次多項式関数との差」を表しているのでした．よって，元の関数$f(x)$は次のように表すことができます．

$$f(x)=\sum_{k=0}^{n-1}\frac{1}{k!}f^{(k)}(a)(x-a)^k+F(x)=\sum_{k=0}^{n-1}\frac{1}{k!}f^{(k)}(a)(x-a)^k+\frac{1}{n!}f^{(n)}(x_n)(x-a)^n$$

上式における定数x_nは，これまでの導出過程で確認したとおり$a<x_n<x$を満たします．以上で，テイラーの定理を証明できました．

6.2.8 テイラー展開

「テイラーの定理」より，関数$f(x)$を$x=a$を中心として近似した$(n-1)$次の多項式関数は，元の関数$f(x)$との誤差として剰余項“R_n”をもちます．

$$f(x)=f(a)+\frac{1}{1!}f^{(1)}(a)(x-a)+\frac{1}{2!}f^{(2)}(a)(x-a)^2+\cdots$$
$$+\frac{1}{(n-1)!}f^{(n-1)}(a)(x-a)^{n-1}+R_n$$

ただし，$R_n=\dfrac{1}{n!}f^{(n)}(c)(x-a)^n \qquad (a<c<x)$

一般的に，近似多項式関数の次数nを大きくすれば「近似の精度」が良くなります．特に，$n\to\infty$の極限において剰余項R_nが$R_n\to 0$となるならば，近似多項式と元の関数$f(x)$との「誤差がなくなる」ことになります．すなわち，関数$f(x)$を「無限に続く多項式関数」として表現できます．

$$
\begin{aligned}
f(x) &= f(a) + \frac{1}{1!} f^{(1)}(a)(x-a) + \frac{1}{2!} f^{(2)}(a)(x-a)^2 + \frac{1}{3!} f^{(3)}(a)(x-a)^3 + \cdots \\
&= \sum_{k=0}^{\infty} \frac{1}{k!} f^{(k)}(a)(x-a)^k
\end{aligned}
$$

上式のように関数$f(x)$を無限に続く多項式関数で表すことを，$x=a$を中心とした「**テイラー展開**」(Taylor expansion)といいます．また，テイラー展開によって得られる無限に続く多項式関数のことを「**テイラー級数**」(Taylor series)と呼びます．

6.2.9　マクローリン展開

テイラー展開は，関数$f(x)$のことを$x=a$を中心として無限に続く多項式関数で近似する操作でした．特に，$x=0$の点を中心としてテイラー展開することを「**マクローリン展開**」(Maclaurin expansion)といいます．マクローリン展開の式は，単純にテイラー展開において$a=0$を代入すれば得られます．

$$
\begin{aligned}
f(x) &= f(0) + \frac{1}{1!} f^{(1)}(0)x + \frac{1}{2!} f^{(2)}(0)x^2 + \frac{1}{3!} f^{(3)}(0)x^3 + \cdots \\
&= \sum_{k=0}^{\infty} \frac{1}{k!} f^{(k)}(0)x^k
\end{aligned}
$$

マクローリン展開は，後で「オイラーの公式」を導出するときに重要な役割を果たします．

6.3　いろいろな関数のマクローリン展開

6.3.1　$x^n/n! \to 0\ (n \to \infty)$の証明

これから，いくつかの代表的な関数を実際にマクローリン展開してみます．関数$f(x)$がマクローリン展開可能であるか否かを調べるには，剰余項R_nが$n\to\infty$の極限で$R_n\to 0$となることを確認すればよいのでした．本節では，剰余項を評価する際に次式の極限計算をよく利用します．

$$
\lim_{n\to\infty} \frac{x^n}{n!} = 0
$$

ここでは，今後のマクローリン展開の議論をスムーズに進めるために，あらかじめ上式が成り立つことを確認しておきます．

まず，上式においてxは有限の値であるとします．すなわち，xよりも十分に大きな値“M”を，次式が成り立つように定めることができます．

$$
|x| < M
$$

上式を用いて“$x^n/n!$”の大きさを評価すると，次のようになります．

$$\left|\frac{x^n}{n!}\right| < \frac{M^n}{n!}$$

さらに新しい定数“k”を用意し，“$2M<k$”が成り立つようにkを十分に大きな値として定めます．このとき，“$M/k<1/2$”が成り立ちます．

また，いま考えたいのは$n\to\infty$における極限値なので，nの値は十分に大きいものとして扱えます．ここでは“$k<n$”を満たすようにnの大きさを定めます．すると当然“$k!<n!$”が成り立ちますから，“$M^n/n!$”の大きさを次のように評価することができます．

$$\frac{M^n}{n!} = \frac{M^k}{k!}\cdot\frac{M}{k+1}\cdot\frac{M}{k+2}\cdot\frac{M}{k+3}\cdots\frac{M}{n-1}\cdot\frac{M}{n} < \frac{M^k}{k!}\cdot\frac{1}{2}\cdot\frac{1}{2}\cdot\frac{1}{2}\cdots\frac{1}{2}\cdot\frac{1}{2} = \frac{M^k}{k!}\cdot\left(\frac{1}{2}\right)^{n-k}$$

上式より，次式が得られます．

$$\left|\frac{x^n}{n!}\right| < \frac{M^n}{n!} < \frac{M^k}{k!}\cdot\left(\frac{1}{2}\right)^{n-k}$$

ここで，Mおよびkは定数でしたから，$n\to\infty$の極限に関して次式が成り立ちます．

$$\lim_{n\to\infty}\frac{M^n}{k!}\cdot\left(\frac{1}{2}\right)^{n-k} = 0$$

上式と「はさみうちの原理」より次式が得られます．

$$\lim_{n\to\infty}\frac{x^n}{n!} = 0$$

上式は，$|x|<\infty$を満たすいかなるxに対しても成り立ちます．

6.3.2 $f(x)=\sin(x)$のマクローリン展開

$f(x)=\sin(x)$をマクローリン展開してみましょう．$f(x)=\sin(x)$を微分して得られる導関数は，次のように$\pm\sin(x)$もしくは$\pm\cos(x)$のいずれかとなります．

$$\begin{aligned}
f^{(1)}(x) &= \cos(x) \\
f^{(2)}(x) &= -\sin(x) \\
f^{(3)}(x) &= -\cos(x) \\
f^{(4)}(x) &= \sin(x) \\
&\vdots
\end{aligned}$$

4階の導関数は$f^{(4)}(x)=\sin(x)$なので，これ以降の導関数は上記の繰り返しとなります．よって，任意のnに対して次式が成り立ちます．

$$|f^{(n)}(x)| \le 1$$

上式より，$f(x)=\sin(x)$を$(n-1)$次多項式で近似したときの剰余項R_nを次のように評価できます．ただし，定数cは0とxの間の値です．

$$|R_n| = \left|\frac{1}{n!} f^{(n)}(c) x^n\right| \leq \left|\frac{x^n}{n!}\right|$$

先ほど証明したとおり，上式の値はいかなる $|x| < \infty$ に対しても $n \to \infty$ の極限で0に収束します．よって，次式が得られます．

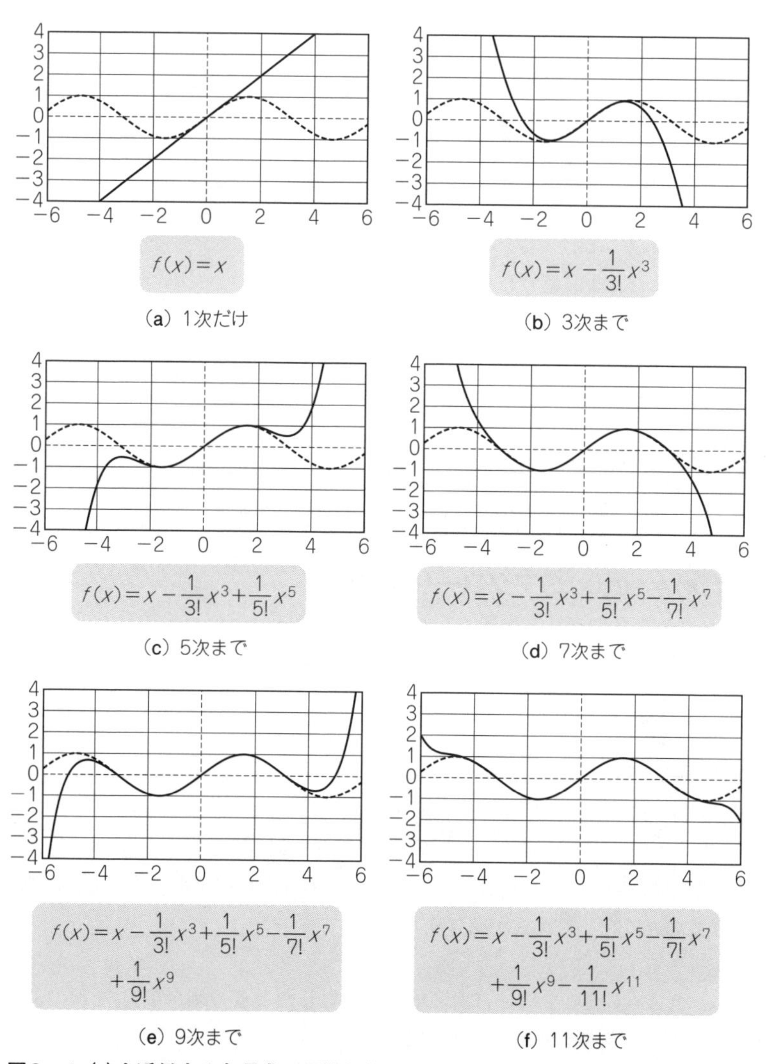

図8　sin(x)を近似する多項式の項数を増やしていったときの様子

$$\lim_{n \to \infty} R_n = 0$$

上式より，$f(x) = \sin(x)$はマクローリン展開可能であることがわかりました．すなわち，$\sin(x)$を無限次の多項式関数で近似したものは，元の$\sin(x)$と完全に一致します．

$f(x) = \sin(x)$をマクローリン展開したときの各係数を求めます．$f(0)$，$f^{(1)}(0)$，$f^{(2)}(0)$，…の値を計算すると次のようになります．

$$\begin{aligned} &f(0) = \sin(0) = 0 \\ &f^{(1)}(0) = \cos(0) = 1 \\ &f^{(2)}(0) = -\sin(0) = 0 \\ &f^{(3)}(0) = -\cos(0) = -1 \\ &f^{(4)}(0) = \sin(0) = 0 \\ &\quad\vdots \end{aligned}$$

以上のことから，$f(x) = \sin(x)$のマクローリン展開は次のようになります．

$$\sin(x) = \frac{1}{1!}x - \frac{1}{3!}x^3 + \frac{1}{5!}x^5 - \frac{1}{7!}x^7 + \frac{1}{9!}x^9 \cdots = \sum_{k=0}^{\infty} \frac{(-1)^k}{(2k+1)!}x^{2k+1}$$

上式の多項式関数の項数を徐々に増やしていったときのグラフを**図8**に示します．項数を増やすほど$\sin(x)$に近づいていく様子がわかります．

さらに項数を増やしてx^{59}の項までの多項式関数のグラフを描くと，**図9**のようになります．少なくとも$-6 \leq x \leq 6$の範囲では$\sin(x)$とほとんど一致したグラフになっています．

なお，$f(x) = \sin(x)$は周期関数なので，$\sin(x)$の数値表(テーブル)を作りたい場合は$0 \leq x \leq \pi/2$の値さえわかれば，それを全範囲に拡張することができます．よって，x^{11}の項までの近似多項式でも，それなりに良い精度の近似値テーブルが得られると考えられます．実際に$\sin(x)$を近似するために使う多項式の項数は，必要な精度に合わせて加減します．

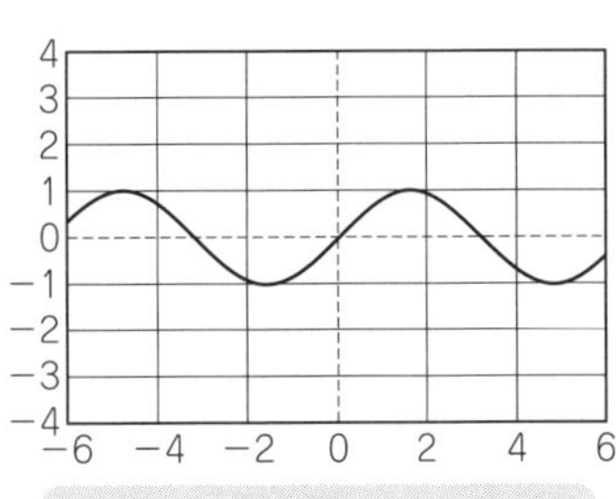

図9 $\sin(x)$をx^{59}の項まで含む多項式関数で近似した場合のグラフ

6.3.3 $f(x) = \cos(x)$のマクローリン展開

$\sin(x)$に続いて，$f(x) = \cos(x)$のマクローリン展開を実行してみましょう．$\cos(x)$を何回か微分して得られる導関数は，すべて$\pm\sin(x)$もしくは$\pm\cos(x)$となります．よって任意のnに対して関数$f(x) = \cos(x)$の導関数は次式を満たします．

$$|f^{(n)}(x)| \leq 1$$

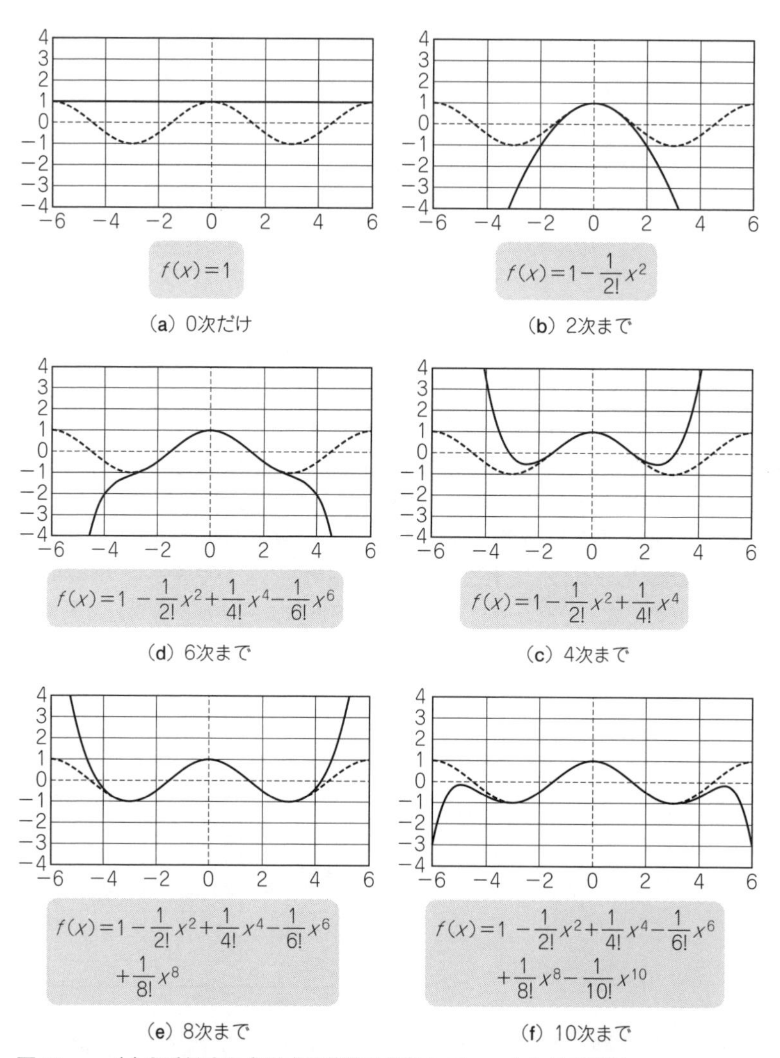

図10 cos(x)を近似する多項式の項数を増やしていったときの様子

上式より，$f=\cos(x)$ を $(n-1)$ 次多項式関数で近似した場合の剰余項 R_n は，次のように評価できます．ただし，定数 c は0と x の間に存在します．

$$|R_n| = \left|\frac{1}{n!}f^{(n)}(c)x^n\right| \leq \left|\frac{x^n}{n!}\right|$$

前に確認したとおり，任意の $|x|<\infty$ に対して $n \to \infty$ のときに $x^n/n! \to 0$ が成り立つので，次式が得られます．

$$\lim_{n\to\infty} R_n = 0$$

上式より，$f(x)=\cos(x)$ はマクローリン展開可能であることが確認できました．

$f(x)=\cos(x)$ をマクローリン展開したときの各係数を求めるために，$f(0)$，$f^{(1)}(0)$，$f^{(2)}(0)$，…の値を求めます．

$$\begin{aligned}
&f(0) = \cos(0) = 1\\
&f^{(1)}(0) = -\sin(0) = 0\\
&f^{(2)} = -\cos(0) = -1\\
&f^{(3)}(0) = \sin(0) = 0\\
&f^{(4)}(0) = \cos(0) = 1\\
&\qquad\vdots
\end{aligned}$$

$f^{(4)}(x)=\cos(x)$ なので，4階以上の導関数については上記と同じ流れの繰り返しになります．よって，$f(x)=\cos(x)$ のマクローリン展開は次のようになります．

$$\cos(x) = 1 - \frac{1}{2!}x^2 + \frac{1}{4!}x^4 - \frac{1}{6!}x^6 + \frac{1}{8!}x^8 \cdots = \sum_{k=0}^{\infty}\frac{(-1)^k}{(2k)!}x^{2k}$$

上式に基づいて近似多項式関数の項数を増やしていくと，**図10**のように徐々に $\cos(x)$ に近づいていくことがわかります．

さらに項数を増やして x^{58} の項まで含む多項式を使うと，**図11**のグラフが得られます．少なくとも $-6 \leq x \leq 6$ の範囲ではほぼ $\cos(x)$ と一致していることがわかります．

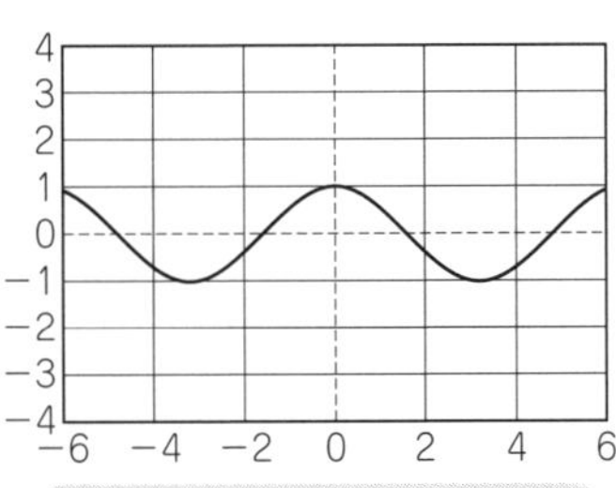

図11　$\cos(x)$ を x^{58} の項までを含む多項式関数で近似した場合のグラフ

$$f(x) = 1 - \frac{1}{2!}x^2 + \cdots - \frac{1}{58!}x^{58}$$

6.3.4　$f(x)=e^x$のマクローリン展開

指数関数$f(x)=e^x$のマクローリン展開を実行します．$f(x)=e^x$は何回微分しても“e^x”となるので，この関数を$(n-1)$次の多項式で近似したときの剰余項R_nは，次式で与えられます．ただし，cは0とxの間の定数です．

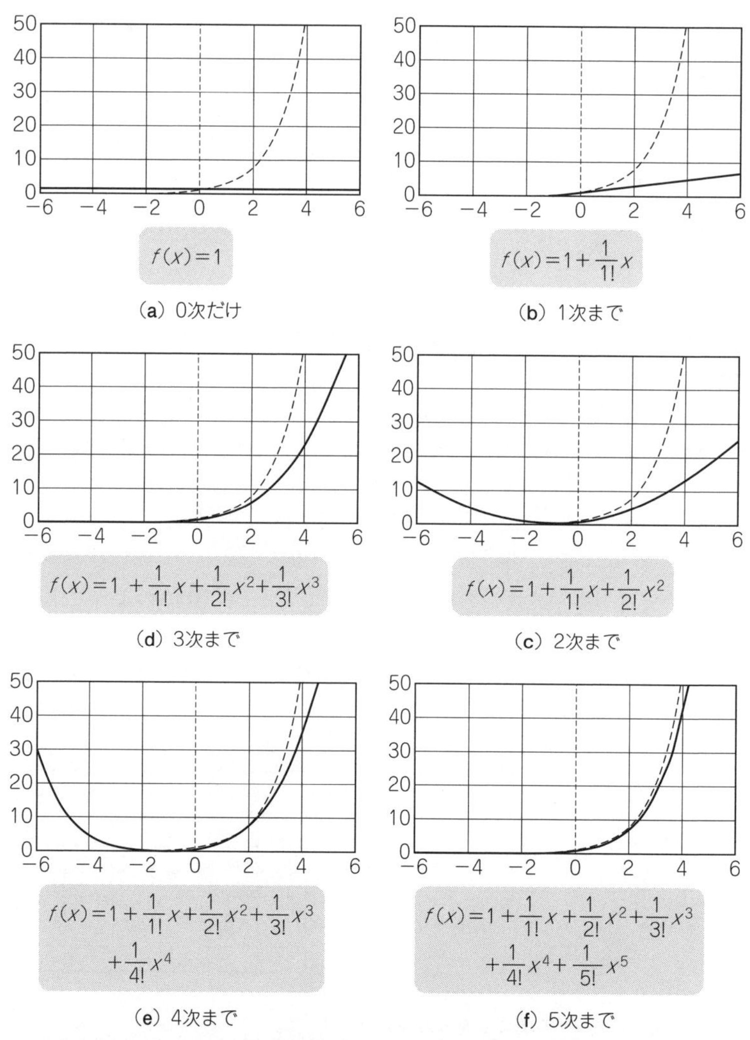

図12　e^xを近似する多項式の項数を増やしていったときの様子

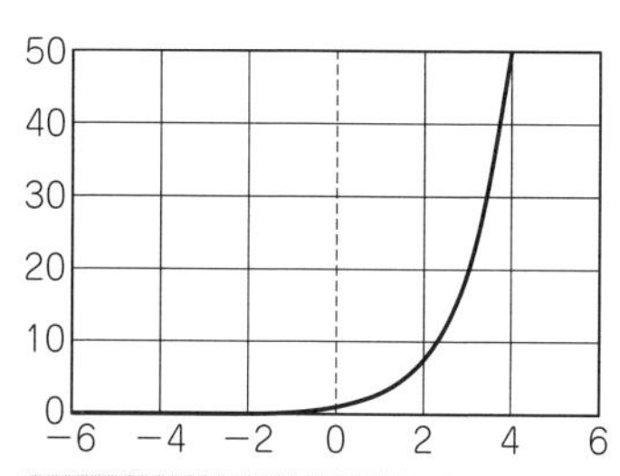

図13 e^x を x^{30} の項までを含む多項式関数で近似した場合のグラフ

$$f(x)=1+\frac{1}{1!}x+\frac{1}{2!}x^2+\cdots+\frac{1}{30!}x^{30}$$

$$R_n=\frac{1}{n!}f^{(n)}(c)x^n=\frac{1}{n!}e^c x^n$$

上式において“e^c”は定数なので，前に確認した“$x^n/n!\to 0\,(n\to\infty)$”と合わせて次式が得られます．

$$\lim_{n\to\infty}R_n=e^c\lim_{n\to\infty}\frac{x^n}{n!}=e^c\cdot 0=0$$

上式より $f(x)=e^x$ は $|x|<\infty$ の範囲でマクローリン展開可能であることがわかります．

それでは，実際にマクローリン展開したときの係数を求めるために $f(0)$，$f^{(1)}(0)$，$f^{(2)}(0)$，…の値を求めます．

$$\begin{aligned}
&f(0)=e^0=1\\
&f^{(1)}(0)=e^0=1\\
&f^{(2)}(0)=e^0=1\\
&\quad\vdots
\end{aligned}$$

上式より，$f(x)=e^x$ のマクローリン展開は次のようになります．

$$e^x=1+\frac{1}{1!}x+\frac{1}{2!}x^2+\frac{1}{3!}x^3+\frac{1}{4!}x^4+\frac{1}{5!}x^5+\cdots=\sum_{k=0}^{\infty}\frac{1}{k!}x^k$$

上式に基づいて近似多項式の項数を増やしていった場合のグラフを，**図12**に示します．徐々に指数関数の形に近づいていくことが確認できます．

項数を増やし，x^{30} の項まで追加した多項式のグラフは**図13**のようになります．$-6\leq x\leq 6$ の範囲ではほぼ指数関数 $f=e^x$ と一致していることがわかります．

6.4 複素数

6.4.1 虚数単位

本節では，「オイラーの公式」を作る準備として「複素数」を導入します．

まず，次式を満たす新しい数"j"を考えます．

$$j^2=-1$$

上式を満たすjは「**虚数単位**」(imaginary unit)と呼ばれます．今後"j"という文字を使った場合は，特に断らないかぎり上式の虚数単位を指すものとします．

実数の範囲で考えているかぎり，「2乗して負になる数」というものは存在しません．上式を満たすjは，実数とは異なる「新しい数」であると考えられます．

なお，数学の分野では虚数単位を表すために"i"(imaginary unitの頭文字)を使用します．電気系では"i"といえば「電流」を表す文字なので，混同を防ぐために虚数単位として"j"を使うのが慣習となっています．

6.4.2　複素数

実数aおよびbを用いて，次のような数zを作ります．

$$z=a+jb$$

上式で表されるような数を「**複素数**」(complex number)といいます．aのことを複素数の「**実部**」(real part)，bのことを複素数の「**虚部**」(imaginary part)といいます．特に，実部が0であるような数"jb"のことを「**純虚数**」(pure imaginary number)といいます．なお，ただの「実数a」も複素数の1つであると言えます．

複素数の実部を取り出す場合は"Re［　］"という記号を使います．また，虚部を取り出す場合は"Im［　］"という記号を使います．複素数$z=a+jb$に対してこれらの記号を使うと，次のようになります．

$$\mathrm{Re}[z]=\mathrm{Re}[a+jb]=a$$
$$\mathrm{Im}[z]=\mathrm{Im}[a+jb]=b$$

また，複素数の虚部の符号を反転させたものを，元の複素数の「**複素共役**」(complex conjugate)といいます．共役は「きょうやく」と読みます．複素数zに対する複素共役は，上付きのアスタリスク"＊"を付けて"z^*"と表記します．

$$z=a+jb$$
$$z^*=a-jb$$

6.4.3　複素平面

座標平面の横軸で複素数の実部を表し，縦軸で虚部を表したものを「**複素平面**」(complex plane)もしくは「**ガウス平面**」(Gaussian plane)といいます．複素平面の横軸は「**実軸**」(real axis)と呼ばれ，縦軸は「**虚軸**」(imaginary axis)と呼ばれます．一般的に実軸には"Re"，虚軸には"Im"と書きます．

図14は複素数$z=a+jb$を複素平面上にプロットした様子を表しています．また，成分が

COLUMN 20

近似式"$(1+x)^a \approx 1+ax$"

次式は，工学の分野でよく用いられる近似式です．xが十分に小さい範囲で有効です．

$$(1+x)^a \approx 1+ax$$

上式は関数$f(x)=(1+x)^a$のマクローリン展開から得られます．このことを確認してみましょう．まず，この関数$f(x)$の導関数は次のように求められます．

$$f^{(1)}(x)=a(1+x)^{a-1}$$
$$f^{(2)}(x)=a\cdot(a-1)\cdot(1+x)^{a-2}$$
$$f^{(3)}(x)=a\cdot(a-1)\cdot(a-2)\cdot(1+x)^{a-3}$$
$$\vdots$$

上式より，$f(0)$，$f^{(1)}(0)$，$f^{(2)}(0)$，…の値を次のように求められます．

$$f(0)=1$$
$$f^{(1)}(0)=a$$
$$f^{(2)}(0)=a(a-1)$$
$$f^{(3)}(0)=a(a-1)(a-2)$$
$$\vdots$$

上式より，$f(x)=(1+x)^a$のマクローリン展開は次式のようになります．

$$(1+x)^a=1+\frac{1}{1!}ax+\frac{1}{2!}a(a-1)x^2+\frac{1}{3!}a(a-1)(a-2)x^3\cdots$$

上式を第2項で打ち切ったのが"$(1+x)^a \approx 1+ax$"という近似式です．これは$(1+x)^a$の「1次近似」(線形近似)であり，かなり粗い近似です．しかし，近似の中心である$x=0$の周辺すなわち「xが十分に小さい範囲内」では，それなりに実用的な精度が得られます．

ここで紹介したマクローリン級数の値が収束するのは，変数xが"$-1<x<1$"の範囲に限られます．このようにマクローリン級数が収束するxの値の範囲のことを「収束半径」といいます．この収束半径は，本書外ですが「複素関数論」の解説のときに出てくる「ダランベールの判定法」によって得られます．オイラーの公式を示すうえでこの近似式は使わないので，ここでは証明を省いて上記の事実を示すにとどめます．

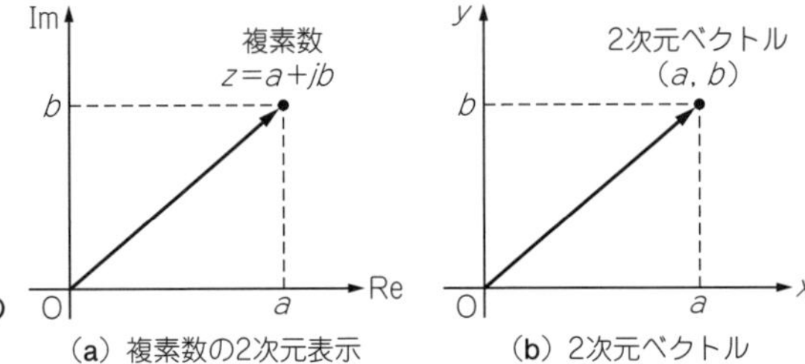

図14 複素数と2次元ベクトルの類似性

$(a,\ b)$である2次元ベクトルも並べて示しています．複素数の実部と虚部は完全に独立しており，これは2次元ベクトルのx成分とy成分が独立していることとよく似ています．実際に複素数は2次元ベクトルと非常に相性が良いので，複素数の演算を複素平面上の図形的な(幾何学的な)問題に置き換えて考えることができます．

例として，虚数単位“j”を何度も掛け算する次のような計算を考えます．

$$j^1 = j$$
$$j^2 = -1$$
$$j^3 = -j$$
$$j^4 = 1$$
$$j^5 = j$$
$$\vdots$$

上記の計算を複素平面上で表すと，**図15**のようになります．この図より，jを1回掛け算する操作は「複素平面上で90度($\pi/2$)だけ左回りに回転させる操作」に相当することがわかります．複素平面を使うと複素数の計算を直感的にとらえることができます．

複素数を用いた関数の微分や積分を考える数学の分野を「複素解析」もしくは「複素関数論」といいますが，この分野を学ぶと複素平面上で表現される複素数や複素関数の性質が，いかに人間の感覚と合っているかを実感できます．電気工学をはじめとした工学の諸分野で複素数が大活躍しているのは，複素数が「設計者の感覚と数学の世界を結び付ける道具」として非常に優秀だからです．

6.4.4 複素数の極座標表現

複素数$z=a+jb$を複素平面上に表すときは，横軸に実部の値をとり，縦軸に虚部の値をとりました．これはいわゆる「**直交座標**」(Cartesian coordinates)を利用した表現方法です．これに対して，**図16**のように複素数zを「原点からの距離$|z|$」と「実軸となす角度θ」によって表現することもできます．これは，複素数を「**極座標**」(polar coordinates)で表現していることに相当します．

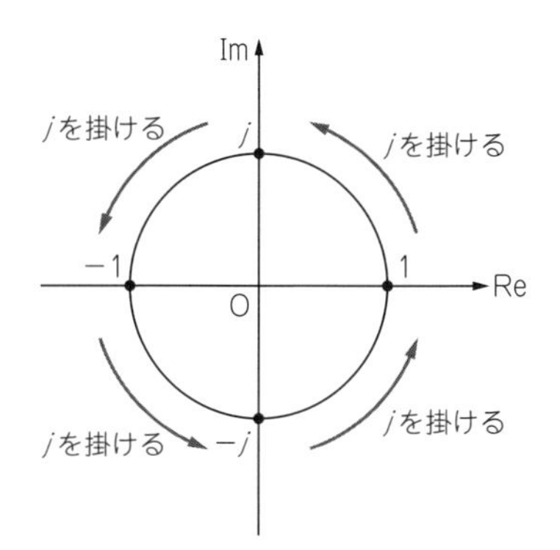

図15 jを掛け算することは，複素平面上で90度左回りに回転させる操作に相当する

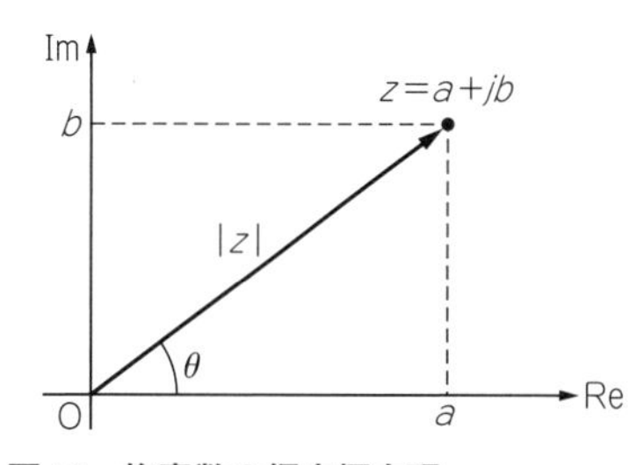

図16 複素数の極座標表現

複素数$z=a+jb$を絶対値$|z|$と偏角θで表す

原点と複素数zで表される点との距離のことを，複素数zの「**絶対値**」(absolute value)といい，$|z|$で表します．絶対値$|z|$は三平方の定理を用いて次のように得られます．

$$|z|=\sqrt{a^2+b^2}$$

なお，絶対値$|z|$は複素数zの複素共役z^*を用いて“$\sqrt{z\cdot z^*}$”と表せます．これは次の計算によって確認できます．

$$\sqrt{z\cdot z^*}=\sqrt{(a+jb)(a-jb)}=\sqrt{a^2+b^2}=|z|$$

また，複素数zを指すベクトルと複素平面の実軸がなす角のことを「**偏角**」(angle)といいます．偏角θは，逆三角関数$\tan^{-1}(x)$を用いて次のように表せます．

$$\theta=\tan^{-1}\left(\frac{b}{a}\right)$$

上式は，**図16**において“$\tan(\theta)=b/a$”であることを考えれば納得できると思います．

先に複素数zの絶対値$|z|$および偏角θが与えられている場合は，zの実部と虚部を次のように表すことができます．これは，**図16**に対して sin および cos の定義を適用すればただちに得られます．

$$z=|z|\cos(\theta)+j|z|\sin(\theta)$$

6.4.5 複素数の四則演算

複素数の四則演算について確認します．なお，以下で扱う複素数z_1およびz_2を次のように定めます．

$$z_1=x_1+jy_1$$
$$z_2=x_2+jy_2$$

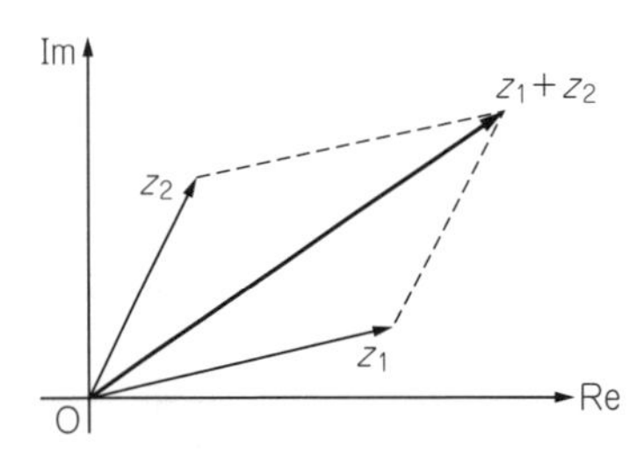

図17　複素数z_1とz_2の和"z_1+z_2"の計算
ベクトルの和としてイメージできる

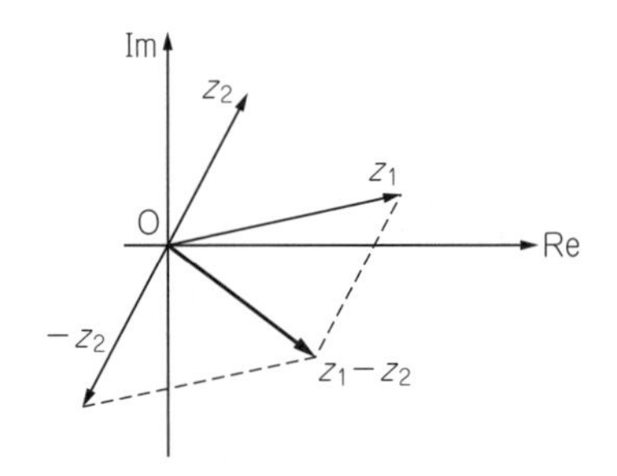

図18　複素数z_1とz_2の差"z_1-z_2"の計算
ベクトルの差としてイメージできる

▶和

複素数どうしの和は，実部および虚部それぞれの足し算となります．

$$z_1+z_2=(x_1+jy_1)+(x_2+jy_2)=(x_1+x_2)+j(y_1+y_2)$$

上式の計算を複素平面上で表すと，**図17**のようになります．これは，2つのベクトルの和と同様のイメージでとらえることができます．

▶差

複素数どうしの差は，実部および虚部それぞれの引き算となります．

$$z_1-z_2=(x_1+jy_1)-(x_2+jy_2)=(x_1-x_2)+j(y_1-y_2)$$

上式の計算を複素平面上で表すと，**図18**のようになります．これは，2つのベクトルの差と同様のイメージでとらえることができます．

▶積

複素数どうしの積は，次のように通常の展開規則に従って計算します．

$$\begin{aligned}z_1z_2&=(x_1+jy_1)(x_2+jy_2)=x_1x_2+jx_1y_2+jy_1x_2-y_1y_2\\&=(x_1x_2-y_1y_2)+j(x_1y_2+y_1x_2)\end{aligned}$$

ここで，積z_1z_2を求める計算を複素平面上で図形的に理解するために，z_1およびz_2を極形式で表現しておきます．z_1の絶対値を$|z_1|$，偏角をθ_1とし，またz_2の絶対値を$|z_2|$，偏角をθ_2とします．

$$\begin{aligned}z_1&=|z_1|\cos(\theta_1)+j|z_1|\sin(\theta_1)\\z_2&=|z_2|\cos(\theta_2)+j|z_2|\sin(\theta_2)\end{aligned}$$

上式を利用して積z_1z_2を計算します．

$$\begin{aligned}z_1z_2&=\{|z_1|\cos(\theta_1)+j|z_1|\sin(\theta_1)\}\cdot\{|z_2|\cos(\theta_2)+j|z_2|\sin(\theta_2)\}\\&=|z_1||z_2|\{\cos(\theta_1)\cos(\theta_2)-\sin(\theta_1)\sin(\theta_2)\}\\&\quad+j|z_1||z_2|\{\sin(\theta_1)\cos(\theta_2)+\cos(\theta_1)\sin(\theta_2)\}\end{aligned}$$

ここで，cosおよびsinの加法定理を思い出します．

$$\cos(\theta_1)\cos(\theta_2)-\sin(\theta_1)\sin(\theta_2)=\cos(\theta_1+\theta_2)$$
$$\sin(\theta_1)\cos(\theta_2)+\cos(\theta_1)\sin(\theta_2)=\sin(\theta_1+\theta_2)$$

上式より，積z_1z_2の式は次のように表現できます．

$$z_1z_2=|z_1||z_2|\cos(\theta_1+\theta_2)+j|z_1||z_2|\sin(\theta_1+\theta_2)$$

以上のことから，2つの複素数の積z_1z_2の絶対値は2つの複素数の絶対値の積$|z_1||z_2|$であり，偏角は2つの複素数の偏角の和$\theta_1+\theta_2$となることがわかりました．これを複素平面上で表すと，**図19**のようになります．

▶商

複素数どうしの商は，そのまま分数として次のように表すことができます．

$$\frac{z_1}{z_2}=\frac{x_1+jy_1}{x_2+jy_2}$$

なお，次のように分母および分子に分母の複素共役z^*を掛け算すれば，「分母の実数化」を行うことができます．

$$\frac{x_1+jy_1}{x_2+jy_2}=\frac{(x_1+jy_1)(x_2-jy_2)}{(x_2+jy_2)(x_2-jy_2)}=\frac{(x_1x_2+y_1y_2)+j(y_1x_2-x_1y_2)}{x_2^2+y_2^2}$$

複素数の商z_1/z_2を極形式で考えると，以下のようになります．

$$\frac{z_1}{z_2}=\frac{|z_1|\{\cos(\theta_1)+j\sin(\theta_1)\}}{|z_2|\{\cos(\theta_2)+j\sin(\theta_2)\}}$$
$$=\frac{|z_1|}{|z_2|}\cdot\frac{\{\cos(\theta_1)+j\sin(\theta_1)\}\cdot\{\cos(\theta_2)-j\sin(\theta_2)\}}{\{\cos(\theta_2)+j\sin(\theta_2)\}\cdot\{\cos(\theta_2)-j\sin(\theta_2)\}}$$
$$=\frac{|z_1|}{|z_2|}\cdot\frac{\{\cos(\theta_1)\cos(\theta_2)+\sin(\theta_1)\sin(\theta_2)\}+j\{\sin(\theta_1)\cos(\theta_2)-\cos(\theta_1)\sin(\theta_2)\}}{\cos^2(\theta_2)+\sin^2(\theta_2)}$$

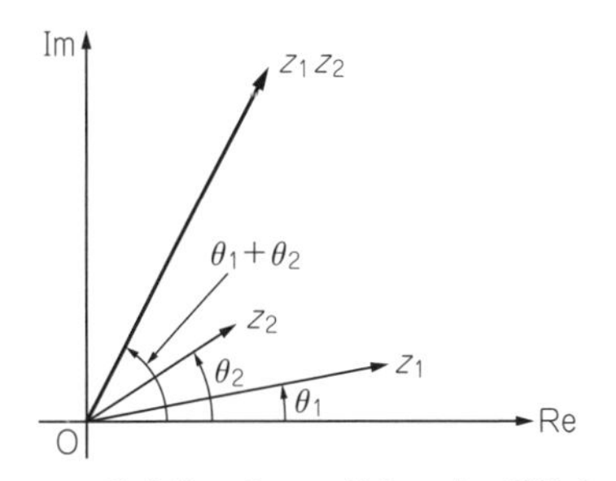

図19 複素数z_1とz_2の積“z_1z_2”の計算を，複素平面上で考える

これは，複素平面上のベクトルを回転させて長さを伸縮させる操作としてイメージできる

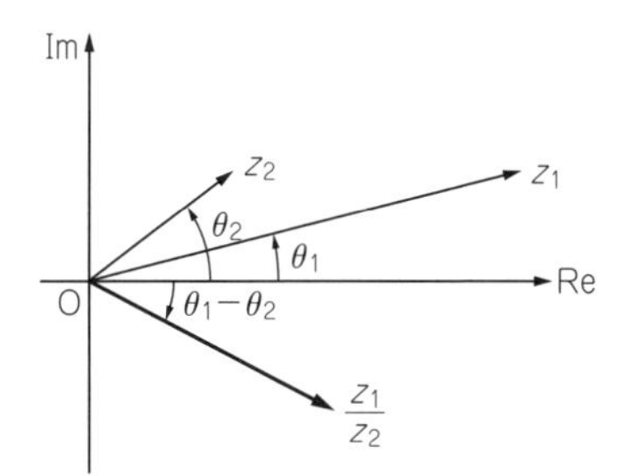

図20 複素数z_1とz_2の商“z_1/z_2”の計算を複素平面で考える

積の場合と同様に，ベクトルを回転させて長さを伸縮させる操作としてイメージできる

ここで，三角関数の定義および加法定理より，次式が成り立ちます．

$$\cos^2(\theta_2)+\sin^2(\theta_2)=1$$
$$\cos(\theta_1)\cos(\theta_2)+\sin(\theta_1)\sin(\theta_2)=\cos(\theta_1-\theta_2)$$
$$\sin(\theta_1)\cos(\theta_2)-\cos(\theta_1)\sin(\theta_2)=\sin(\theta_1-\theta_2)$$

上式より，商z_1/z_2は次のように表されます．

$$\frac{z_1}{z_2}=\frac{|z_1|}{|z_2|}\cos(\theta_1-\theta_2)+j\frac{|z_1|}{|z_2|}\sin(\theta_1-\theta_2)$$

以上のことから，商z_1/z_2の絶対値は$|z_1|/|z_2|$となり，また偏角は2つの複素数の偏角の差$\theta_1-\theta_2$となることがわかりました．これを複素平面上で表すと**図20**のようになります．

6.5　オイラーの公式から導かれる複素正弦波

6.5.1　オイラーの公式を作る

本章の本題である「オイラーの公式」を導出します．まず，ここまで考えてきた$\sin(x)$，$\cos(x)$，e^xのマクローリン展開を並べて書いてみます．

$$\sin(x)=x-\frac{1}{3!}x^3+\frac{1}{5!}x^5-\frac{1}{7!}x^7+\frac{1}{9!}x^9\cdots$$
$$\cos(x)=1-\frac{1}{2!}x^2+\frac{1}{4!}x^4-\frac{1}{6!}x^6+\frac{1}{8!}x^8\cdots$$
$$e^x=1+\frac{1}{1!}x+\frac{1}{2!}x^2+\frac{1}{3!}x^3+\frac{1}{4!}x^4+\frac{1}{5!}x^5+\frac{1}{6!}x^6\cdots$$

上式において$\sin(x)$と$\cos(x)$をマクローリン展開した式の係数を合わせると，e^xをマクローリン展開した式の係数がすべて揃うように見えます．しかし，符号が異なる箇所もあるので，きれいに揃っているわけではありません．

ここで，形式的にe^xの指数部分を複素数(純虚数)“jx”に置き換えます．指数関数e^xのマクローリン展開を利用して“e^{jx}”を計算すると，次のように展開できます．

$$\begin{aligned}e^{jx}&=1+\frac{1}{1!}(jx)+\frac{1}{2!}(jx)^2+\frac{1}{3!}(jx)^3+\frac{1}{4!}(jx)^4+\frac{1}{5!}(jx)^5+\cdots\\&=1+j\frac{1}{1!}x-\frac{1}{2!}x^2-j\frac{1}{3!}x^3+\frac{1}{4!}x^4+j\frac{1}{5!}x^5+\cdots\\&=\left\{1-\frac{1}{2!}x^2+\frac{1}{4!}x^4\cdots\right\}+j\left\{x-\frac{1}{3!}x^3+\frac{1}{5!}x^5\cdots\right\}\\&=\cos(x)+j\sin(x)\end{aligned}$$

上式より，指数を“jx”とした指数関数e^{jx}は複素数となり，その実部は$\cos(x)$，虚部は

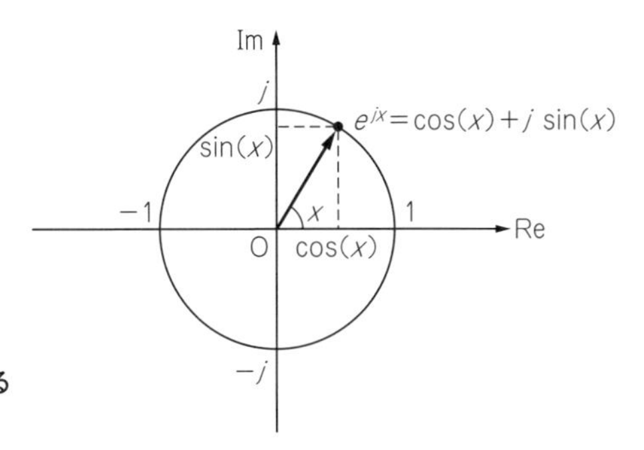

図21 e^{jx}は，複素平面における単位円上の1点を指す

$\sin(x)$となることがわかります．このことから，次の「**オイラーの公式**」(Euler's formula) が得られます．

$$e^{jx}=\cos(x)+j\sin(x)$$

*

オイラーの公式を導出するとき，指数関数の変数を複素数"jx"としました．もともと，指数関数$f(x)=e^x$は実数の範囲だけで定義されたものです．よって，変数を複素数の範囲まで拡張してもよいのか否か，本来ならばきちんと議論する必要があります．

今回の場合は，指数関数$f(x)=e^x$をマクローリン展開によって多項式関数の形に書き換えていました．この多項式関数は，四則演算だけで表現されています．複素数の四則演算はすでに定義していましたから，これを利用すれば「複素数の範囲まで拡張した指数関数e^z」を何の飛躍もなく導入できます．このように，実数の範囲だけで定義された関数を複素数の範囲まで拡張する作業は，テイラー展開を利用して行うことができます．この内容に関する詳しい説明は，「複素関数論」(本書外)で扱います．

6.5.2 オイラーの公式の解釈

オイラーの公式"$e^{jx}=\cos(x)+j\sin(x)$"に従って複素数e^{jx}を複素数平面にプロットすると，**図21**のようになります．

変数xに対するe^{jx}の実部の値は$\cos(x)$で，虚部の値は$\sin(x)$です．これを複素平面上で考えると，e^{jx}はちょうど「角度xで指定される単位円上の点」を表していることがわかります．すなわち，e^{jx}は絶対値が1で偏角がxの複素数です．xの値を変化させると，e^{jx}が表す点は単位円上をぐるぐると移動します．

6.5.3 e^{jx}と極形式

「オイラーの公式」を利用すると，絶対値が$|z_1|$で偏角がθ_1である複素数z_1は"$|z_1|\,e^{j\theta_1}$"と表せます．

$$z_1 = |z_1|\cos(\theta_1) + j|z_1|\sin(\theta_1) = |z_1|\{\cos(\theta_1) + j\sin(\theta_1)\} = |z_1|e^{j\theta_1}$$

同様に，絶対値が$|z_2|$で偏角がθ_2である複素数z_2は"$z_2 = |z_2|e^{j\theta_2}$"となります．ここで，指数関数の性質"$e^x e^y = e^{x+y}$"を利用して積$z_1 z_2$を計算してみます．

$$z_1 z_2 = |z_1|e^{j\theta_1} \cdot |z_2|e^{j\theta_2} = |z_1||z_2|e^{j(\theta_1 + \theta_2)}$$

上式の最右辺は，絶対値が$|z_1||z_2|$で偏角が$\theta_1 + \theta_2$である複素数を表しています．これは，前に複素数の積$z_1 z_2$を極形式で考えたときと同じ結果です．オイラーの公式を使って一般の複素数を（複素）指数関数e^{jx}の形で表現したことで，手間がかかる計算を非常に簡単に処理できてしまいました．"e^{jx}"を使った表現は極形式と非常に相性が良いので重宝します．

複素数z_1とz_2の商z_1/z_2も，簡単に求められます．

$$\frac{z_1}{z_2} = \frac{|z_1|e^{j\theta_1}}{|z_2|e^{j\theta_2}} = \frac{|z_1|}{|z_2|}e^{j(\theta_1 - \theta_2)}$$

上式も，前に求めた「複素数どうしの商」の結果と一致します．

6.5.4 複素正弦波

ここで，次のような時間tの関数を考えます．ただし，ωは定数とします．

$$e^{j\omega t} = \cos(\omega t) + j\sin(\omega t)$$

上式は，角周波数ω［rad/s］の速さで複素平面の単位円上を動く点を表しています．あるいは，**図22**のように複素平面上のベクトルが時計の針のように（回転方向は逆ですが）回転するイメージでとらえることもできます．

"$e^{j\omega t} = \cos(\omega t) + j\sin(\omega t)$"という式および**図23**からもわかるとおり，$e^{j\omega t}$は$\cos(\omega t)$と$\sin(\omega t)$を同時に表現しています．このようなイメージから，$e^{j\omega t}$のことを「**複素正弦波**」（**complex sinusoid**）と呼びます．複素正弦波は，正弦波や波動現象を扱う計算で非常に役立ちます．例えば，電気回路をはじめとした線形システムの解析，信号処理，電磁波工学，量子力学などの分野では"$e^{j\omega t}$"という表現が欠かせません．

*

なお，ωは「角」周波数を表すものであり，"$\omega = 2\pi f$"の関係式で結びけられる周波数f［Hz］と厳密には区別されるべきですが，慣例で角周波数ωのことを単に「周波数」と呼ぶこともあります．本書でも，"ω"という文字で表されたものを「周波数」と呼ぶことがありますが，その次元は"rad/s"であると解釈してください．

6.5.5 複素正弦波の振幅

複素正弦波"$e^{j\omega t}$"をA倍した"$Ae^{j\omega t}$"を考えます．ただし，Aは実数とします．

$$Ae^{j\omega t} = A\cos(\omega t) + jA\sin(\omega t)$$

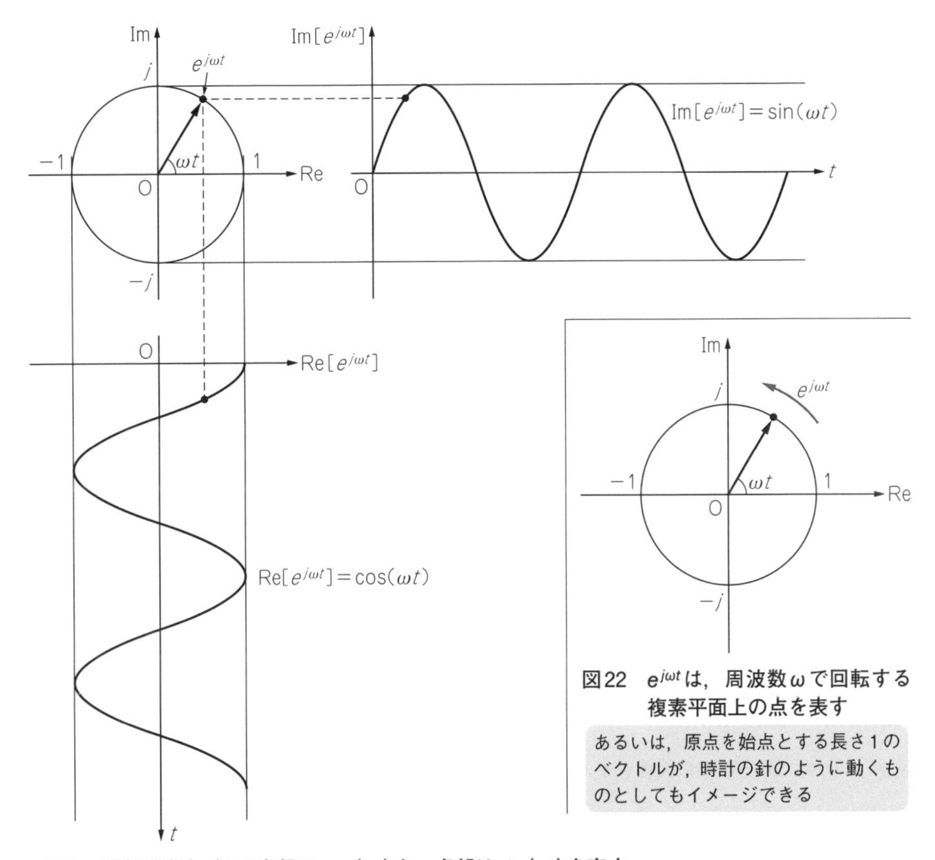

図22　$e^{j\omega t}$は，周波数ωで回転する複素平面上の点を表す

あるいは，原点を始点とする長さ1のベクトルが，時計の針のように動くものとしてもイメージできる

図23　複素正弦波$e^{j\omega t}$の実部は$\cos(\omega t)$を，虚部は$\sin(\omega t)$を表す

上式より明らかに，“$Ae^{j\omega t}$”は振幅がAで角周波数がωである複素正弦波を表しています．複素正弦波$e^{j\omega t}$をA倍することを複素平面上でイメージすると，**図24**のようになります．これは，複素平面上で回転するベクトルの長さをA倍することに相当します．

6.5.6 複素正弦波の位相

複素正弦波“$e^{j(\omega t+\theta)}$”について考えます．ただし，θは実数とします．

$$e^{j(\omega t+\theta)}=\cos(\omega t+\theta)+j\sin(\omega t+\theta)$$

上式からわかるとおり，$e^{j(\omega t+\theta)}$は初期位相をθだけずらした複素正弦波を表しています．これは，**図25**のようにイメージできます．

ここで，指数関数の性質“$e^{x+y}=e^{x}\cdot e^{y}$”を用いると次式が得られます．

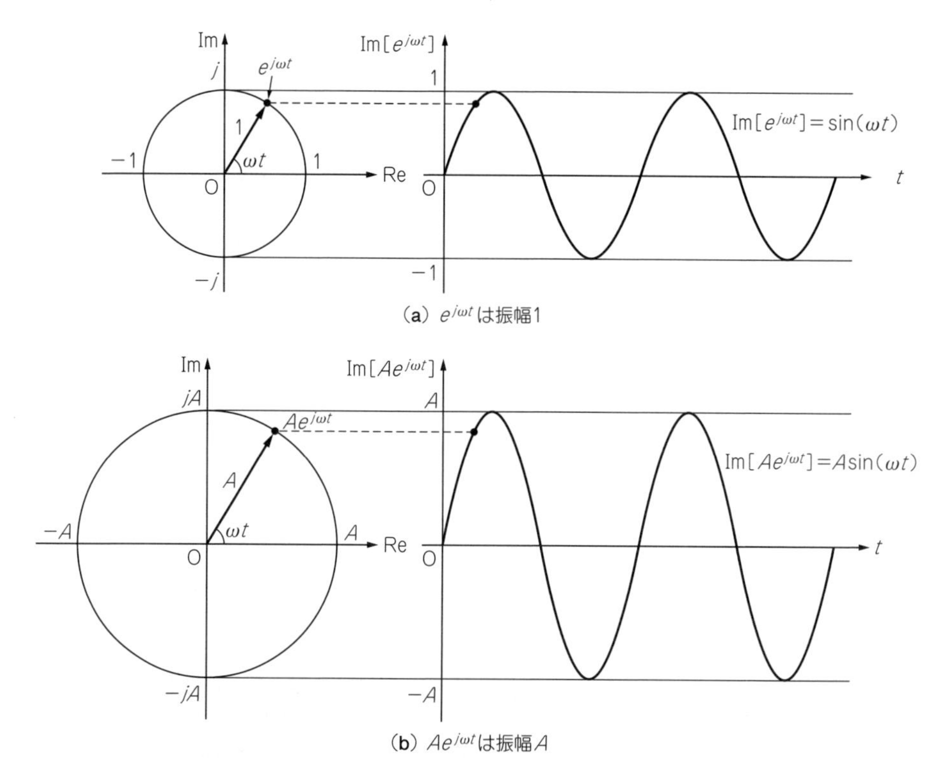

図24　"$Ae^{j\omega t}$"は，振幅の大きさがAである複素正弦波を表す

$$e^{j(\omega t+\theta)}=e^{j\omega t}\cdot e^{j\theta}$$

上式より，複素正弦波に対して"$e^{j\theta}$"を掛け算することは，初期位相をθだけ進める操作に相当するのだと理解できます．これは，複素数どうしの積が「複素平面上におけるベクトルの回転」に相当することを意識すれば納得できると思います．

6.5.7　複素正弦波のフェーザ表現

正弦波を特徴づけるパラメータは，「角周波数ω」，「振幅A」，「初期位相θ」の3つです．振幅が$A=1$で，初期位相が$\theta=0$，角周波数がωである複素正弦波は"$e^{j\omega t}$"で表されるのでした．この$e^{j\omega t}$に対して複素数"$A^{j\theta}$"を掛け算すると，振幅がA倍されて位相をθだけ回ります．

$$Ae^{j\theta}\cdot e^{j\omega t}=Ae^{j(\omega t+\theta)}=A\cos(\omega t+\theta)+j\,A\sin(\omega t+\theta)$$

上式より，"$e^{j\omega t}$"の部分は時間tの経過に伴って変化する「振幅1の正弦波」を表し，"$Ae^{j\theta}$"という複素数は「正弦波の振幅と位相」の情報を持っていると理解できます．この

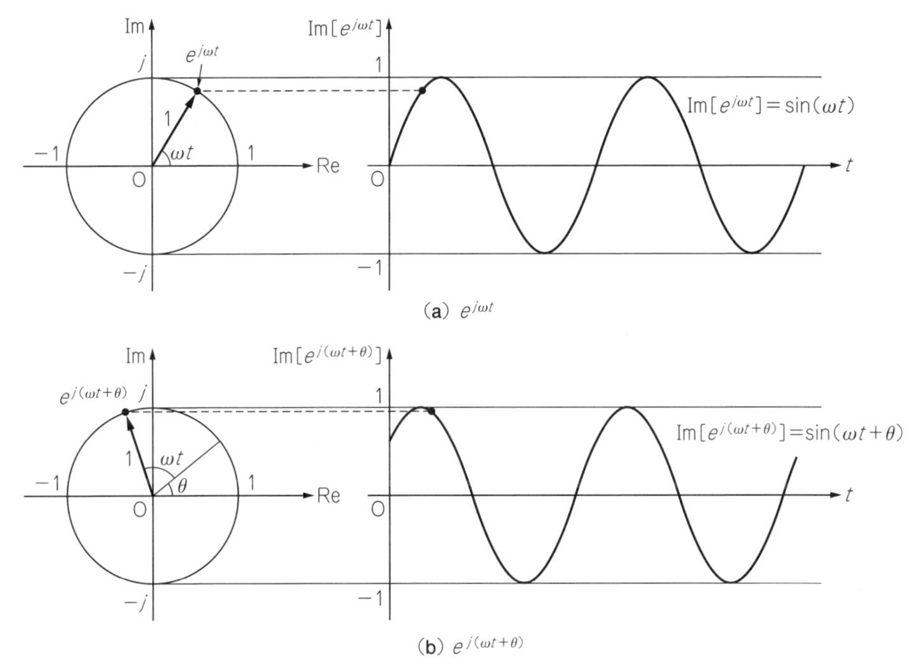

図25 “$e^{j(\omega t+\theta)}$”は，初期位相がθである複素正弦波を表す

複素数“$Ae^{j\theta}$”を複素平面で考えると，**図26**のようになります．

図26のように，複素正弦波の振幅と位相(phase)を表す1本のベクトル(vector)のことを，“phase＋vector”の造語で“**phasor**”(**フェーザ**)と呼びます．**図26**に表されている振幅A，位相θを表す複素平面上のベクトル$Ae^{j\theta}$のことを“$A\angle\theta$”と表記し，この表記方法のことを「**フェーザ表現**」もしくは「**フェーザ表示**」といいます．

本書で扱うL，C，Rだけで構成された電気回路(線形回路)に正弦波を印加すると，回路を通過する前後で振幅と位相は変化しますが，角周波数ωは変化しません．よって振幅と位相の変化だけに注目していれば，その回路の特性をすべて把握することができます．このように振幅と位相の変化に注目したい場合に，フェーザ表現は便利です．とはいえ，フェーザは単なる表現方法の1つです．「電気回路の解析で注目すべきは入出力間の振幅と位相の変化であり，その変化の様子は1つの複素数$Ae^{j\theta}$で表せる」ということが本質的に重要です．

図27は，振幅V_{in}，初期位相0の正弦波を電気回路に入力したときに，出力波形として振幅V_{out}，初期位相θの正弦波が得られる様子をフェーザ図を交えて表しています．

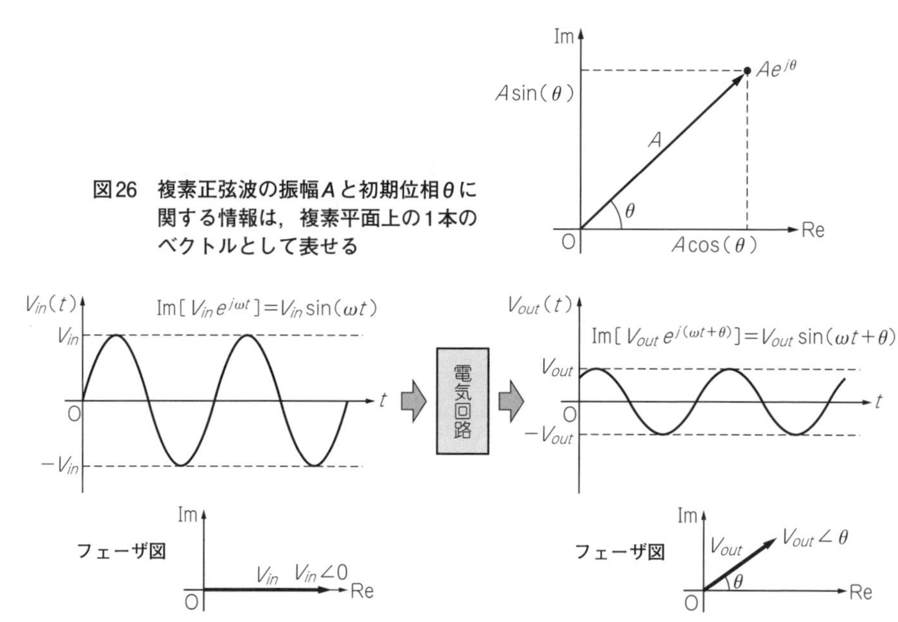

図26　複素正弦波の振幅Aと初期位相θに関する情報は，複素平面上の1本のベクトルとして表せる

図27　電気回路に正弦波を入力すると，角周波数は変化せず「振幅」と「位相」が変化する
ここでいう電気回路とはLCRだけで構成される，いわゆる「線形回路」を指す

6.5.8　LCR回路を通過する前後で角周波数ωが変化しない理由

先ほど，「正弦波信号がL，C，Rだけで構成された回路(線形回路)を通過するとき，信号の周波数ωは変化しない」と書きました．この理由について簡単に説明します．

「電磁気学」の理論を使うと「キャパシタCの両端に生じる電圧$v(t)$は，そこに流れる電流$i(t)$を時間tで“積分”した値に比例する」，「インダクタLの両端に生じる電圧$v(t)$は，そこに流れる電流$i(t)$を時間tで“微分”した値に比例する」という事実を示すことができます．

複素正弦波$e^{j\omega t}$に関して，“$j\omega$”の部分を定数とみなして時間tで微分すると“$j\omega\cdot e^{j\omega t}$”が得られます．また，$e^{j\omega t}$を時間$t$で積分すると“$e^{j\omega t}/j\omega$”となります．いずれにしても，複素正弦波の周波数は“ω”のままです．抵抗Rの両端における電圧と電流は単なる比例関係ですから，やはり周波数ωは変化しません．以上のことから，LCR回路では周波数ωが一定であると結論付けられます．

COLUMN 21

テイラー展開とコンピュータ

いわゆるコンピュータ(ディジタル演算回路)は，基本的に「和」の演算しかできません．負の数を表現するデータ・フォーマット(2の補数)を用意して「負の数を加える」という操作を行えば，「差」の演算を実行できます．また「和」の演算を繰り返し行えば「積」の演算が可能で，「差」の演算を繰り返し行えば「商」の演算ができます(引き算の結果がマイナスになるまでの引き算の回数をカウンタ回路で数える)．このように，「和」を計算する回路(加算器：Adder)さえあれば，原理的には四則演算のすべてを実現できる回路を作れます．

とはいえ，コンピュータが扱える計算は上記の四則演算が限界で，"$\sin(x)$"や"e^x"といった関数を直接扱うことはできません．そこで，関数を「多項式関数」として表現できるテイラー展開が役に立ちます．多項式関数は四則演算だけで構成されているので，コンピュータでも扱うことができます．実際に，コンピュータで$\sin(x)$やe^xの値を求める計算手順(アルゴリズム)には，テイラー展開が利用されています．

私は学生のころに，プログラムを書いてソフトウェア的にテイラー展開を実行するのではなく，ハードウェア的にテイラー展開を実行するような回路を作りたくなりました．"CPU"(Central Processing Unit)のようにプログラムを読み込んで動作するのではなく，電源ONと同時にあらかじめ決められた計算を実行する「からくり」のような回路を作りたいと思ったのです．イメージとしては"DSP"(Digital Signal Processor)に近いものです．

当時，すでにFPGA(Field Programmable Gate Array)がアマチュア電子工作の世界でも普及していました．HDL(Hardware Description Language)で論理設計してしまえば，比較的簡単に「ハードウェア的にテイラー展開を実行する回路」を作れたでしょう．

しかし，それではつまらないと感じた酔狂な私は，ANDゲートやORゲートといった「汎用ロジックIC」(4000シリーズ，74HCシリーズなど)を大量に買い集め，これらをユニバーサル基板にはんだ付けして「計算する回路」(文字どおり"コンピュータ"ですね)を作りました．配線はフラット・ケーブルを利用してすべて手作業で行い，プリント基板(PCB：Printed Circuit Board)は一切使いませんでした．気合が入りすぎていて，「プリント基板を使ったら負けだ！　ぜんぶ手で作る！」という謎の思考に陥っていました．若気の至りです．

私が作った「マクローリン展開器」のブロック図を**図A**に示します．加算器，減算器，乗算器，除算器という4つの演算をそれぞれ担当する専用の回路と，マクローリン展開のアルゴリズムを逐次実行するための制御回路(ステート・マシン)，そして計算結果を保存する

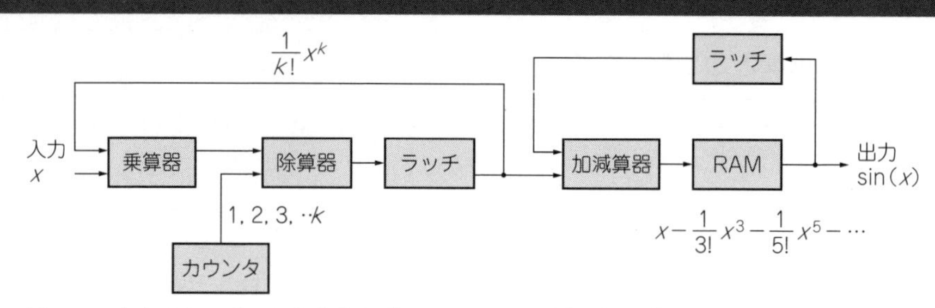

図A sin(x)のテーブルを生成する「マクローリン展開器」のブロック図

ラッチおよびRAMで構成されています．

「ROMにsin(x)の値を書き込んでテーブルを作ればよいのでは？」というコメントはご遠慮ください．そもそもこの回路を手で作っている時点で，効率というものは無縁です．

完成したところが**写真A**です．目視したかぎりでは，十分sin波に見えるデータが得られました．

この回路は，マクローリン展開のアルゴリズムに従ってsin(x)の値をx^7までの項を使って近似計算します．

$$y=x-\frac{1}{3!}x^3+\frac{1}{5!}x^5-\frac{1}{7!}x^7$$

xの範囲は$0 \leq x \leq \pi/2$の範囲とし，1/4周期分のデータをRAMに格納します．1/4周期分のデータがあれば，符号を反転させたりアドレスを逆順で指定したりすることで，1周期分のsin(x)のテーブルを構築することができます．データ長は16ビット(符号ビット＋15ビット固定小数点)で，x方向の分解能は1周期$0 \leq x \leq 2\pi$の範囲を4096分割しています．

もともと私は汎用ロジックICだけで「高速フーリエ変換」(FFT)を実行する回路を作りたいと考えていました．この「マクローリン展開器」は，その回路の一部として設計・製作したものです．

COLUMN 21

(a)16ビット乗算器

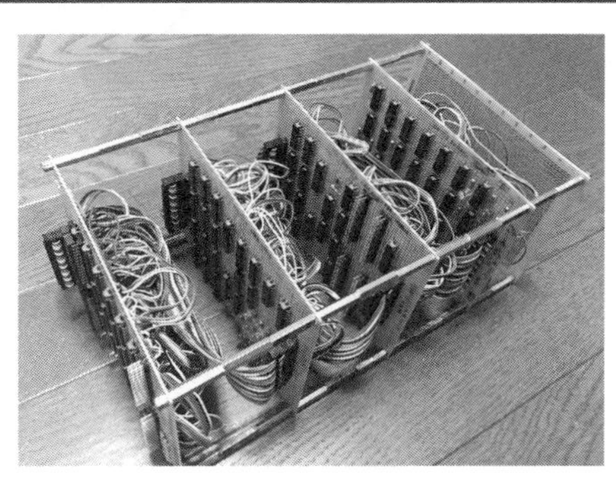

(b)ステート・マシン部分

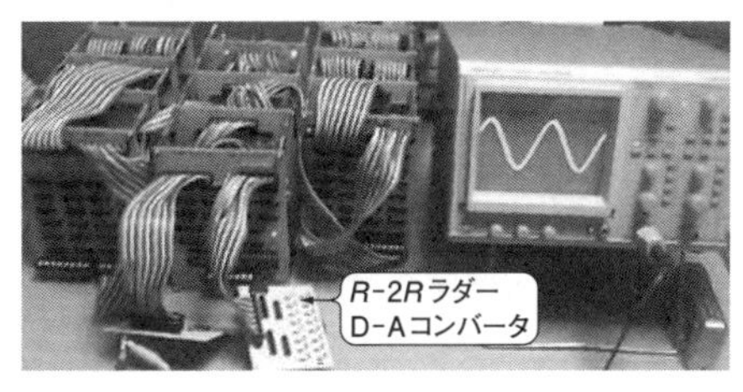

(c)D-Aコンバータを通してRAMのデータをオシロスコープに出力

写真A ロジックICで自作した16ビットのマクローリン展開器

この「高速フーリエ変換回路」を作ったのは私が大学３年生のときでした．この回路を完成させた私は，お店で電子部品を買ってきて回路を作るだけでは満足できなくなり，「半導体も自分で作ろう！」と酔狂っぷりを加速させていきます．そして大学４年生のときにトランジスタのFab(製造プロセス)を手作業で経験できる研究室に入り，「トランジスタ職人」になっていくのでした…….

参考文献

● 数学

(1) 吹田 信之，新保 経彦；理工系の微分積分学，学術図書出版社，1996年.

(2) 小林 昭七；微積分読本 1変数，裳華房，2000年.

(3) 小林 昭七；微積分読本 多変数，裳華房，2001年.

(4) 高木 貞治；定本 解析概論，岩波書店，2010年.

(5) 神保 道夫；複素関数入門，岩波書店，2003年.

● 電気回路

(6) 柳沢 健；回路理論基礎，電気学会，1986年.

(7) 高木 茂孝；線形回路理論，昭晃堂，2004年.

(8) 大野 克郎，西 哲生；大学課程 電気回路(1)，第3版，オーム社，1999年.

(9) 尾崎 弘；大学課程 電気回路(2)，第3版，オーム社，2000年.

索引

【数字・アルファベット・記号】

【あ・ア行】

【か・カ行】

【さ・サ行】

【た・タ行】

【な・ナ行】

【は・ハ行】

【ま・マ行】

【や・ヤ行】

【ら・ラ行】

〈著者略歴〉
別府 伸耕(べっぷ のぶやす)
2011年 東京工業大学 工学部 電気電子工学科 卒業
2013年 東京工業大学大学院 理工学研究科 電子物理工学専攻 修了
2013年 株式会社アドバンテスト 入社
2016年 株式会社村田製作所 入社
2019年 リニア・テック 開業

本質理解 アナログ回路塾 第1巻
初等関数と微分・積分

2019年 5月10日 初 版 発 行

著 者 別 府 伸 耕
発行人 寺 前 裕 司
発行所 CQ出版株式会社
〒112-8619 東京都文京区千石4-29-14
電話 03-5395-2123(編集)
電話 03-5395-2141(販売)

ISBN978-4-7898-4281-5

(定価はカバーに表示してあります)
乱丁，落丁本はお取り替えします

DTP 美研プリンティング株式会社
印刷・製本 三晃印刷株式会社
Printed in Japan